21世纪高等学校规划教材｜计算机科学与技术

TCP/IP协议分析
教程与实验

陈　年　主编

清华大学出版社

北京

内容简介

本书采用理论与实践相结合的方法介绍 TCP/IP 协议族各层协议。选取 TCP/IP 协议框架中每一层的主要协议,包括以太网和 IEEE 802.3、ARP、ICMP、IP、RIP、OSPF、UDP、TCP、DNS、DHCP、SNMP、Telnet、HTTP 和 FTP 等协议。在介绍协议基本原理的基础上,利用在网络仿真环境和真实环境中捕获协议数据包,对协议工作过程进行深入的分析。本书突出通过实验直观地再现协议工作机制,激发学生的学习兴趣,提高学生的工程实践能力。

本书可作为计算机及相关专业本科生学习 TCP/IP 协议原理的教材,也可作为高职院校协议分析技术的教材,还可作为计算机网络从业人员的参考书。

图书在版编目(CIP)数据

TCP/IP 协议分析教程与实验/陈年主编. —北京:清华大学出版社,2016(2019.2重印)

(21 世纪高等学校规划教材·计算机科学与技术)

ISBN 978-7-302-45355-0

Ⅰ. ①T… Ⅱ. ①陈… Ⅲ. ①计算机网络—通信协议—高等学校—教材 Ⅳ. ①TN915.04

中国版本图书馆 CIP 数据核字(2016)第 260935 号

责任编辑:付弘宇　王冰飞
封面设计:傅瑞学
责任校对:李建庄
责任印制:刘海龙

出版发行:清华大学出版社
　　　　网　　　址:http://www.tup.com.cn,http://www.wqbook.com
　　　　地　　　址:北京清华大学学研大厦 A 座　　　　　　邮　　编:100084
　　　　社 总 机:010-62770175　　　　　　　　　　　　　邮　　购:010-62786544
　　　　投稿与读者服务:010-62776969,c-service@tup.tsinghua.edu.cn
　　　　质量反馈:010-62772015,zhiliang@tup.tsinghua.edu.cn
　　　　课件下载:http://www.tup.com.cn,010-62795954
印　刷　者:北京富博印刷有限公司
装 订 者:北京市密云县京文制本装订厂
经　　销:全国新华书店
开　　本:185mm×260mm　　　　印　张:13.5　　　　字　数:325 千字
版　　次:2016 年 12 月第 1 版　　　　　　　　　　印　次:2019 年 2 月第 5 次印刷
印　　数:7001~9000
定　　价:34.00 元

产品编号:069560-02

出 版 说 明

　　随着我国改革开放的进一步深化,高等教育也得到了快速发展,各地高校紧密结合地方经济建设发展需要,科学运用市场调节机制,加大了使用信息科学等现代科学技术提升、改造传统学科专业的投入力度,通过教育改革合理调整和配置了教育资源,优化了传统学科专业,积极为地方经济建设输送人才,为我国经济社会的快速、健康和可持续发展以及高等教育自身的改革发展做出了巨大贡献。但是,高等教育质量还需要进一步提高以适应经济社会发展的需要,不少高校的专业设置和结构不尽合理,教师队伍整体素质亟待提高,人才培养模式、教学内容和方法需要进一步转变,学生的实践能力和创新精神亟待加强。

　　教育部一直十分重视高等教育质量工作。2007 年 1 月,教育部下发了《关于实施高等学校本科教学质量与教学改革工程的意见》,计划实施"高等学校本科教学质量与教学改革工程"(简称"质量工程"),通过专业结构调整、课程教材建设、实践教学改革、教学团队建设等多项内容,进一步深化高等学校教学改革,提高人才培养的能力和水平,更好地满足经济社会发展对高素质人才的需要。在贯彻和落实教育部"质量工程"的过程中,各地高校发挥师资力量强、办学经验丰富、教学资源充裕等优势,对其特色专业及特色课程(群)加以规划、整理和总结,更新教学内容、改革课程体系,建设了一大批内容新、体系新、方法新、手段新的特色课程。在此基础上,经教育部相关教学指导委员会专家的指导和建议,清华大学出版社在多个领域精选各高校的特色课程,分别规划出版系列教材,以配合"质量工程"的实施,满足各高校教学质量和教学改革的需要。

　　为了深入贯彻落实教育部《关于加强高等学校本科教学工作,提高教学质量的若干意见》精神,紧密配合教育部已经启动的"高等学校教学质量与教学改革工程精品课程建设工作",在有关专家、教授的倡议和有关部门的大力支持下,我们组织并成立了"清华大学出版社教材编审委员会"(以下简称"编委会"),旨在配合教育部制定精品课程教材的出版规划,讨论并实施精品课程教材的编写与出版工作。"编委会"成员皆来自全国各类高等学校教学与科研第一线的骨干教师,其中许多教师为各校相关院、系主管教学的院长或系主任。

　　按照教育部的要求,"编委会"一致认为,精品课程的建设工作从开始就要坚持高标准、严要求,处于一个比较高的起点上。精品课程教材应该能够反映各高校教学改革与课程建设的需要,要有特色风格、有创新性(新体系、新内容、新手段、新思路,教材的内容体系有较高的科学创新、技术创新和理念创新的含量)、先进性(对原有的学科体系有实质性的改革和发展,顺应并符合 21 世纪教学发展的规律,代表并引领课程发展的趋势和方向)、示范性(教材所体现的课程体系具有较广泛的辐射性和示范性)和一定的前瞻性。教材由个人申报或各校推荐(通过所在高校的"编委会"成员推荐),经"编委会"认真评审,最后由清华大学出版社审定出版。

目前,针对计算机类和电子信息类相关专业成立了两个"编委会",即"清华大学出版社计算机教材编审委员会"和"清华大学出版社电子信息教材编审委员会"。推出的特色精品教材包括:

(1) 21世纪高等学校规划教材·计算机应用——高等学校各类专业,特别是非计算机专业的计算机应用类教材。

(2) 21世纪高等学校规划教材·计算机科学与技术——高等学校计算机相关专业的教材。

(3) 21世纪高等学校规划教材·电子信息——高等学校电子信息相关专业的教材。

(4) 21世纪高等学校规划教材·软件工程——高等学校软件工程相关专业的教材。

(5) 21世纪高等学校规划教材·信息管理与信息系统。

(6) 21世纪高等学校规划教材·财经管理与应用。

(7) 21世纪高等学校规划教材·电子商务。

(8) 21世纪高等学校规划教材·物联网。

清华大学出版社经过三十多年的努力,在教材尤其是计算机和电子信息类专业教材出版方面树立了权威品牌,为我国的高等教育事业做出了重要贡献。清华版教材形成了技术准确、内容严谨的独特风格,这种风格将延续并反映在特色精品教材的建设中。

清华大学出版社教材编审委员会
联系人:魏江江
E-mail:weijj@tup. tsinghua. edu. cn

TCP/IP 原理是网络工程专业的主干专业课程内容，同时也是计算机应用相关学科专业学生深入学习计算机网络技术的主要内容。实现掌握 TCP/IP 协议族中协议工作原理这一学习目标的主要途径需要通过网络协议分析来达成。针对协议分析具有很强的理论性和实践性的特点，同时考虑到计算机及相关专业的本科教育多强调应用能力的培养，编者旨在将本书编写成为一种注重网络协议分析实验及操作，把 TCP/IP 原理的理论学习和实验相互融合的教材。

本书按照 TCP/IP 协议框架的层次结构对网络互连中的主要协议进行分析，采用实例分析的方法学习 TCP/IP 基本原理。选取 TCP/IP 协议框架中每一层的主要协议，包括链路层以太网和 IEEE 802.3、ARP、ICMP、IP、RIP、OSPF、UDP、TCP、DNS、DHCP、SNMP、Telnet、HTTP 和 FTP 等协议，由下而上地设计了 26 个实验，利用在网络仿真环境和真实环境中捕获协议数据包，将抽象的网络协议的 PDU 构成和工作原理通过实验直观形象地展示出来，使学生能将理论与实践结合起来，加深对网络协议的理解并掌握协议分析的基本方法。

本书编写上特点突出，强化了在阐述 TCP/IP 协议概念和原理的基础上动手实践的内容。首先是重构实验内容，把 TCP/IP 原理课程中对 TCP/IP 各个协议工作原理的学习，用当今主要的网络协议学习工具和协议分析工具进行教学内容和实验形式的重新设计，通过实验强化学生的网络工程实践能力。其次，融合了多种当今主流的网络协议分析和学习工具，综合国内外相关教程的内容，可以使学生以不同的方式，从不同的角度来理解和掌握协议原理，获得更大的学习自主性和积极性。实验既可以在真实网络设备上进行，也可以在虚拟或仿真环境中完成，使学生即使在课余时间也可以自己学习，更好地提高学习效果。第三是改变网络协议的讲解形式，采用基于协议分析工具的讲解方式，让学生在实际的网络环境中通过再现网络协议工作过程和解析网络协议，真正做到"做中学"，全面彻底改变学生死记硬背网络协议的学习方式，让网络协议的工作过程变得触手可及，大大地提高了学生的学习兴趣和学习效果，有效地提高学生的网络工程实践能力和应用能力。第四是教材中对路由器和交换机等网络设备有要求的实验都可在仿真条件下进行，因此即便实验条件不够完备，也可以完成相关的实验教学。

本书适合已经学习过计算机网络基础课程且已掌握计算机网络基本体系结构，需要进一步学习掌握具体的网络协议工作原理的读者使用。书中各章安排的实验按学生实验指导书的形式编写，能够直接满足教学需要，因而也适合作为高校计算机网络原理教学中协议分析实验课程的教材使用。

全书共 8 章。除第 1 章外，其余各章的基本结构都按照先介绍基本概念和理论，再安排实验内容的方式编排，实验内容上覆盖了各章主要的知识点。第 1 章为 TCP/IP 协议概述，介绍 TCP/IP 协议分层、封装与分用的概念、RFC、应用编程的套接字和 Libpcap 编程接口。第 2 章为协议分析和学习工具，介绍协议分析器的基本原理和用途、Cisco Packet Tracer、

Wireshark、GNS3、Sniffer pro 和科来网络分析系统的特点和用法,实验内容安排了 Cisco Packet Tracer、Wireshark、GNS3 的使用方法学习。第 3 章为链路层协议分析,介绍链路层的作用、以太网的帧结构、SLIP 和 PPP 帧结构、MTU 和环回接口,实验内容安排了 DIX Ethernet V2 帧、IEEE 802 帧和 PPP 帧分析、环回接口实验。第 4 章为 ARP 协议分析,介绍地址变换的概念、ARP 协议的工作过程、协议报文格式和特殊的 ARP,实验内容安排了 arp 命令用法、ARP 请求与应答、ARP 代理和免费 ARP 实验。第 5 章为 ICMP 协议分析,介绍 ICMP 的作用、ICMP 报文及类型,分析 ICMP 差错报告、控制报文和查询报文的特点、ping 程序和 Traceroute 程序的机制和用法,实验内容安排了 ICMP 回显查询报文、ping 程序和 IP 选项、ICMP 重定向差错报文和 Traceroute 程序实验。第 6 章为 IP 协议和 IP 选路协议,介绍 IP 协议的特点、IP 数据报格式、路由表及选路基本原理、RIP 协议和 OSPF 协议、IP 分片与路径 MTU 发现,实验内容安排了 route 命令与静态路由、ICMP 主机和网络不可达差错、RIP 协议分析、OSPF 协议分析、IP 分片和路径 MTU 发现实验。第 7 章为 UDP 及应用协议分析,介绍 UDP 协议特点、UDP 的报文格式,基于 UDP 的应用协议 DNS、DHCP 和 SNMP 的有关概念、协议工作基本原理、报文格式和报文实例解析,实验内容安排了 DNS 协议分析、DHCP 协议分析和 SNMP 协议分析实验。第 8 章为 TCP 及应用协议分析,介绍 TCP 段格式,TCP 连接建立和拆除过程,Telnet 远程登录的工作机制和报文实例解析,HTTP 协议的工作特点、报文格式和实例解析,FTP 协议的工作原理和报文实例解析,实验内容安排了 Telnet 程序和 TCP 连接分析、HTTP 协议分析、FTP 协议分析实验。附录中给出了 Cisco 常用命令,以方便读者使用 Packet Tracer 时查阅。

根据教学时数和不同的要求,可以在本书的范围内选择相应的实验内容,以满足不同的教学需求。如 8 学时的实验可采用以太网链路层帧格式分析实验、ARP 协议分析实验、ICMP 协议分析实验、TCP 及应用协议分析实验 4 个实验组合;16 学时的实验可采用以太网链路层帧格式分析实验、ARP 协议分析实验、ICMP 协议分析实验、RIP 协议分析实验、DHCP 协议分析实验、SNMP 协议分析实验、Telnet 协议分析实验、HTTP 协议分析实验 8 个实验组合;其余的实验可以作为任选实验或者课后学生自主安排实验。SNMP 协议涉及的相关原理内容较多一些,可视学时情况安排。如果能够在实验室以讲练结合的方式使用本书进行教学,应当能用较少的学时获得较好的学习效果。

本书的所有实验全部经过在教学过程中实际上机操作,读者也可以根据自己的实验网络环境进行实验内容调整。

在清华大学出版社的网站(http://www.tup.tsinghua.edu.cn)上提供了本书的多媒体课件,读者可下载使用。本书与课件使用中的相关问题请联系 fuhy@tup.tsinghua.edu.cn。

本书由陈年主编,各章的内容尤其是实验内容是近年来在 TCP/IP 原理课程教学实践中不断地进行补充完善和总结的结果。在此,对本书的编写和出版给予支持和帮助的所有老师、同学和朋友表示衷心的感谢。

限于编者的水平,不当之处在所难免,敬请各位读者批评指正。任何意见、建议可以发至邮箱 chennian_zg@126.com。

编　者
2016 年 9 月

目 录

第 1 章

TCP/IP协议概述

TCP/IP 起源于 20 世纪 60 年代末美国的分组交换网络项目，但其真正被广为使用是伴随着 20 世纪 80 年代 Internet 的诞生，如今它是计算机网络特别是 Internet 的基础，也是计算机网络事实上的工业标准。

TCP/IP 协议是一组开放式协议，可以进行任何组合间的通信，能够满足长距离互联系统的要求。同时，其分组交换的方式使得网络中只要存在有效路由，网络通信就可以可靠进行。TCP/IP 的开放是指它对异构系统是开放的。不同厂家生产的不同型号的计算机，它们运行完全不同的操作系统，使用不同的网络硬件，TCP/IP 协议族也允许它们互相通信。

TCP/IP 具有下列主要特点。

- 开放的协议标准，可以免费使用，并且独立于特定的计算机硬件与操作系统。
- 独立于特定的网络硬件，可以在局域网、广域网中运行，更适用于互联网。
- 统一的网络地址分配方案，使得所有 TCP/IP 设备在网络中都具有唯一的地址。
- 标准化的高层协议，可以提供多种可靠的用户服务。

1.1　TCP/IP 协议体系结构

1.1.1　TCP/IP 协议分层

TCP/IP 协议实际是指一个 4 层的协议系统，也称为 TCP/IP 协议族。计算机网络基础课程中介绍的 OSI/RM(Open System Interconnection Reference Model，开放系统互联参考模型)采用 7 层的体系结构，其与 TCP/IP 协议族分层情况的对应关系如图 1-1 所示。

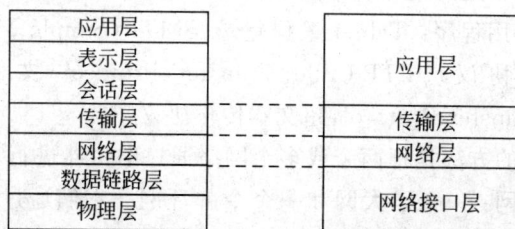

应用层	应用层
表示层	
会话层	
传输层	传输层
网络层	网络层
数据链路层	网络接口层
物理层	

图 1-1　OSI/RM 与 TCP/IP 各层的对应关系

计算机网络中，实际应用的网络协议是 TCP/IP 协议族，TCP/IP 的应用层大体上对应着 OSI/RM 模型的应用层、表示层和会话层，TCP/IP 的网络接口层对应着 OSI/RM 的数据链路层和物理层,而传输层和网络层在两个模型中对应得很好。

　　在计算机网络基础课程中已经学习过 TCP/IP 各层的具体功能,这里只对各层的功能进行简要表述,如表 1-1 所示。

表 1-1　TCP/IP 协议分层

TCP/IP 层次	主要协议	主要功能
应用层	HTTP、Telnet、FTP、SMTP 等	按照不同应用的特定要求和方式负责把数据传输到传输层或者接收从传输层返回的数据
传输层	TCP、UDP	TCP 为两台主机提供高可靠性的数据通信,其工作包括把应用程序交来的数据分成合适的小块交给下面的网络层,确认接收到的分组,设置发送最后确认分组的超时时钟等。UDP 则为应用层提供一种非常简单的服务,它只是把数据报的分组从一台主机发送到另一台主机但并不保证该数据报能到达另一端
网络层	IP、ICMP、IGMP	有时也称作互联网层,主要为数据包选择路由。其中,IP 是 TCP/IP 协议族中最为核心的协议。所有的 TCP、UDP、ICMP、IGMP 数据都以 IP 数据报格式传输
链路层	ARP、RARP 和设备驱动程序及接口	发送时将 IP 包作为帧发送,接收时把接收到的比特组装成帧;提供链路管理错误检测等

- 链路层有时也称作数据链路层或网络接口层,通常包括操作系统中的设备驱动程序和计算机中对应的网络接口卡。它们一起处理与电缆(或其他任何传输媒介)的物理接口细节。把链路层地址和网络层地址联系起来的协议有 ARP(Address Resolution Protocol,地址解析协议)和 RARP(Reverse Address Resolution Protocol,逆地址解析协议)。

- 网络层处理分组在网络中的活动,例如分组的选路。在 TCP/IP 协议族中,网络层协议包括 IP 协议(Internet Protocol,网际协议)、ICMP 协议(Internet Control Message Protocol,网际控制报文协议)和 IGMP 协议(Internet Group Management Protocol,网际组管理协议)。

- 传输层主要为两台主机上的应用程序提供端到端的通信。在 TCP/IP 协议族中,有两个互不相同的传输协议:TCP(Transmission Control Protocol,传输控制协议)和 UDP(User Datagram Protocol,用户数据报协议)。

- 应用层负责处理特定的应用程序细节。几乎各种不同的 TCP/IP 实现都会提供下面这些通用的应用程序:Telnet 远程登录、SMTP(Simple Mail Transfer Protocol,简单邮件传输协议)、FTP(File Transfer Protocol,文件传输协议)、HTTP(HyperText Transfer Protocol,超文本传输协议)等。

　　构造互联网最简单的方法是把两个或多个网络通过路由器进行连接。图 1-2 所示是一个包含两个网络的互联网:一个以太网和一个令牌环网。它们通过一个路由器连接,应用层运行 FTP 协议,传输层使用 TCP 协议。

　　在图 1-2 中,可以划分出端系统(end system)(两边的两台主机)和中间系统(intermediate system)(中间的路由器)。应用层和运输层使用端到端(end-to-end)协议。在图 1-2 中,只有端系统需要这两层协议。但网络层提供的是逐跳(hop-by-hop)协议,两个端系统和每个

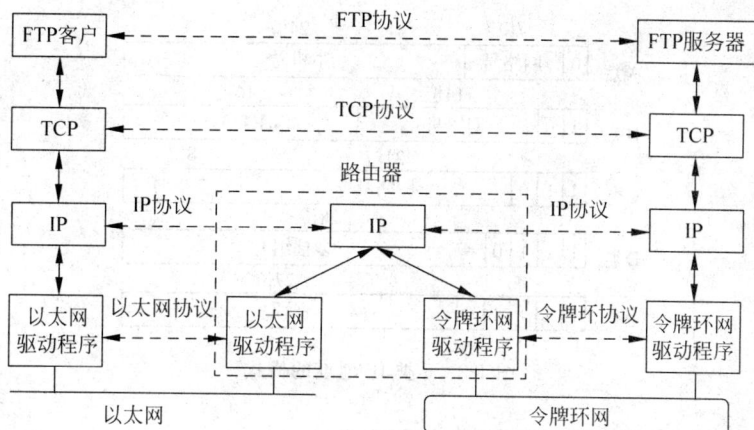

图 1-2　TCP/IP 协议的通信模型

中间系统都要使用它。

这里端到端和逐跳的概念对协议的学习、理解有特别的意义。前一个概念意味着应用层和传输层的协议主要关心的是通信的信源和信宿，也就是端系统如何通信的问题；后一个概念意味着网络层和网络接口层的协议主要关心的是下一跳，也就是相邻节点间如何通信的问题。

互联网的目的之一是在应用程序中隐藏所有的物理细节。例如，图 1-2 中的一台主机是在以太网上，而另一台主机是在令牌环网上，它们通过路由器互联。随着不同类型的物理网络的增加，会不断增加运行着各种网络接口层协议的路由器，这些路由器只解决相邻的下一跳节点间的通信问题。不论中间有多少个路由器，都不涉及应用层，所以应用层仍然是一样的。物理细节的隐藏使得互联网功能非常强大，也非常有用。

实际的系统中，应用层由用户进程实现，而传输层及以下的各层都在操作系统内核中实现。从这个意义上看，网络通信的物理细节对用户进程隐藏的特点和操作系统中讲述的设备无关性原理是一致的。

1.1.2　IP 地址和端口

互联网上参与通信的每个节点可能有不止一个网络接口，因此每一个接口都应有一个唯一的 IP 地址。同时，每个节点上都可能运行着多个通信进程，因此需要通过端口号来标识参与通信的进程。实际上，通信的主体总是进程。互联网上唯一能标识出通信的实体的方法是，用 IP 地址来区分不同节点的不同接口，用端口号来区分同一个节点上的不同进程。

需要注意的是，一个节点可以有多个网络接口，因此就有多个 IP 地址。所以 IP 地址标识的是网络接口。

IPv4 采用的是 32 位地址，其分类和点分十进制表示法在计算机网络基础课程中已经学习过，这里不再详细介绍。5 类 IP 地址的格式如图 1-3 所示。

按目的端主机的范围可将 IP 地址分为以下 3 类。

• 单播地址：目的端为单个主机。

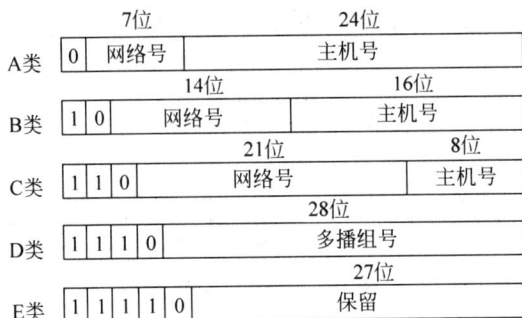

图 1-3   5 类 IP 地址的格式

- 广播地址：目的端为给定网络上的所有主机。
- 多播地址：目的端为同一组内的所有主机。

TCP 和 UDP 采用 16 位的端口号来识别应用程序，这意味着相同的端口号对于不同的传输层协议，表示的是不同的进程。例如，TCP 端口号 23 和 UDP 端口号 23 是不同的。

服务器一般都是通过熟知端口号（又称保留端口号）来识别的，由 IANA（Internet Assigned Numbers Authority，Internet 号码分配机构）管理，目前为 1～1023。客户端口号又称为临时端口号，通常只是在用户运行该客户程序时才存在，通常为 1024～5000。从 32 768 开始的端口号通常作为 TCP 和 UDP 的默认临时端口号。也有把 1024～65 535 的端口号统称为动态端口号，即这些端口号一般不固定分配给某个服务使用。

对 UNIX 类系统来说，文件/etc/services 中包含了熟知端口号。具有超级用户（即 root 用户）权限的进程，允许分配 1～1023 之间的端口号。

1.2   封装与分用

网络通信过程中，协议栈有两个非常重要的操作：封装（发送数据时）和分用（接收数据时）。把握这两点对准确理解 TCP/IP 协议的具体工作过程十分有帮助。

1.2.1   封装

在图 1-2 所示的通信过程中，当应用程序用 TCP 传送数据时，数据被送入协议栈中，然后逐个通过每一层，直到被当作一串比特流送入网络。其中每一层对收到的数据都要增加一些首部信息（有时还要增加尾部信息），这种"加头加尾"的过程称为封装。该过程如图 1-4 所示。

TCP 传给 IP 的数据单元称为 TCP 报文段，简称为 TCP 段（TCP segment）。IP 传给网络接口层的数据单元称为 IP 数据报（IP datagram）。通过以太网传输的比特流称为帧（frame）。

更确切地说，网络接口层和 IP 层之间传送的数据单元应该是分组（packet），分组既可以是一个 IP 数据报，也可以是 IP 数据报的一个部分（分片）。

UDP 数据与 TCP 数据基本上是一致的。唯一不同的是，UDP 传给 IP 的信息单元一般称为 UDP 用户数据报，且其首部长度和 TCP 的不同。

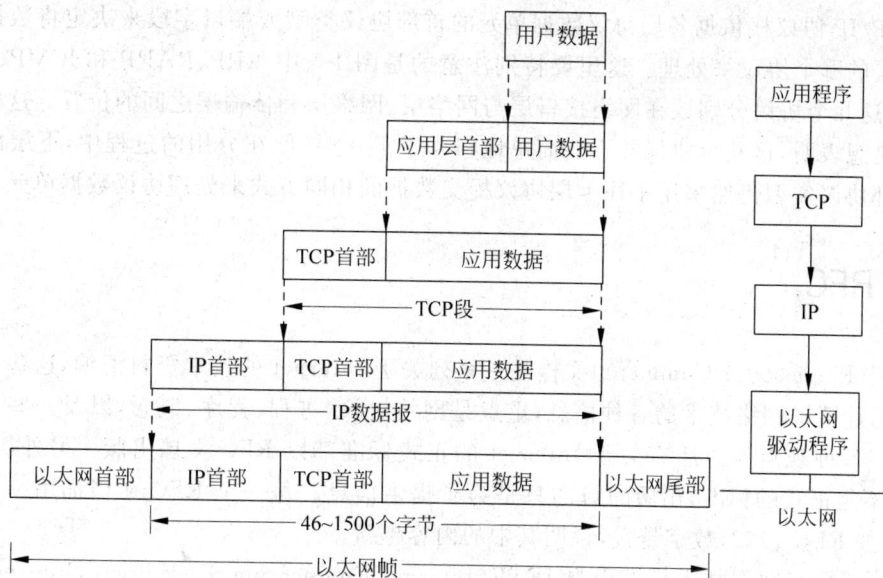

图 1-4　TCP/IP 协议数据封装过程

不同的网络接口层协议,其帧结构是不同的,使用的网络接口层帧的长度也是不一样的。一般来说,以太网协议的帧长度是 46～1500 个字节,其实是指以太网帧的数据部分的长度。网络接口层协议的帧结构将在第 3 章学习。

封装使得上一层协议数据单元的结构在本层中被隐藏,其所有的内容在本层都作为数据来传送。

1.2.2　分用

当目的主机收到一个以太网数据帧时,数据就开始从协议栈中由底向上升,同时去掉各层协议添加的报文首部。每层协议都要检查报文首部中的协议标识,以确定接收数据的上层协议。这个过程称为分用(demultiplexing),如图 1-5 所示。

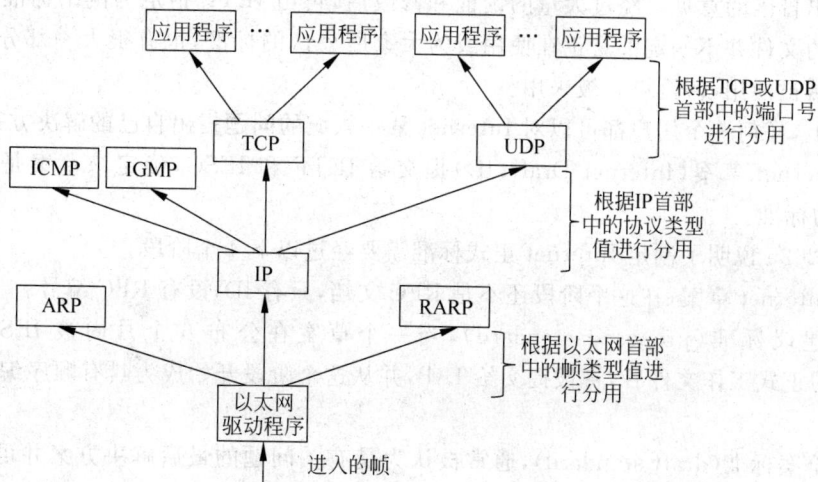

图 1-5　TCP/IP 协议数据分用过程

TCP/IP 协议栈依据各层协议数据单元的首部协议类型或端口字段来决定将数据提交给上一层的哪个协议来处理。这里要特别注意的是图 1-5 中 ARP、RARP 和 ICMP、IGMP 的位置,这几个协议分别放在网络接口层与网络层、网络层和传输层之间的位置。这样处理的目的是想表明,这几个协议并不能简单地归并于某一层,但在分用的过程中,下层的协议依据首部协议类型仍然采用了往上层协议提交数据的相同方式来处理协议数据单元。

1.3   RFC

RFC(Request for Comment)文档是一系列关于 Internet 的技术资料汇编,这些文档详细讨论了计算机网络技术的各种信息,重点是网络协议、进程、程序、概念,以及一些会议纪要、意见、各种观点等。所有关于 Internet 的正式标准都以 RFC 文档出版。另外,大量的 RFC 并不是正式的标准,出版的目的只是为了提供信息。每一个 RFC 文档都用一个数字来标识,如 RFC 1122,数字越大,说明其中的内容越新。

绝大多数互联网技术标准出自 IETF(Internet Engineering Task Force,Internet 工程任务组)。IETF 成立于 1985 年底,是全球互联网最具权威的技术标准化组织,主要任务是负责互联网相关技术规范的研发和制定。IETF 和 IRTF(Internet Research Task Force, Internet 研究专门工作组)都隶属于 IAB(Internet Architecture Board,Internet 架构委员会)。IRTF 主要对长远的项目进行研究。

"RFC 编辑者"(RFC Editor)是 RFC 文档的出版者,它负责 RFC 最终文档的编辑审订。RFC 编辑者还保留有 RFC 的主文件,称为 RFC 索引,用户可以在线检索。在 RFC 前 30 年的历史中,RFC 编辑者一直由约翰·普斯特尔(Jon Postel)担任,而现在 RFC 编辑者由一个工作小组担任,这个小组受到"Internet 社团"(Internet Society)的支持和帮助。

Internet 协议族的文档部分由 IETF 及 IETF 下属的 IESG(Internet Engineering Steering Group,Internet 工程指导组)定义,也作为 RFC 文档出版。

通常,当某个研究机构或团体开发出一套标准或提出对某种标准的设想,希望通过 Internet 征询外界的意见时,就会发布一份 RFC,对这一问题感兴趣的人可以阅读该 RFC 文档并提出自己的意见。经过大量的论证和修改后,再由 IETF 指定为网络标准。在 RFC 中所收录的文件并不一定都是正在使用或为大家所公认的标准,也有很大一部分只是在某个局部领域被使用,甚至没有被采用。

实际上,任何一个用户都可以对 Internet 某一领域的问题提出自己的解决方案或规范,并作为 Internet 草案(Internet Draft,ID)提交给 IETF 和 IESG,确定该草案是否能成为 Internet 的标准。

RFC 2026 说明了制定 Internet 正式标准需要经过以下 4 个阶段。

(1) Internet 草案,在这个阶段还不是 RFC 文档,只有 ID,没有 RFC 编号。

(2) 建议标准(proposed standard),当一个草案在公布 6 个月内被 IESG 确定为 Internet 的正式工作文件后,将被提交给 IAB,并从这个阶段开始成为具有顺序编号的 RFC 文档。

(3) 草案标准(draft standard),通常被认为是有关问题的最后解决方案并可以为生产商使用的技术规范。

（4）Internet 标准，被批准后都会分配一个唯一的 RFC 的永久编号，即 STD 编号。

作为标准的 RFC 又分为几种，第一种是提议性的，即建议采用这个标准，作为一个方案提出来；第二种是完全被认可的标准，这种是大家都在用，而且是不应该改变的；还有一种是现在的最佳实践法（best current practice），它是对 Internet 管理或使用的一般性的指导或相当于一种说明。此外，还有其他一些类型的 RFC，如 FYI（for Your Information），用以提供有关 Internet 的知识性内容，还有"历史的"、"实验的"等类型。

一份 RFC 具体处于什么状态都在文件中做了明确的标识。RFC 文档只有新增，不会有取消或中途停止发行的情形。但是对于同一主题而言，新的 RFC 文档通常会在文档开头声明取代的旧的 RFC 文档的编号。每一个 RFC 文档有一个编号，这个编号永不重复。也就是说，由于技术进步等原因，即使是关于同一问题的 RFC，也要使用新的编号，而不会使用原来的编号。

可以通过 IETF 网站查阅 RFC 文档，其网址是 http://www.ietf.org/。另外，也可以通过专门维护 RFC 的 RFC 编辑者网站（http://www.rfc-editor.org/）来查阅。中文的相关网站有协议分析网（http://www.cnpaf.net/），在这里可以通过 RFC 中文项目获得部分 RFC 的中文文档，该网站也提供一些常用的协议分析软件下载服务和国内外有关网络协议分析或应用的技术动态。

学会查阅 RFC 文档对学习 TCP/IP 协议具有重要意义。在学习和工程实际中遇到不清楚的问题，往往都是因为对基础的网络协议工作过程不清楚造成的。这时寻求解决问题途径的一个有效办法就是阅读 RFC 文档对协议工作原理或过程的描述。在进行科学研究时，要在前人研究的基础上进行探索或创新，就需要详细了解研究问题的现状或历史。这时查阅 RFC 文档也是十分必要的。查阅 RFC 文档时，一是需要确定它是最新的文档，二是需要注意 RFC 文档的类别。

1.4　应用编程接口

网络协议栈的实现一般都是由操作系统来完成的，在网络接口层还需要借助网络接口的驱动程序（网卡驱动程序）。程序员可以使用的编程接口有两个层次：传输层和网络层主要使用套接字编程；网络接口层的访问方法有 BSD（Berkeley Software Distribution，伯克利软件发行版）的 BPF（Berkeley Packet Filter，伯克利包过滤器），Linux 系统下的 SOCK_PACKET 接口、Libpcap 函数库等，现在主要使用的是 Libpcap 及其 Windows 环境下的版本 WinPcap 函数库。下面简单介绍这两个层次编程的特点。如果要学习更进一步的内容，请参考有关网络编程的书籍资料。

1.4.1　套接字编程

Socket（套接字）也称为 Berkeley Socket，表明它是从伯克利版套接字发展而来的。Socket 接口是应用程序与 TCP/IP 协议栈的接口，它定义了一组函数或例程来支持 TCP/IP 网络应用程序开发。UNIX 系列系统提供 Socket 接口，Windows 系列系统提供 Winsock 接口。

一个套接字描述一个通信连接的一端,两个通信程序中各自有一个套接字来描述自己的通信连接。套接字的形式如下。

```
(IP, PORT)
```

其中,IP 表示节点的 IP 地址,PORT 表示端口号,再加上表示通信协议的参数,一个网间通信标识为一个五元组:<协议,本地地址,本地端口,远程地址,远程端口>。

基本 Socket API 有若干常用函数,包括 socket( )、close( )、bind( )、listen( )、accept( )、connect( )、send( )、recv( )等。

Socket API 可以方便地实现基于 TCP 和 UDP 的编程,也可以通过原始套接字完成基于 IP 的编程,如构建自己的 IP 数据报,因此在各种网络应用程序设计中被普遍使用。在掌握 TCP/IP 协议工作原理的基础上,再学习 Socket 编程方法,就可以按照应用的需要设计出不同的网络应用程序,如各种网络通信程序等。

1.4.2　Libpcap 编程

Libpcap(packet capture library)是一个提供针对网络数据包捕获系统的高层接口的开源函数库。它是 1994 年由麦克坎尼(McCanne)、莱乐士(Leres)和杰科布森(Jacobson)创建的,其设计愿望是开创一个独立平台的应用程序接口,以消除程序中针对不同操作系统所包含的数据包捕获代码模块。这就解决了捕获机制在不同操作系统间的移植性的问题,有利于提高程序开发的效率。

Libpcap 应用程序接口被设计用于 C 语言或 C++,通过将网卡设置为混杂模式,可以捕获所有经过该网络接口的数据包。著名的 tcpdump 程序就是在 Libpcap 的基础上开发而成的,它通过 Libpcap 提供的接口函数来实现数据包的采集、过滤等功能。后来出现了很多封装包,使它也可用于其他语言,如 Perl、Python、Java、C♯和 Ruby 等语言。Libpcap 软件包可从 http://www.tcpdump.org/下载。

Libpcap 运行于大多数类 UNIX 操作系统上,其 Windows 环境下的版本是 WinPcap。WinPcap 是基于 Win32 平台的网络包截获和分析系统,其官方网站是 http://winpcap.polito.it/,也可以从 http://www.winpcap.org/下载它的驱动、DLL 和开发包。

Libpcap 的主要功能有数据包捕获、自定义数据包发送、流量采集与统计,以及规则过滤,所以 Libpcap 最普遍的用途是利用 Libpcap 实现网络协议分析器,也就是网络嗅探器。另外,它还可以用来实现流量分析、入侵检测系统、网络扫描工具等网络应用。

1.5　小结

(1) TCP/IP 是实际的网络工业标准,其采用的 4 层网络体系结构与 OSI/RM 模型不同,但存在一定的对应关系。

(2) 应用层和传输层使用端到端协议,网络层和网络接口层都使用逐跳的协议。

(3) 互联网上每个接口用 IP 地址来标识,而节点上每个通信的进程用端口号来标识。

(4) 封装和分用是协议工作的两个主要过程。在数据发送时,每一层对收到的上一层交来的数据都要增加一些首部或尾部信息;在接收数据时,每一层都根据要处理的协议数据单元的首部信息决定将数据提交给上一层的哪个协议处理。封装和分用是分层协议工作过程的具体体现,也是理解协议栈工作的重要概念。

(5) RFC 文档记载了所有关于 Internet 的正式标准。阅读 RFC 文档对准确理解网络的工作原理有直接帮助。

(6) 网络编程接口通常有两个层次:Socket 用于网络层与传输层的编程;Libpcap 或 WinPcap 函数库用于网络接口层的编程。

1.6　习题

1. 根据 IP 地址的格式计算最多有多少个 A 类、B 类和 C 类网络号。

2. 通过查阅主机需求 RFC 1122(Braden 1989a)和 RFC 1123(Braden 1989b),阅读有关应用于 TCP/IP 协议族每一层的稳健性原则,理解并说明普斯特尔定律(Postel's law,也称为鲁棒性原则)的含义。

3. 说明 RFC 文档有几种状态及各个状态的特点。

4. Napster 是第一个被广泛应用的 P2P 音乐共享服务,它极大地影响了人们使用互联网的方式。P2P 是英文 peer-to-peer(对等)的缩写,又称为"点对点"。当今的互联网中,超过 50% 的网络流量来自于 P2P 程序。查阅资料,说明 P2P 作为一种网络通信模式与客户/服务器模式的差异。

第 **2** 章

协议分析和学习工具

"工欲善其事,必先利其器。"要学习 TCP/IP 协议的工作原理,就需要借助有效的学习工具,这样才能更准确、全面地掌握协议数据单元的构成和协议工作过程,达到事半功倍的效果。同时,掌握各种协议分析工具的用法,还能够为网络工程实践奠定基础。

本章介绍的几款网络学习和分析工具,都具有使用广泛、功能针对性强的特点,能够满足学习者在不同学习阶段学习网络协议的需要。除 Cisco Packet Tracer 主要用于学习外,其他工具软件在实际中广泛应用于网络工程、科研领域。因此,掌握这些软件工具的基本使用方法具有重要的实际意义。

考虑到本书主要针对普通高校的学生学习使用,本章着重介绍 Wireshark、Cisco Packet Tracer 和 GNS3 的用法,对 Sniffer Pro 和科来网络分析系统只作简单介绍。

2.1 协议分析

协议分析也称为网络分析,是指通过捕获在网络通信系统中传送的数据,搜集网络统计信息,将数据包解码为可以阅读的形式的过程。要完整、准确地捕获网络通信信息,通常需要借助专门设计的软件工具——协议分析器,并安装到网络中特定的位置以获取网络通信信息。

本质上,协议分析器是在窃听网络通信,并且由于这些协议分析器能够揭示许多不同类型的、有潜在价值的信息,甚至破坏通信信息,同时许多协议分析器还能够发送数据包,当然也就可以伪造数据包,因此,许多机构都禁止对实际运行的网络使用协议分析器。

2.1.1 协议分析器的原理

协议分析器的本质是数据包嗅探。观察正在运行的协议实体间交换报文的基本工具称为数据包嗅探器(packet sniffer),又称分组捕获器。顾名思义,数据包嗅探器用于捕获(嗅探)计算机发送和接收的报文。对网络安全稍有了解的人都知道嗅探器,而且往往把嗅探器和黑客联系在一起。其实,网络嗅探器通常用来进行协议分析和网络监控,以便进行故障诊断、性能分析和安全分析等,黑客则用之进行安全敏感信息的监听和截取。

图 2-1 所示显示了一个数据包嗅探器的基本结构。

嗅探器主要由两部分组成:分组捕获器和分组分析器。

分组捕获器需要把网卡设置为"混杂模式"(promiscuous mode),这样当数据包从嗅探

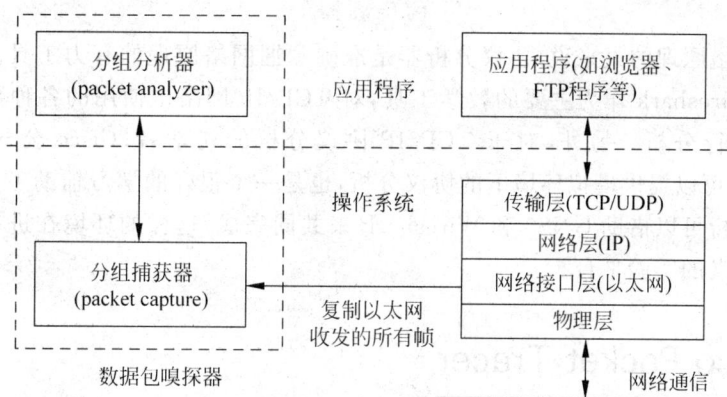

图 2-1　数据包嗅探器的基本结构

器所连接的网卡上进入系统时,嗅探程序可以接收到整个以太网内的网络数据信息,包括所有的广播、组播和单播数据包,甚至错误数据包,从而实现数据包捕获。

分组分析器的作用是分析协议报文并把报文中所有字段的内容直观地显示出来。其主要构成通常包括包过滤器、数据包缓冲区和解码部分。包过滤器用于设定协议分析器想要捕获的数据包的类型,通常都可以按照协议类型、通信的 IP 地址、网络接口层地址和应用程序来设定过滤条件。解码部分主要是将缓冲区中已经捕获的数据包解析为用户可读的协议数据单元格式,以便用户分析。

绝大多数协议分析器都提供了一定的数据包统计功能,可以对各种类型的数据包进行整理统计,包括各种类型的错误数据包,这为网络管理活动提供了极大的帮助。

2.1.2　协议分析器的主要用途

协议分析器通常用于诊断网络出现的故障。在典型的情况下,协议分析器安装在网络特定的位置并配置为捕获存在问题的通信信息,通过读取电缆系统中传输的数据包,能够识别出通信过程中存在的缺陷和错误。

例如,当一个 UDP 通信的客户端不能连接到指定的服务器时,协议分析器就可以用于捕获并查看它们之间通信的内容,以揭示客户端解析 IP 地址的过程,定位本地路由器的硬件地址,提交给服务器的 UDP 数据包以及服务器的处理响应信息,从而判断出问题所在。

协议分析器也可以用来测试网络,通常测试可以采用两种方式来进行。一种是主动向网络中发送数据包来测试,另一种是通过侦听不同寻常的通信的被动方式来测试。例如,如果防火墙被配置为阻塞特定类型的流量进入本地网络,那么协议分析器既可以配置为向防火墙发送测试数据包来检测某些不可达流量是否会被防火墙转发,也可以从防火墙后侦听流量,检测不可达流量是否被转发。

协议分析器还可以用于搜集网络性能的趋势数据,从而为预防出现影响网络正常工作或性能的极端情况提供参考,这对网络管理员来说具有特别的意义。多数协议分析器都有能力跟踪网络流量的短期和长期趋势,这些趋势包括网络利用率、每秒钟数据包的速率、数据包长度分布及使用的协议等。网络管理员能够利用这些信息跟踪网络随时间发生的细微变化。

对学习网络原理的人来说,协议分析器是准确掌握网络原理的有力工具。本书将使用协议分析器 Wireshark 作为主要的教学工具,对 TCP/IP 网络中使用的各种数据包的结构和通信过程进行分析。另外,对于 TCP/IP 协议分析的初学者,Cisco 公司的模拟软件 Packet Tracer 可以提供模拟环境下的协议分析,也是一个很好的学习辅助工具。高仿真环境下的协议分析可以借助 GNS3 和 Wireshark 来共同完成,这样的环境在进行科学研究时也是有参考意义的实验平台。

2.2　Cisco Packet Tracer

Packet Tracer 是 Cisco 公司针对其 CCNA 认证为 Cisco 网络技术学院开发的一个用来设计、配置网络和故障排除的模拟软件,目前常用的版本为 Packet Tracer 6.0。下面结合学习协议分析的需要来说明其用法,需要全面了解 Packet Tracer 的读者请查阅软件的联机帮助文档或其他相关资料。

Packet Tracer 是一款非常适合网络初学者使用的工具,它不仅能够简便、快速地构建出网络实验环境,而且其模拟工作方式还能够为学习者提供网络各层数据的构成和传输情况、各种帧或分组的处理过程。尽管 Packet Tracer 不是一个协议分析器,但它在模拟方式下可以对每个节点中网络各层 PDU(Protocol Data Unit,协议数据单元)处理过程的每一步操作提供模拟和协议分析,这对于学习协议工作原理的初学者理解协议工作过程来说是非常有帮助的。另外,Packet Tracer 的一个最大优点是可以快速构建一个模拟网络环境,这为及时验证学习过程中的问题提供了一个简便的手段。

但是,Packet Tracer 毕竟是一款模拟学习软件,其模拟捕获的数据包的信息与真实网络环境中捕获的数据包还是有差别的。例如,不能真实感受到网络中原始数据的存在形态;部分数据不完整;许多网络应用没有办法实现,有关的信息自然也无法观察到;由于网络应用实验环境单一且没有干扰因素,实验结果与真实环境中的有差距;等等。另外,Packet Tracer 只提供对 Cisco 公司部分设备的有限支持,这和工程实践中存在多个公司的产品,并且运行着多种协议支持的多种应用有着明显的差距。

2.2.1　Packet Tracer 的工作界面

Packet Tracer 6.0 的安装按照安装向导的提示很容易就可完成,这里就不赘述了。该软件的工作界面如图 2-2 所示。

图中标示了各主要区域的功能。下面结合一个简单的例子来说明其基本使用方法。

(1) 添加设备。在网络设备库内先找到要添加设备的大类别,然后从该类别各个具体型号的设备中寻找添加自己想要的设备。例如,要添加一个 2620XM 路由器,可先在网络设备库中用鼠标单击路由器图标,然后在设备类型中单击 2620XM 路由器,并拖动到工作区中。用同样的方法,再添加一个 2950-24 交换机和两台 PC。按住 Ctrl 键单击相应设备,可以连续添加设备。

(2) 正确连接各个节点。Packet Tracer 6.0 有多种连接线,如图 2-3 所示。因而它有

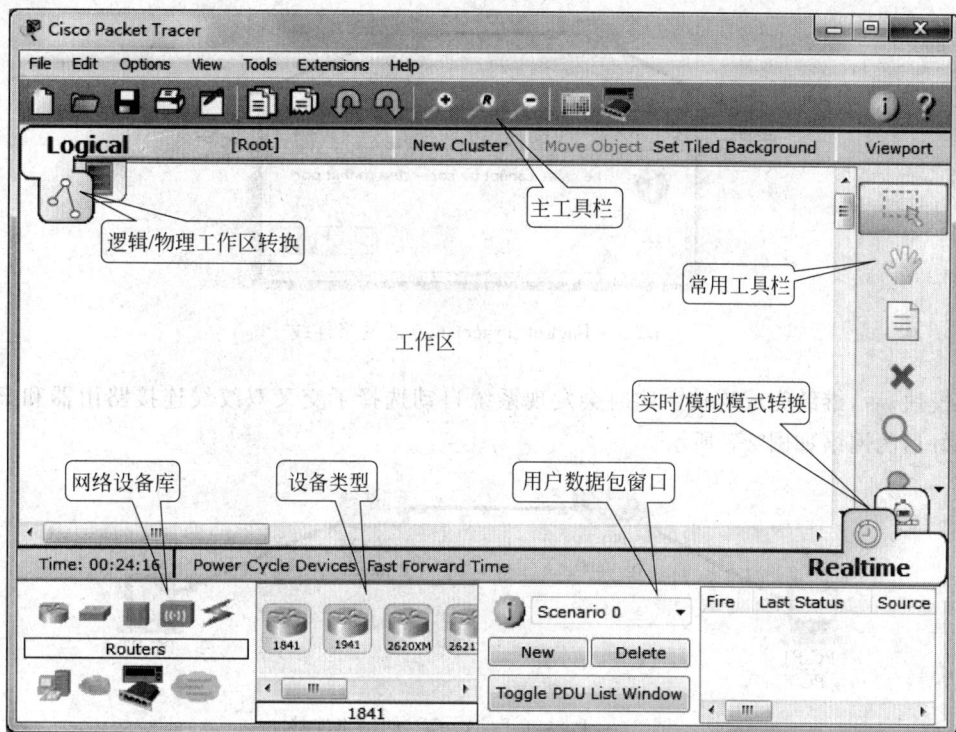

图 2-2　Packet Tracer 6.0 工作界面

多种设备连接方式：控制台连接、双绞线交叉连接、双绞线直连连接、光纤、串行 DCE 及串行 DTE 等。如果不能确定应该使用哪种连接方式，则可以使用自动连接，让软件自动选择相应的连接方式。

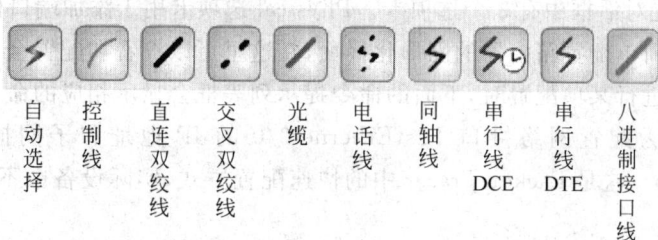

图 2-3　Packet Tracer 6.0 的连接线

　　如果是自己确定连线方式，则连接时还要确定连接接口。若选择自动连线，则连接 2620XM 和 PC1 时网络如图 2-4 所示。

　　这是因为 2620XM 没有安装相应的模块，已经没有接口可用。因此需要在 2620XM 中添加模块。

　　（3）查看设备和添加模块。单击工作区中的设备，打开设备配置对话框，可以查看设备的前面板、具有的模块及配置设备。设备连接前可以根据需要添加所需的模块。注意，要先在 Physical 选项卡的设备面板上关闭设备电源，然后选择合适的模块，将模块添加到设备插槽的空缺处即可。删除模块时，将模块拖回到原处即可。为 Router0 添加 NM-4E 模块（以

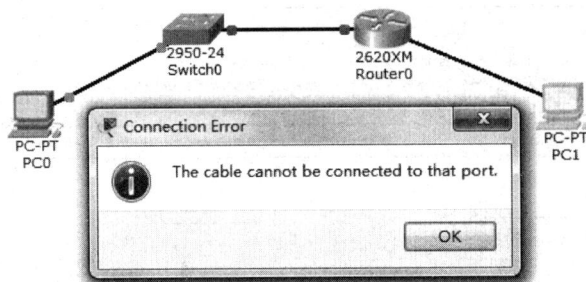

图 2-4　Packet Tracer 6.0 的网络连线

太网模块)后,继续完成连接。这时会发现系统自动选择了交叉双绞线连接路由器和 PC1。连接好后的网络如图 2-5 所示。

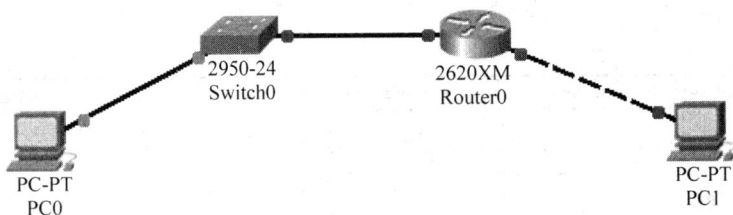

图 2-5　Packet Tracer 6.0 的网络连接

线缆两端的圆点用不同的颜色来表示连接状态:绿色表示物理连接准备就绪;闪烁的绿色表示链路激活;红色表示物理连接不通;黄色表示交换机端口阻塞。

线缆两端圆点的不同颜色有助于人们进行连通性的故障排除。

(4) 配置网络设备工作模式或工作参数。单击设备即可打开设备配置对话框。在 Router0 设备配置对话框中有 3 个选项卡。Physical 选项卡用于添加端口模块,Config 选项卡为用户提供了简单配置路由器的图形化界面,在这里可以查看和配置全局信息、路由信息和端口信息。当进行某项配置时,下面的命令提示列表框会显示相应的命令。

图 2-6 所示为配置网络接口 FastEthernet0/0 的 IP 地址和子网掩码。注意,Port Status 设置为 On。这是 Packet Tracer 中的快速配置方式,实际设备中不一定有这样的配置方式。

设备配置对话框中的 CLI 选项卡是在命令行模式下对 Router0 进行配置,这种模式和实际路由器的配置环境非常相似。

熟悉 Cisco 设备的读者可以使用命令进行设备配置。

终端设备的配置窗口不同于网络设备,有一个 Desktop 选项卡,其功能选项如图 2-7 所示。

Desktop 选项卡中的 IP Configuration 也可以完成默认网关、IP 地址和子网掩码的设置。Terminal 选项用于模拟一个超级终端对路由器或交换机进行配置。Command Prompt 等同于计算机中的命令行窗口。

配置 PC0 上的接口地址为(192.168.1.2　255.255.255.0)。类似地,配置 Router0 上的 Ethernet 1/0 为(192.168.2.1　255.255.255.0)和 PC1 上的接口地址为(192.168.2.2　255.

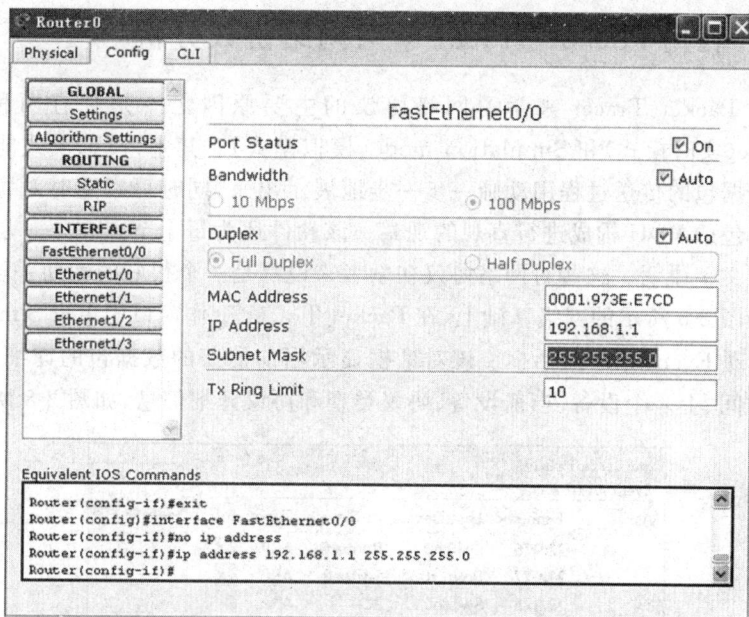

图 2-6　网络设备配置对话框的 Config 选项卡

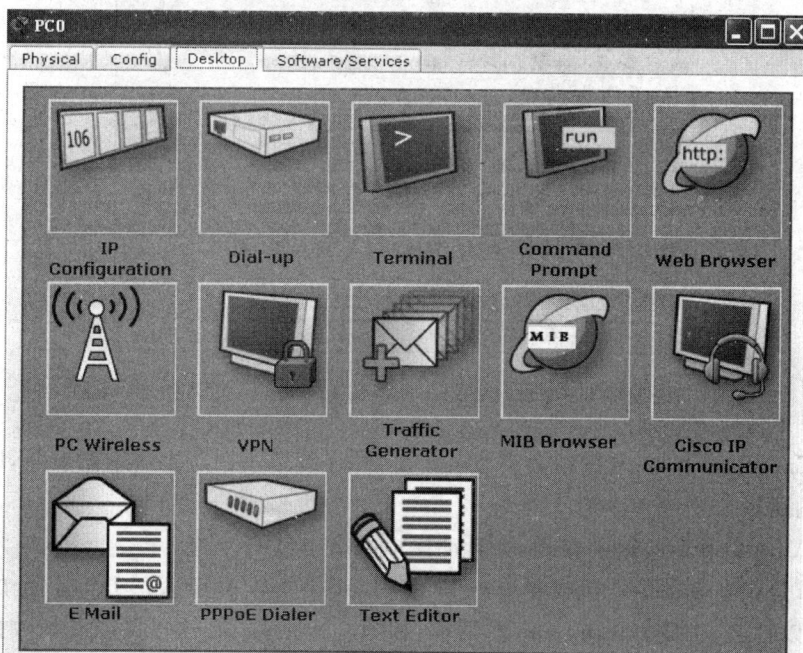

图 2-7　终端设备的 Desktop 选项卡

255.255.0),默认网关为 192.168.2.1。

　　配置完成后应观察到所有连接线的圆点已经变为闪烁的绿色,这表明各个设备都已经启动了网络连接。

2.2.2 利用 Packet Tracer 学习网络协议分析

能够利用 Packet Tracer 来学习网络协议的主要原因之一是它有两种工作模式：Realtime mode(实时模式)和 Simulation mode(模拟模式)。其中，模拟模式能够将网络工作过程按照数据包的传送过程用动画一步一步地展示出来，同时可以随时对每一个处理步骤的协议数据包的 PDU 构成进行直观的观察。该软件还为每个节点在每一层协议处理的具体操作配有文字说明。这些对网络协议初学者来说都是一个很好的辅助手段。

继续在如图 2-5 所示的网络基础上，在 Packet Tracer 工作窗口中单击 Simulation mode 按钮，会出现 Event List 对话框。该对话框显示当前捕获的数据包的详细信息，包括数据包出现的时间、上一个设备、当前设备、协议类型和协议详细信息，如图 2-8 所示。

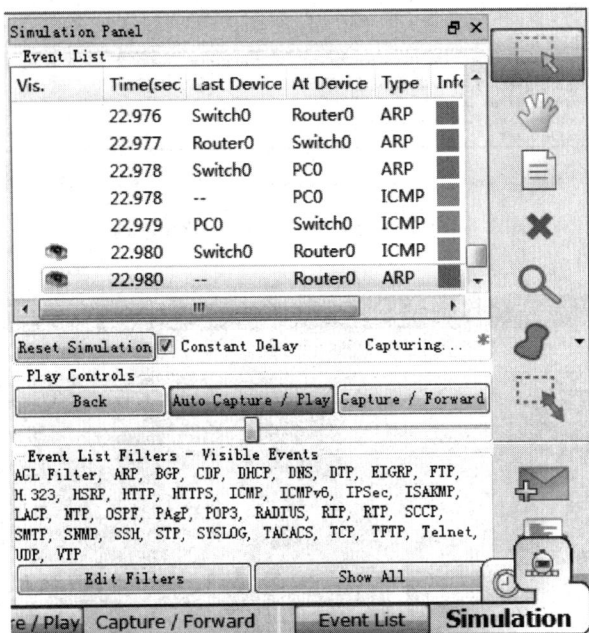

图 2-8 Simulation mode 下的 Event List 对话框

单击 Capture/Forward 按钮会产生一个事件，连续单击会产生一系列事件，以描述出数据包的传输路径。

单击 Auto Capture/Play 按钮，会自动模拟网络中包的传输。

单击节点设备上的数据包或者单击 Event List 中协议类型信息 Info 位置的不同颜色的色块，可以打开 PDU Information 对话框，如图 2-9 所示。在这里可以看到数据包在进入设备和出设备时很详细的基于 OSI 模型各层协议的信息变化。单击 Edit Filters 按钮，可以选择过滤器，从而只在 Event List 中列出需要查看的协议数据包。这对于观察特定协议的工作过程很有帮助。

在 OSI Model 选项卡中，阅读 OSI 模型中每层处理数据包的说明信息，对理解网络设备或软件在各层的具体工作过程和原理非常有帮助。初学者对此应该引起重视。

在 Inbound PDU Details 和 Outbound PDU Details 选项卡中，可以分别看到进入节点

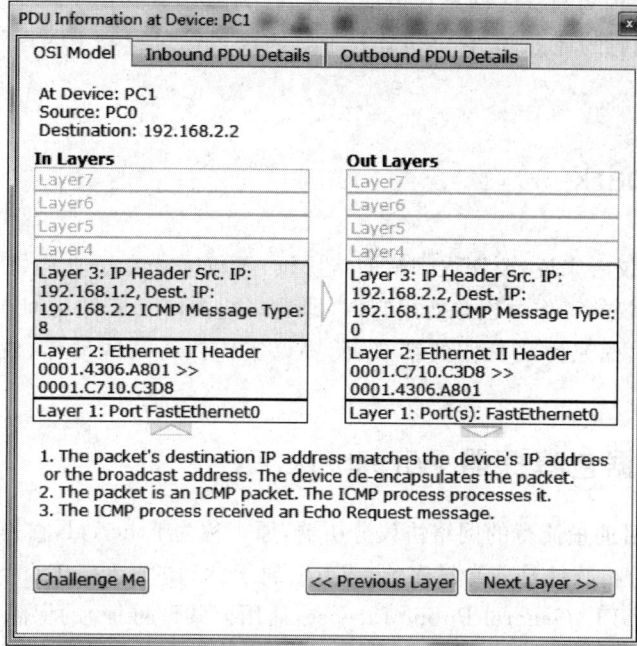

图 2-9 PDU Information 对话框的 OSI Model 选项卡

和离开节点(节点发出的)的数据包或帧格式的内容,如图 2-10 所示。通过对比学习,有助于了解各协议 PDU 的详细信息,以便对数据包作更细致的分析。

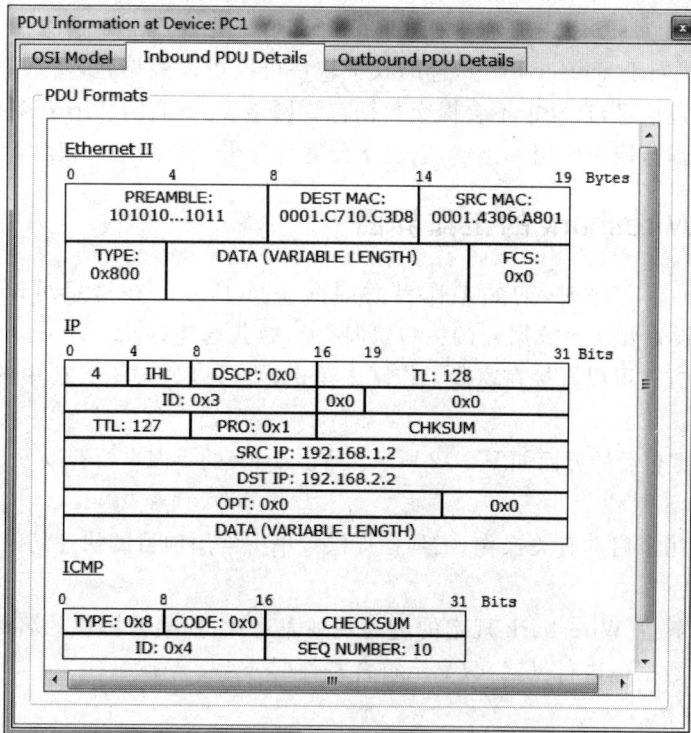

图 2-10 PDU Information 对话框的 Inbound PDU Details 选项卡

前面已经提到,因为与真实网络环境的差异,作为教学软件的 Packet Tracer 对各协议 PDU 的分析有不完善的地方,但它对初学者了解协议工作过程和 PDU 的构成还是很有帮助的。

2.3　Wireshark

对学习网络协议者来说,要深入理解网络协议,不仅需要在仿真环境下,更需要在真实网络环境中观察协议的工作过程并使用它们,即观察两个协议实体之间在真实的通信过程中交换的报文序列,探究协议操作的细节,使协议实体执行某些动作,观察这些动作及其影响。

2.3.1　数据包嗅探器 Wireshark

Wireshark 是目前最流行的网络协议分析器,原来称为 Ethereal,它是开源的免费软件。在过去,网络封包分析软件是非常昂贵的,或专门属于营利的软件。Ethereal 的出现改变了这一切。在 GNU GPL(General Public License,通用公共许可证)的保障范围下,使用者可以免费取得该软件与其源代码,并拥有针对其源代码进行修改的权利。因此 Ethereal 很快得到广泛使用和认可。2006 年,Ethereal 更名为 Wireshark。Wireshark 可以运行于 Windows、UNIX、Linux 等操作系统上,可以从 http://www.wireshark.org 下载该软件。另外,不少 Linux 的安装光盘中有 Wireshark 安装文件,直接安装即可。Windows 版本安装一般会提示要安装 WinPcap,用户无须单独下载,只要按照安装提示操作即可。本教程使用的是 Wireshark version 1.10.0。

Wireshark 不同于 Sniffer Pro 这样的收费软件可以更改数据包,它只能反映出目前网络上传输的数据包信息,自身也不会提交数据包到网络上。因此,Wireshark 很适合进行协议分析和网络数据监控等应用。当然,它也十分适合用来进行网络协议学习。

2.3.2　Wireshark 的工作界面

启动 Wireshark 程序时,初始工作界面如图 2-11 所示。在这里可以通过接口列表 (Interface List)设置要捕获数据包的接口,即网卡、捕获选项(Capture Options)、打开数据包文件等。设置方式可以直接在窗口工作区中单击,也可以通过工具栏中的按钮或菜单栏中的命令来设置。

运行捕获数据包后的界面如图 2-12 所示。Wireshark 的界面主要有以下 5 个组成部分。

1) 菜单栏和工具栏

菜单栏通常用来启动有关操作,工具栏提供菜单中常用项目的快速访问方式。

2) 过滤器栏

在该处填写符合 Wireshark 规定的过滤规则表达式,如某种协议的名称或 IP 地址等,据此可对捕获的数据包进行过滤,只显示符合条件的分组。

3) 包列表窗格

包列表窗格中的每一行对应抓包文件中的一个数据包。不同类型的报文有不同的颜

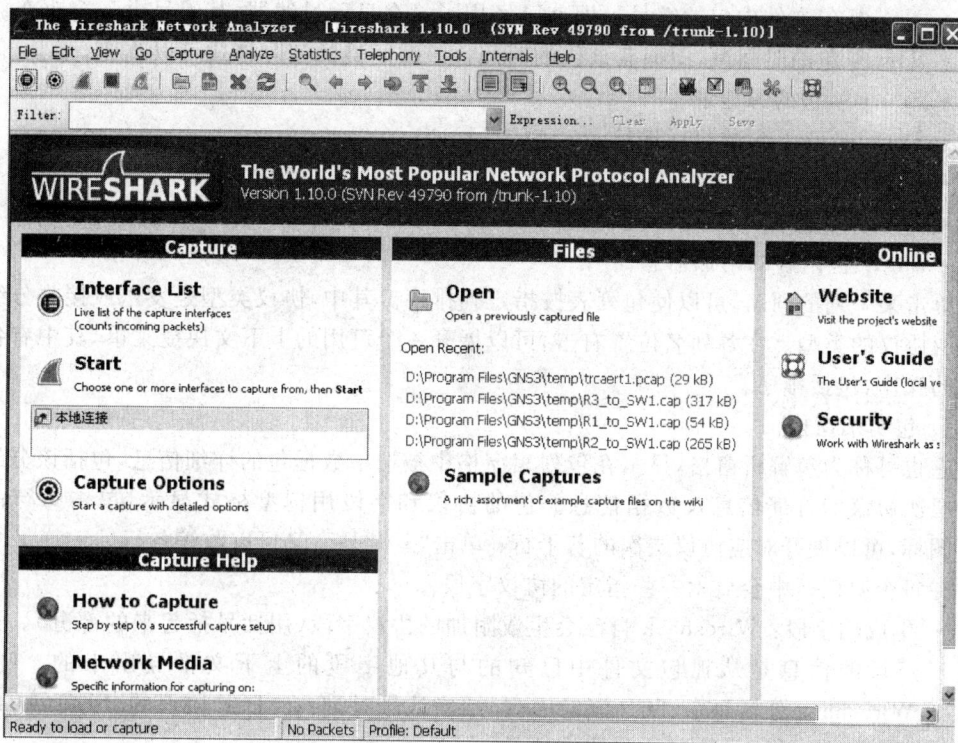

图 2-11 Wireshark 工作界面

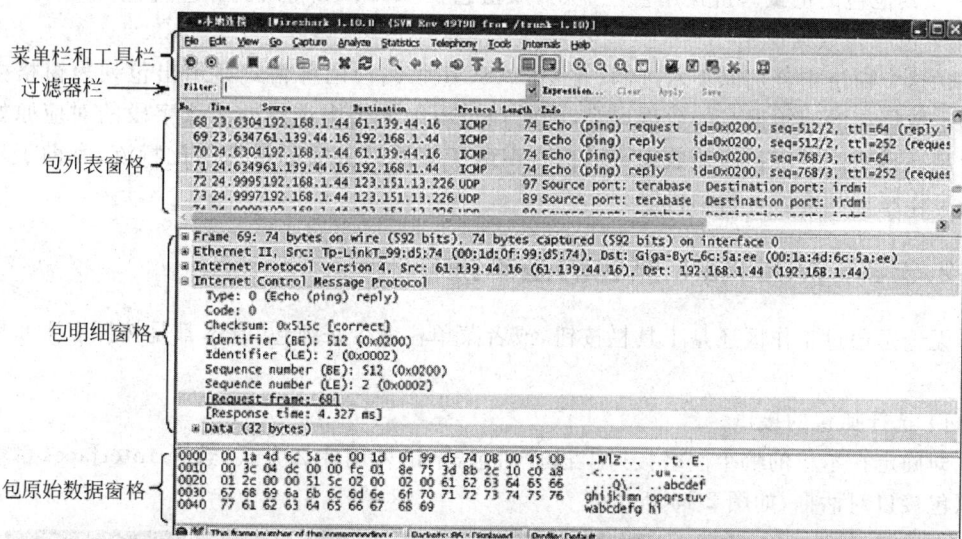

图 2-12 Wireshark 捕获分组界面

色,但是没有明显的规律,用户可以自己定义。如果选择了一行,则其更详细的信息将显示在包明细窗格和包原始数据窗格中。

包列表窗格中的每一列代表捕获的一个包的有关属性的摘要信息,每个包的摘要信息包括以下几项。

- No：抓包文件中包的编号。即使已经用了一个显示过滤器，其编号也不会改变。
- Time：包的时间戳，即捕获该包的时间。该时间戳的实际格式可以改变。
- Source：包的源地址。
- Destination：包的目标地址。
- Protocol：包协议的缩写。
- Length：包的长度。
- Info：包内容的附加信息。

单击某一列的列名，可以使包列表按指定列排序。其中，协议类型是发送或接收分组的最高层协议的类型。在各列名位置右击，可以展开一个可用的上下文快捷菜单，其中有各种可选的操作，包括排序。

4）包明细窗格

它也可称为包解析窗格，显示在包列表窗格中被选中数据包的详细信息，包括该分组的各个层次协议的首部信息及数据信息。包的协议和字段用树型格式显示，单击每行前的"＋"图标，可以展开对应协议层次的若干行；单击"－"图标，又可以收缩各行。

在每个协议行中会显示一些指定的协议字段。

- 生成的字段：Wireshark 自己会生成附加的协议字段（用括号括起来的部分）。这些字段的信息是从抓包文件中已知的与其他字段的上下文推导出来的。例如，Wireshark 分析每个 TCP 流的序列号/确认号时，会在 TCP 协议的［SEQ/ACK 分析］中显示出来。
- 链接：如果 Wireshark 检测到抓包文件中存在着与其他包的关系，就会产生一个到其他包的链接。链接用蓝色显示，双击它，Wireshark 将跳到相应的包。

5）包原始数据窗格

在这个窗格中分别以十六进制（左）和 ASCII 码（右）两种格式显示出包列表窗格中当前选定数据包的原始报文的数据内容，同时在包明细窗格中选择的协议字段的对应原始数据会高亮显示。观察包原始数据可以更直观地了解网络上实际传送的比特流，有助于理解网络工作原理和协议分析的机制。

2.3.3　Wireshark 抓包的基本操作

无论是通过工作区还是工具栏按钮，或者菜单栏命令来抓包，基本都是按照以下步骤来进行。

1）选择抓包的接口

即确定在本机的哪个网络接口上进行抓包，不论采用什么方式，选择 Interfaces 都会弹出抓包接口对话框，如图 2-13 所示。

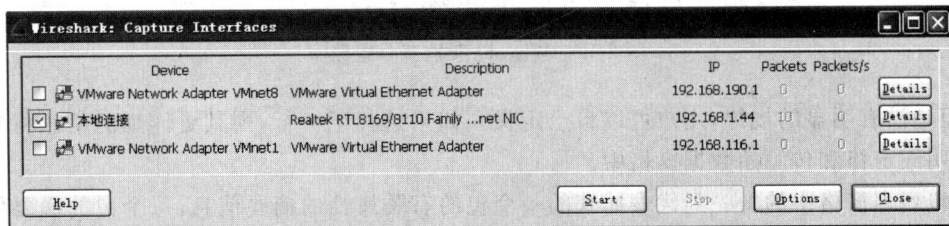

图 2-13　抓包接口对话框

该对话框列出了本机所有的网络接口及其基本描述,勾选要用于抓包的接口。如果不需要设置抓包选项,则直接单击 Start 按钮,就可以启动抓包。

2)设置抓包选项

单击 Options 按钮,可以打开抓包选项,以设置抓包过滤器、保存文件、显示方式、名称解析等选项,如图 2-14 所示。

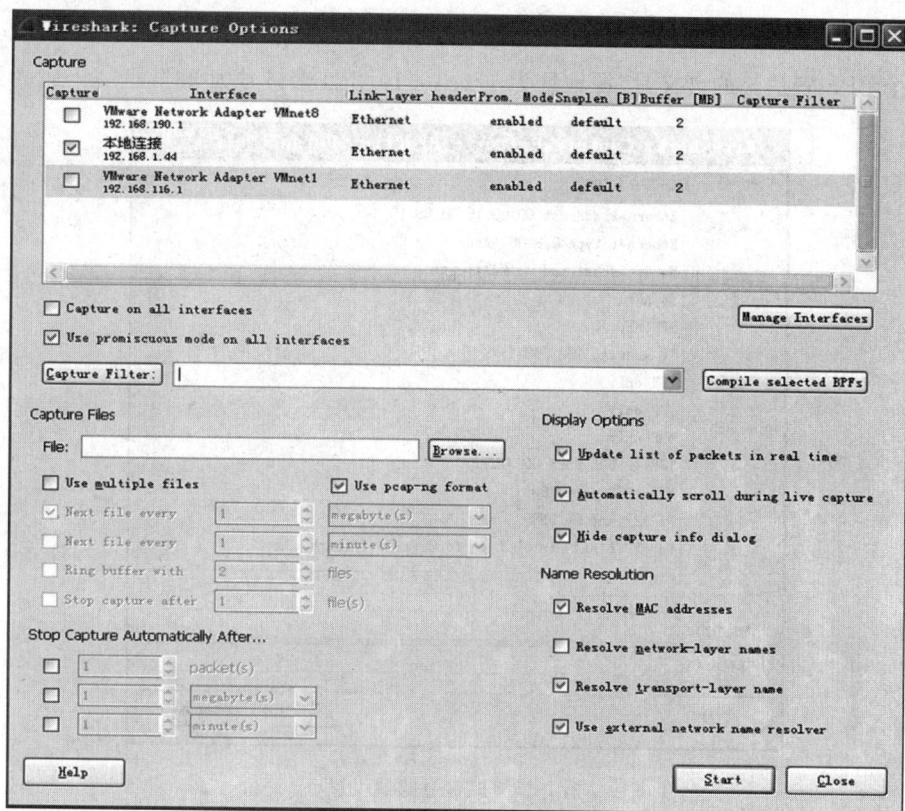

图 2-14　抓包选项设置

Capture Files 用于对捕获的数据包的保存方式进行设置。当选中 multiple files 时,如果指定条件达到临界值,则 Wireshark 会自动生成一个新文件,而不是使用单独的一个文件。其他选项同样用于切换到新文件。

Display Options 选项可以选择设置实时显示、自动更新面板,以及隐藏捕捉信息对话框等。

Name Resolution 用于设置是否让 Wireshark 翻译 MAC 地址为名称,是否允许 Wireshark 对网络地址进行解析。如果只是普通使用,如用于学习协议,则可以不进行特别的设置,而直接采用默认设置。

3)设置过滤器

在 Wireshark 实际使用中,使用者往往只关心某种协议类型或者只是和某个节点地址有关的包,这时过滤器的设置就十分必要了。

过滤器有两种,第一种是抓包过滤器,用来设置只抓取感兴趣的包。这时需要在启动抓包前先定义好过滤器。

在图 2-14 中单击 Capture Filter 按钮,就会弹出过滤器选项对话框,如图 2-15 所示。要新建过滤器,则在 Filter name 文本框中输入过滤器名称,在 Filter string 文本框中输入过滤器字符串,再单击 New 按钮,就可以建立一个过滤器。捕获过滤器使用 BPF(Berkeley Packet Filter,伯克利包过滤器)语法。BPF 语法广泛用于各种嗅探器,其基本形式如下。

```
src host 172.16.10.2 && port 23
```

这个 BPF 表达式的含义是"源地址为 172.16.10.2 且端口号为 23"。

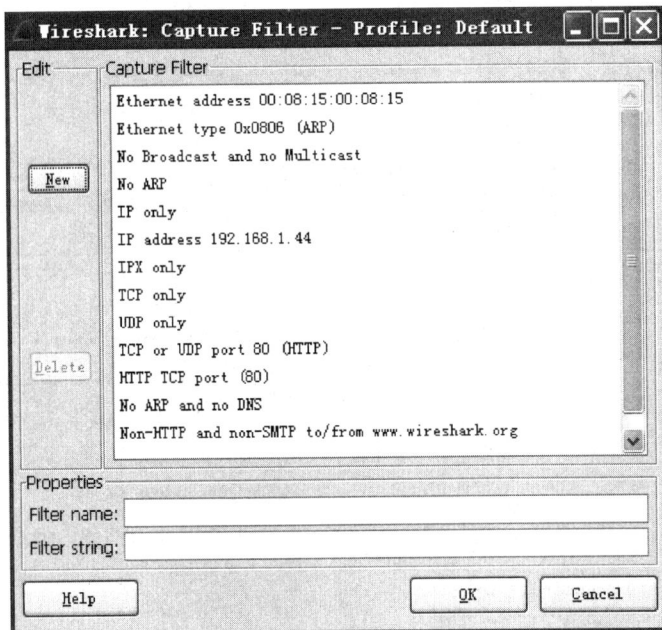

图 2-15 抓包过滤器设置

实际上使用得更多的是显示过滤器,因此这里对 BPF 语法就不作进一步介绍了。如有需要,可以查看有关资料。参考文献[4]中有相关介绍。

第二种对过滤器的设置是在启动抓包后,在 Wireshark 工作界面的过滤器栏中直接输入,这就是显示过滤器。这时先把本机收到或者发出的包全部抓下来,再使用显示过滤器,只显示想要查看的那些类型的数据包。这种方式更常用,因为不仅可以根据需要筛选查看通信过程中其他的数据包,而且还可以防止遗漏实际通信过程中的任何分组。推荐在实验时采用这种过滤方式。

最简单的过滤器形式是只查看某个协议的数据包,这时在 Wireshark 工作界面的 Filter 中直接输入协议的类型名称,如 ICMP,再按 Enter 键或单击过滤器栏上的 Apply 按钮,这时包列表窗格中将只显示抓包期间捕获的所有 ICMP 报文。

如果对数据包有更精细的筛选要求,则可以使用下面的操作符来构造显示过滤器。

eq 或 ==	等于
ne 或 !=	不等于
gt 或 >	大于

lt 或 <	小于
ge 或 >=	大于或等于
le 或 <=	小于或等于

例如,

ip.addr == 172.16.10.2	(筛选出通信地址包含 IP 地址为 172.16.10.2 的包)
ip.addr!= 172.16.10.2	(过滤掉源 IP 地址为 172.16.10.2 的包)
frame.cap_len > 60	(筛选出帧长大于 60B 的包)
frame.cap_len < 60	(筛选出帧长小于 60B 的包)
tcp.len >= 60	(筛选出 TCP 段的数据长大于或等于 60B 的包)
tcp.len <= 1	(筛选出 TCP 段的数据长小于或等于 1B 的包)

注意,过滤表达式"ip.addr!＝172.16.10.2"并不表示排除通信地址包含 172.16.10.2 的包,因为这个表达式被解读为"该包包含的 IP 字段值必须不为 172.16.10.2"。由于一个 IP 数据报同时含有源地址和目标地址,只要两个地址有一个不为 172.16.10.2 就为真。实际上,通常是先判断第一个地址,即源地址,从而无法过滤目标地址。如果想实现过滤掉通信地址包含 172.16.10.2 的包的功能,应当写为"!(ip.addr＝＝172.106.10.2)"。

也可以使用下面的逻辑操作符将表达式组合起来。

and 或 &&	逻辑与
or 或 ||	逻辑或
xor 或 ^^	异或
!	逻辑非

例如,

ip.addr == 172.16.10.2 and tcp.flag.fin == 1 (筛选出包含 IP 地址 172.16.10.2 且 TCP 连接结束 FIN 标志为 1 的包)

ip.addr == 172.16.10.2 or ip.addr == 172.16.10.1 (筛选出包含 IP 地址 172.16.10.2 或 172.16.10.1 的包)

!llc (筛选没有使用 LLC 协议的包)

如果需要对捕获的数据包按字节位置或比特位置的内容进行过滤,则需要采用下面的格式,例如:

icmp[0:2] == 0800

其中,[n:m]指定一个范围。在这种情况下,n 是起始位置偏移,m 是从指定位置的区域长度。该例表示在捕获的 ICMP 报文中从 ICMP 的 PDU 中偏移为 0 开始取两个字节,将匹配 0800(十六进制)的报文筛选出来。

如果是按比特筛选,则要用符号"&"来指定,例如,

tcp[13]&2

这个表达式表示筛选出 TCP 段中 SYN 标志位的数据包。这里"13"便是标志位在 TCP 的头部的字节偏移位置(第 14 个字节),用"&2"指出要取这个字节中的第 2 位,即 SYN 标志位的数据包。

要准确运用 Wireshark 的过滤器来分析数据,需要在实际使用中逐步地熟悉掌握。多数时候,过滤器的编写和应用的要求直接相关,当有需要的时候,编写特别的过滤器才成为

急迫的要求。因而初学时不必急于把所有的过滤器写法都掌握住。

在启动抓包前、抓包过程中或停止抓包后,都可以在 Wireshark 工作界面的过滤器栏中输入过滤表达式。

要想查看抓包过程中其他类型的数据包,只需删除过滤表达式,或输入新的表达式后按Enter 键即可。更简单的做法是单击过滤器栏的 Clear 按钮,以清除过滤条件。

Expression 按钮提供了一个帮助编写过滤器的辅助手段,主要涉及各种协议字段的、较复杂的表述,这里不详述。

Wireshark 的易用性很好,当在过滤器栏输入的表达式是正确的时候将显示绿色背景,如果显示红色背景,则说明表达式是错误的。同时,协议字段的表述提供了智能提示功能,当输入部分字符时,输入栏的下拉列表中会有字段的合法表述供选择。

本书将以 Wireshark 作为主要的协议分析学习工具,主要是利用 Wireshark 的抓包和协议解析功能,对其他的功能,如数据包的统计分析等,则没有涉及。

2.4　GNS3

GNS3 是一种可以仿真复杂网络的图形化网络模拟器,它能够提供一种类似虚拟机软件的高仿真网络环境,为网络实验和科学研究提供了一个有效的辅助手段。对学习协议来说,可以用于模拟较复杂的网络环境。但 GNS3 对系统资源占用较大,需要较高的机器配置才能流畅运行。GNS3 的使用涉及的内容较多,本书只作一般介绍。

GNS3 主要是在计算机中运行 Cisco 公司的 IOS(Internet Operating System),通过Dynamips 仿真 IOS 的核心程序,进一步在 Dynamips 上运行 Dynagen。GNS3 其实是Dynagen 的图形化前端环境工具软件,而目的是提供更好的、基于文本的用户界面。用户利用 Dynagen 可以创建类似 Windows 的 INI 类型文件所描述的网络拓扑,GNS3 再将有关工作以图形化的方式展示出来。

GNS3 允许在 Windows、Linux 系统上仿真 IOS,其支持的路由器平台、防火墙平台(Cisco PIX 系列)的类型非常丰富。通过在路由器插槽中配置上 EtherSwitch 卡,也可以仿真该卡所支持的交换机平台。目前市面上有不同类型的多种路由器模拟器,但支持的路由器命令较少,在进行相关实验时经常发现这些模拟器不支持某些命令或参数,如 CiscoPacket Tracer。用户使用这些模拟器通常只能看到所模拟路由器的输出结果。在 GNS3中,所运行的是实际的 IOS,能够使用 IOS 所支持的所有命令和参数,观察到的路由器行为和输出结果都和真实设备几乎完全一样。

GNS3 是一款开源软件,不用付费就可使用。其官方网站为 http://www.gns3.net,在这里可以下载安装 GNS3 所需的各个程序。在 Windows 环境下更简便的是直接下载一个捆绑好的安装包,如 GNS3-0.8.3.1-all-in-one.exe。但是,Cisco IOS 的使用需要符合 Cisco公司的版权规定。因此,GNS3 安装程序中不包含 IOS 映像文件,需要单独获取。网络上能够获得部分可供 GNS3 使用的 Cisco IOS。另外,用户也可以将已有的 Cisco 路由器的 IOS映像通过 TFTP 导出来供 GNS3 使用。

2.4.1 GNS3 安装和配置

下面以 Windows 系统下安装 GNS3 为例，简要说明其安装方法。双击所下载的 GNS3-0.8.3.1-all-in-one.exe，开始安装 GNS3。GNS3 需要其他软件的支持才能正常运行，包括 WinPCAP、Wireshark、Dynamips 和 Pemu 等，如图 2-16 所示。默认情况下，这些软件将被选中。如果系统中已安装有 Wireshark，那么 WinPCAP 也一定已经安装过，这两个软件可以不再安装。其余安装过程按照提示操作即可。GNS3 有汉化包供下载安装。

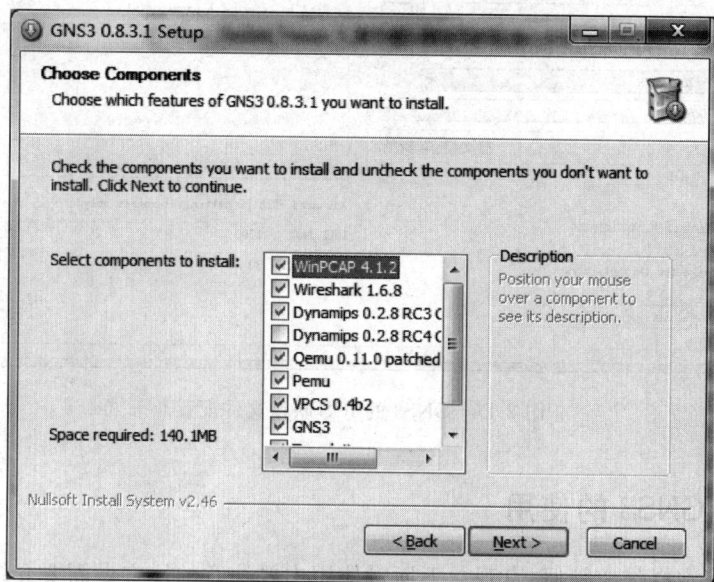

图 2-16 GNS3 安装界面

当安装程序提示安装完成第一次启动 GNS3 后，还需要完成配置 IOS 映像后才能真正使用 GNS3。

第一次启动 GNS3 时会有一个配置提示窗口，其中有标示着数字 1~3 的 3 个按钮，逐一单击完成配置。其中涉及工程目录、查找 OS 路径、Dynamips 有关路径、Wireshark 有关路径等，单击相应的选项卡，确认或修改即可。要特别注意的是 IOS 的配置。

如前所述，必须准备好自己的 Cisco IOS 映像。先将 IOS 映像文件复制到 GNS3 工作目录中事先建好的目录下（注意要与上面提到的查找 OS 路径设置一致），然后进行配置。也可以打开 GNS3 的 Edit 菜单，选择 IOS images and hypervisors 命令，打开 IOS 配置对话框，如图 2-17 所示。

在该 IOS Images 选项卡的 Image file 处，单击文本框后的按钮，可以查找自己所准备的 IOS 映像文件，这时 Platform 和 Model 为选择 IOS 映像文件所对应的路由器型号。该对话框上部为已配置好的 GNS3 可使用的 IOS 映像。默认内存值不必修改。IDLE PC 的参数值非常重要，可稍后设置。最后单击 Save 按钮，保存配置。

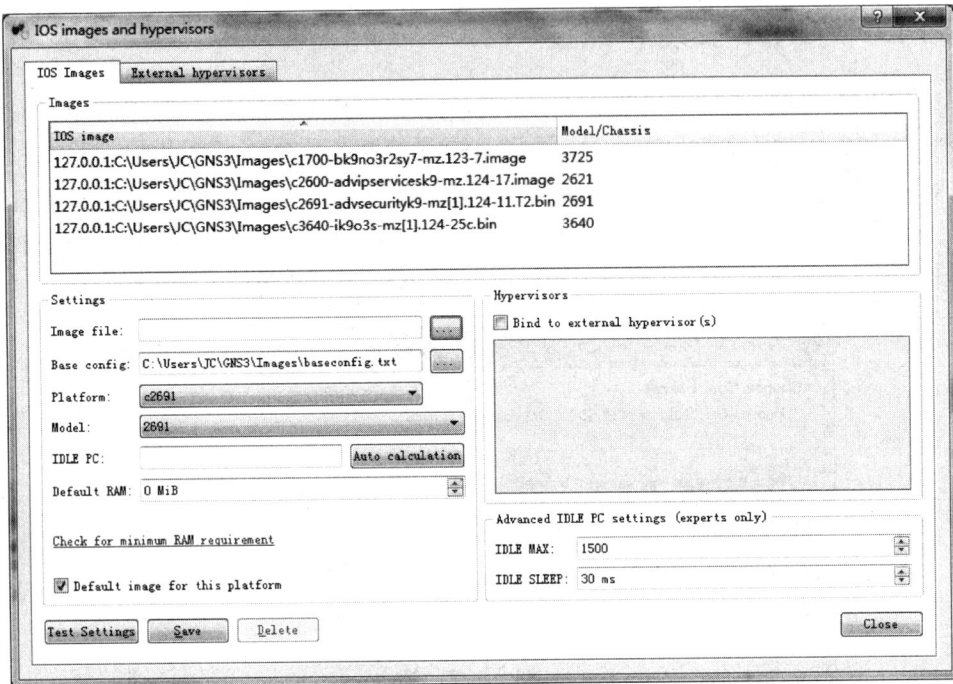

图 2-17　GNS3 的 IOS 映像文件配置

2.4.2　GNS3 的使用

GNS3 的基本操作较简便、直观。下面对使用中要注意的地方做简要介绍。

一般来说，要新建网络拓扑都是先新建工程，系统会将网络拓扑和网络设备的有关设置都存放在工程文件夹中，这样便于文件的管理。新建工程时要注意勾选对话框保存时的选项 Save nvrams including EtherSwitch VLANs and crypto keys，如图 2-18 所示。设备配置好后执行保存操作，下次启动时工程内做好的配置才不会丢失。

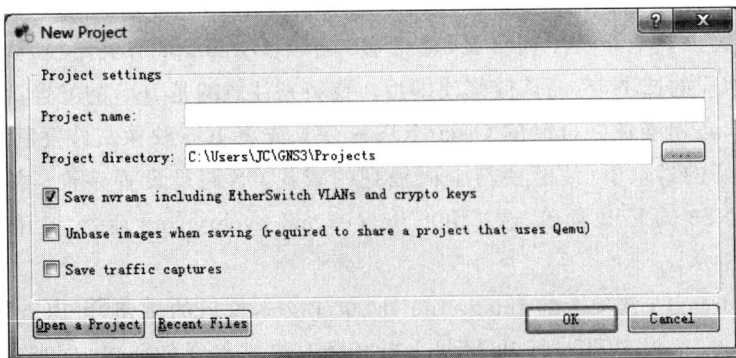

图 2-18　新建工程时选择保存配置

GNS3 工作界面如图 2-19 所示。GNS3 的拓扑操作十分简便，将选择的节点从左侧列表中拖入工作区，然后在左侧列表中单击连线按钮，选择合适的连线接口，即可将各个节点连接起来。右击网络设备节点会弹出设备操作快捷菜单,可以对设备进行配置,如在路由器中添加模块。启动控制台操作模式可以完全模拟真实的路由器控制台操作界面。

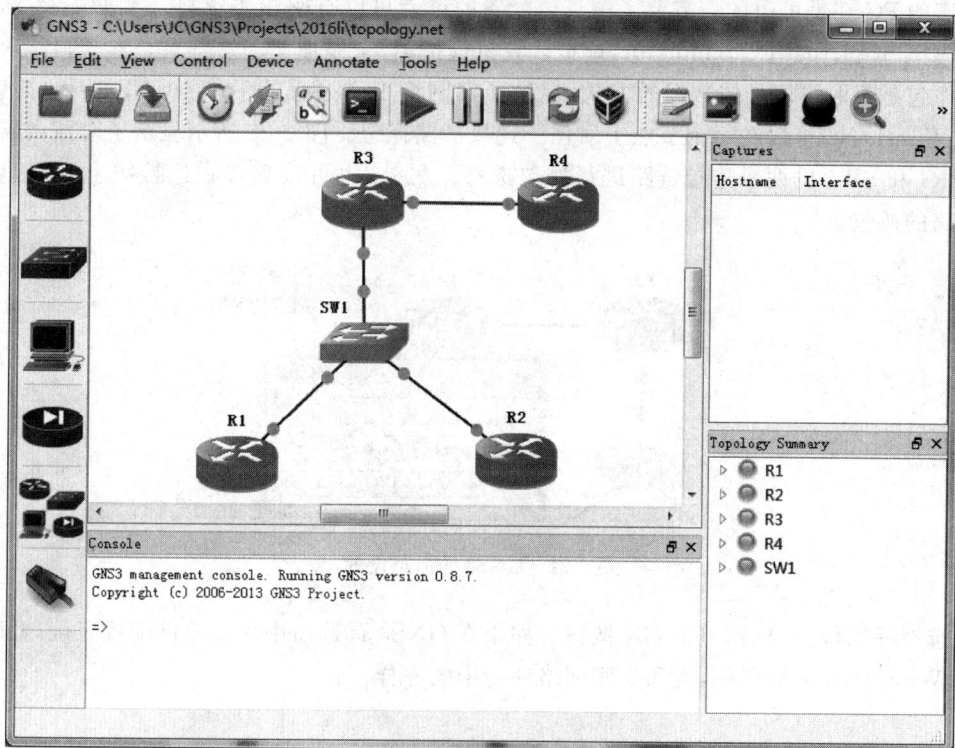

图 2-19　GNS3 工作界面

　　连接配置好网络设备后,就可以启动网络设备了。可以右击每个设备,在弹出的快捷菜单中选择启动设备;也可以在窗口的工具栏中单击 ▶ 按钮,启动所有设备。启动正常的情况下,设备连线两端的圆点是绿色的。

　　接下来一个非常重要的操作是确定并设置 IDLE PC,这直接影响着软件的运行效果。没有设置 IDLE PC,GNS3 可能就没有办法运行!右击工作区中的路由器图标,选择 IDLE PC 命令。GNS3 将花费一段时间来计算一个 IDLE PC 值,然后会出现相应的提示信息,可看到多个可能的 IDLE PC 值,较好的可用 IDLE PC 值前会打上星号,如图 2-20 所示。选择一个带星号的 IDLE PC 值并单击 OK 按钮。如果没有带星号的 IDLE PC 值,则可以反复计算几次。若还是没有标记星号的值,则可以选择数值最大的 IDLE PC 值。

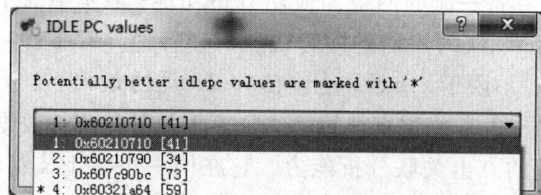

图 2-20　GNS3 的 IDLE PC 设置

GNS3 中有多种方法可以添加主机(PC)。最方便的做法是使用路由器模拟 PC,即将路由器配置为非路由工作状态,这适合比较简单的场合。在更多需要的情况下,使用虚拟机或真实的 PC 都是可以的。需要了解具体配置的读者可以查阅相关资料。本书实验 5-3 采用了 VPCS(Virtual PC Simulator,虚拟计算机模拟器)来添加 PC。

抓包是获取协议具体数据的方式,也是了解网络工作过程的手段。GNS3 下的抓包整合了 Wireshark,可以在每个节点上对任一连接链路抓包。图 2-21 所示显示了对路由器 R3 连接 R4 和 SW1 的两个连接链路进行抓包选择。另外,也可以直接在连接线上右击,启动对链路的抓包。

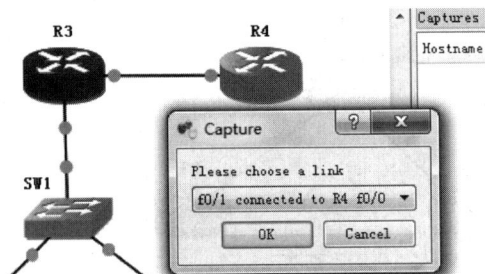

图 2-21　GNS3 的抓包设置

选择好抓包接口后,单击 OK 按钮。如果在 GNS3 首选项中抓包软件配置正确,此时会启动 Wireshark 进行抓包,就和真实网络环境中的一样。

2.5　Sniffer Pro

Sniffer Portable Professional 是一款卓越的便携式网络和应用故障诊断分析软件,属于 Sniffer 系列产品中的一款。Sniffer 商标现在由 NetScout 公司持有。用户可以访问 http://www.netscout.com 或 NetScout 公司代理商网站获得产品信息。Sniffer Pro 功能强大,特别适合网络管理员用来进行实时的网络监视、数据包捕获及故障诊断分析。近年来,它更是强化了在无线网络领域的应用。当然,Sniffer Pro 也可以用来进行网络协议的学习,但因为它是一款商业软件,所以更适合专业网络管理或协议分析者使用。因此,本节只对其基本特点作简单介绍。

Sniffer Pro 的主要特性包括:便携式软件,接入灵活,操作方便;提高网络和应用的故障诊断速度;仪表板式图形化分析界面,并关联至深入的数据包分析;在同一平台上支持有线和无线分析;具备一流的网络和应用分析功能;具有智能化的专家分析系统,协助用户在进行数据包捕获、实时解码的同时快速识别各种异常事件;数据包解码模块支持广泛的网络和应用协议,不限于 Oracle,还包括 VoIP 类协议,以及金融行业专用协议和移动网络类协议等。Sniffer Pro 提供直观易用的仪表板和各种统计数据、逻辑拓扑视图,并且提供能够深入到数据包的点击关联分析能力。它在同一平台上支持 10/100/1000Mb/s 以太网及 802.11 a/b/g/n 网络分析。

Sniffer Pro 的主要应用环境包括:网络流量分析、网络故障诊断;应用系统流量分析及故障诊断;网络病毒流量、异常流量检测;无线网络分析、非法接入设备检查;网络安全检查、网络行为审计等。

从使用的角度看,Sniffer Pro 相比 Wireshark,除了捕获数据包、解析数据包等基本功能外,主要是增加了编辑发送数据包、更强大的网络数据统计和监视功能,并设计有直观的图表,以满足网络管理和分析的需要。

2.6 科来网络分析系统

科来软件是 2003 年创立的、位于成都高新区的中国公司,是以网络分析为核心的产品提供商和服务提供商。科来网络分析系统是一个集数据包采集、解码、协议分析、统计、日志图表等多种功能于一体的综合网络分析系统。它可以帮助网络管理员进行网络监测、定位网络故障、排查网络内部的安全隐患等。科来网络分析系统曾获美国 PC Magazine 评选的"2012 年度最佳产品"。

科来网络分析系统能够进行全实时的采集—分析—统计处理,不需要再进行其他的后期处理,就能够即时地反映网络的通信状况。科来网络分析系统有数据包解码功能;针对常用网络协议设计的高级分析模块;网络通信协议和网络端点的数据统计;独创的协议、端点浏览视图结构;丰富的图表功能。

科来网络分析系统作为一款网络管理工具,可以帮助企业网络管理者完成以下工作。

- 网络流量分析。
- 网络错误和故障诊断。
- 网络安全分析。
- 网络性能检测。
- 网络协议分析。
- 网络通信监视。

网络分析工具的配备可以从本质上检测到网络中的问题,协调和支持各种网络管理工具的使用,并最大限度地完善网络管理。

科来网络分析系统对运行系统环境有一定的要求,支持 Windows 系列操作系统及 64 位版本,最低配置为 CPU P4 2.8GHz,内存 2GB,推荐配置为 CPU Intel Core Duo 2.4GHz,内存 4GB 或更高。

从科来软件网站(http://www.colasoft.com.cn/)可以免费获得科来网络分析系统技术交流版,无须注册即可下载安装试用。技术交流版主要是限制了软件的工作性能,如节点数量等,适用于个人网络分析技术的学习、交流。企业用户可以申请评估版或购买软件。目前最新的技术交流版有 8.1(支持 64 位系统)和 8.0(支持 32 位系统)两个版本,读者可以根据自己的系统情况选择下载。

科来网络分析系统在功能和特性上主要表现为采用分析引导,可自定义分析模式,系统提供实时分析和回放分析两种分析模式,方便用户进行实时数据采集及回溯分析;提供 6 个网络分析方案,包括全面分析、高性能分析、HTTP 应用分析、FTP 应用分析、DNS 应用分析及邮件分析;可根据用户实际网络环境及分析需求,新建、编辑或复制网络档案,以达到快速、准确的分析目的;支持自定义协议;支持在线实时报警,用户可自定义各种类型的报警条件,并以醒目的方式提醒管理员当前的网络事件;增加了 TCP 会话时序图,可有效展现 TCP 连接通信双方的 SYN 和 ACK 响应状态；提供用户自定义图表功能,为用户提供丰富的图形化实时监控;提供增强的矩阵视图,可直观显示通信会话信息;提供全局日志汇总显示;可按协议的实际封装顺序层次化地显示通信协议,为不同的协议赋予不同的色彩,并增加了物理端点与 IP 端点子视图。

科来网络分析系统的运行界面如图 2-22 所示。

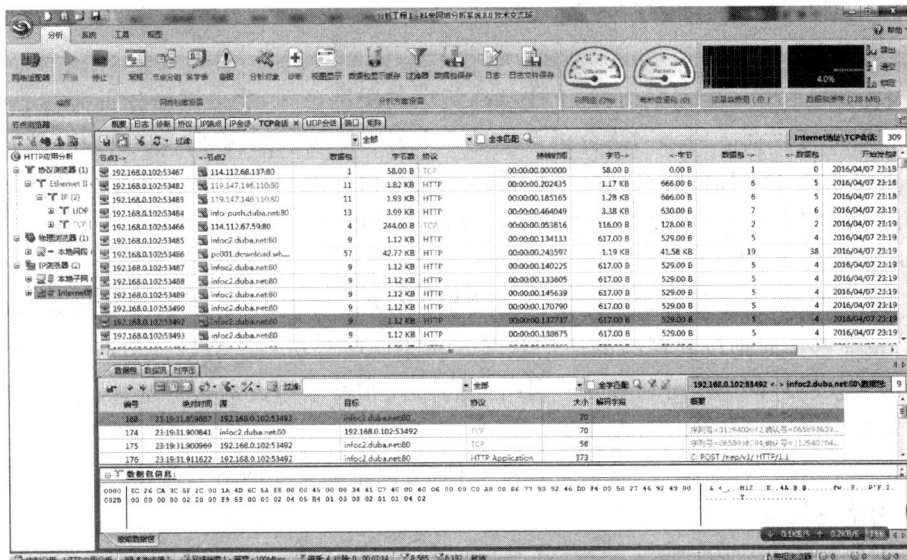

图 2-22　科来网络分析系统的运行界面

在图 2-22 的数据包列表窗格中双击数据包,就会弹出数据包解码窗口,如图 2-23 所示。从中可以看到,这个界面和其他抓包分析软件的很相似,如 Wireshark。

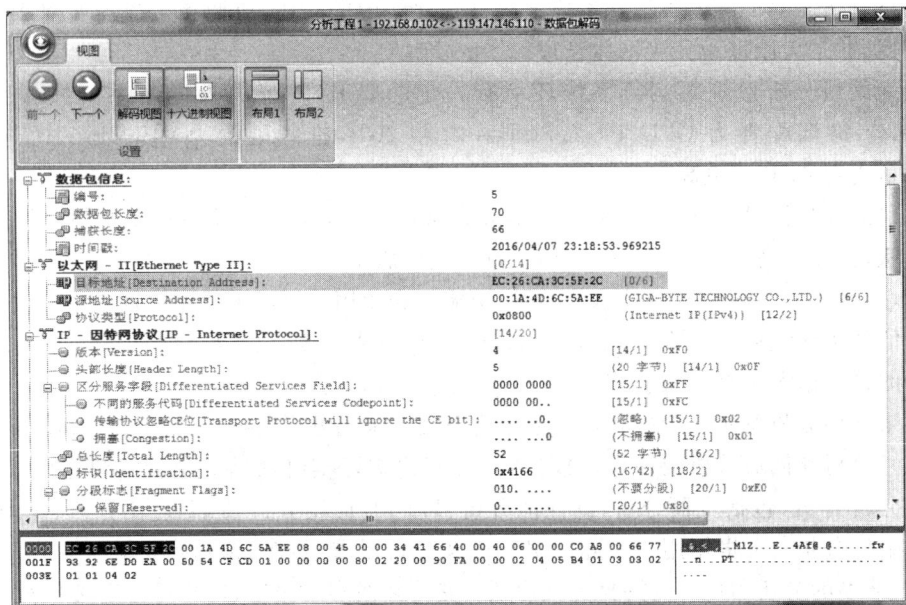

图 2-23　科来网络分析系统的数据包解码界面

2.7 小结

（1）各种协议分析工具是学习网络协议工作原理的有力帮助。

（2）协议分析工具的基本原理是数据包嗅探，即通过将网络接口卡设置为混杂模式，以捕获整个网络中传输的数据包，再把数据包中报文的所有字段以用户可读的 PDU 格式解析出来，供用户分析。

（3）Cisco Packet Tracer 是 Cisco 网络技术学院的模拟学习工具，能够方便地构建模拟实验网络，观察协议数据包的模拟传输和 PDU 格式，在网络协议初学时使用很有帮助。

（4）要观察真实网络中实际传输的各种数据包需要借助 Wireshark 这样的嗅探器。只需要在链路节点上运行 Wireshark，指定抓包的接口就可以捕获数据包。通过设置过滤器可以筛选出满足指定条件的数据包来观察分析。

（5）GNS3 可以实现高仿真的网络实验环境，在学习或研究较复杂的网络状况时能够提供便捷的支持。

（6）Sniffer Pro 和科来网络分析系统等软件可以满足专业的工程应用要求。

2.8 习题

1. 在 Cisco Packet Tracer 中用双绞线连接不同设备时要注意什么？

2. 在 Packet Tracer 中为 1841 路由器添加串行口模块，然后用串行线把两个路由器连接起来，要怎么操作？

3. 使用 Wireshark 在自己的计算机上捕获浏览网页时产生的数据包。怎样才能只查看访问指定网站（如 www.xinhuanet.com）的数据包呢？

4. 在 Wireshark 中写出这样的显示过滤器：筛选出包含有 IP 地址为 172.16.10.3 且 TCP 头部中的 PUSH 位置 1 的数据包。

实验

实验 2-1 Packet Tracer 6.0 的使用

1. 实验说明

通过在 Packet Tracer 6.0 中添加网络设备，熟悉不同的物理设备及其连接方式，掌握使用 Packet Tracer 6.0 构建网络的方法，掌握捕获、查看通信信息的方法。

2. 实验环境

Windows 操作系统，安装有 Packet Tracer 6.0。

3．实验步骤

步骤 1　打开 Packet Tracer 6.0，添加以下网络节点：1841 路由器 3 台，2950-24 交换机 1 台，PC 3 台，服务器 1 台。

步骤 2　选择合适的连接线把设备连接起来。

以太网连线时，交换机与计算机或路由器等设备之间连接用直通线，交叉线用于同种设备（交换机与交换机、路由器与路由器）之间相连或计算机与路由器之间相连。

用直通线把 PC0、PC1、Router0 与 Switch0 的任意端口连接，Router0、Router1 和 Router2 之间需要用交叉线连接，Server0 与 Router2 也要用交叉线连接。

如果连线类型正确，则 PC 与交换机之间连线上的绿灯会马上点亮。

特别的，为配置路由器，可以用控制台连线把 PC2 和 Router1 的 Console 端口连接起来，也可以连接到 Router1 的 Auxiliary 端口上，但使用方法与连接到控制口时不同。

连接好后的网络逻辑结构如图 2-24 所示。

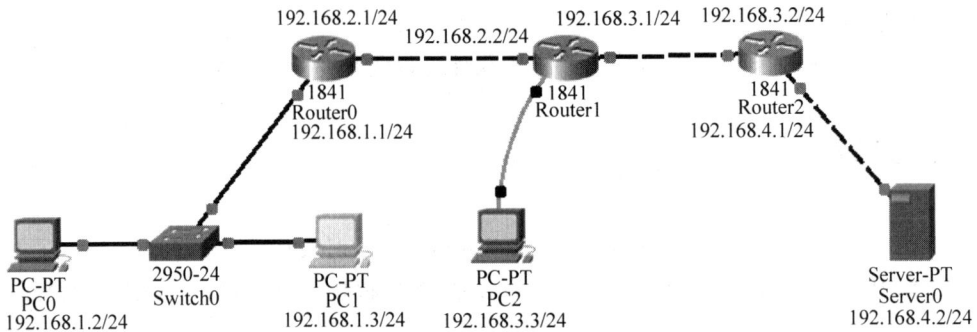

图 2-24　Packet Tracer 实验图

步骤 3　配置设备。

PC 的配置可以直接在 Packet Tracer 6.0 的逻辑拓扑图上单击 PC 图标，打开设备配置窗口，单击 Desktop 选项卡中的 IP Configuration，完成默认网关和 IP 地址的设置。按图 2-24 中标示出的网络地址依次设置 3 台 PC 和 Server0 的 IP 地址，PC0 和 PC1 的默认网关设为 192.168.1.1，Server0 的默认网关设为 192.168.4.1。

路由器的配置可以通过连接在 Console 口的 PC 来进行，也可以直接通过 Packet Tracer 提供的界面来进行。这里只做最简单的基本配置。直接单击需要配置的路由器图标，如 Router0，打开设备配置窗口，单击 CLI 选项卡，按 Enter 键出现命令行提示符，然后使用如下命令配置静态路由。

```
Router > enable                                    #进入特权模式
Router # configure terminal                        #全局配置
Router(config) # int f0/0                           #配置接口 f0/0
Router(config - if) # no shutdown                    #开启接口
Router(config - if) # ip address 192.168.1.1 255.255.255.0
```

随着接口 no shutdown 命令的输入，接口连线上的绿灯随即变亮。

按图 2-24 所示配置路由器接口的 IP 地址，配置好 3 台路由器。配置好后，路由器双绞线上的绿灯都会点亮。

```
Router(config - if)♯exit          ♯退出接口配置
Router(config)♯^Z                 ♯退出特权模式,保存配置
```

类似地,依次完成对各个路由器接口的配置并保存整个拓扑文件,以备后面的学习。

步骤 4 查看通信信息。

确认 Packet Tracer 工作在 Realtime mode(实时模式),单击 PC0 图标,在 Desktop 选项卡中双击 Command Prompt 图标,打开命令行窗口,输入命令:

```
PC>ping 192.168.2.2(Router1 fa0/0 接口 IP 地址)
```

观察命令执行结果,可以看到网络图示中的绿灯有闪动,命令行窗口中会输出提示信息"Request timed out",重复执行会发现不能 ping 通目标 IP。

在 Packet Tracer 工作窗口中单击 Simulation mode 图标,会出现 Event List 对话框,再次输入上面的 ping 命令,该对话框会显示当前捕获的数据包的详细信息,包括数据包出现的时间、上一个设备、当前设备、协议类型和协议详细信息,单击 Info 字段处的彩色图块,可以查看该处数据包在网络各层的处理情况。通过查看分析数据包在网络各层的处理说明,可以知道网络通信在什么环节发生了什么问题,进而处理、解决网络设备或配置上的问题。需要注意的是,网络中各种设备间会有并不需要考查的数据包在传送。例如,这里要考查的是 ICMP 数据包,但网络中会有 STP 协议通信的包干扰观察。这时可以单击 Edit Filters 按钮,设置过滤器,使得 Event List 对话框中只显示 ICMP 报文。

下面结合实验来学习通过分析捕获的数据包的详细信息,以解决网络的连通问题。

步骤 5 观察默认网关设置的作用。

在 Packet Tracer 工作窗口中单击 Simulation mode 图标,然后将 PC0 的默认网关 192.168.1.1 设置清空,输入命令:

```
PC>ping 192.168.2.2
```

查看网络上 PC0 处的信封图标上有个红色的叉,单击 Event List 对话框中捕获的 ICMP 数据包的 Info 图块,打开 PDU Information 对话框,查看 OSI Model 选项卡,如图 2-25 所示。仔细阅读选项卡下部的说明文字,可以了解数据包的详细处理过程,这其实就是应用程序和协议栈各层对 PDU 的处理流程描述。这里只看到了 Layer 3,说明在 PC0 处网络层的处理就停下了,根本没有封装网络接口层的数据帧去传送。通过处理说明的第5 条,可以清楚地看到"The default gateway is not set. The device drops the packet",指示出没有设置默认网关,因此设备丢弃了这个包。

解决的办法显然是设置 PC0 的默认网关。恢复 PC0 的默认网关设置后,继续下面的步骤。

步骤 6 观察路由表的作用。

选择 Simulation mode 后,在 PC0 上重复步骤 4 中的操作。

```
PC>ping 192.168.2.2(Router1 fa0/0 接口 IP 地址)
```

观察 Event List 对话框中显示的各设备节点上依次出现的 ICMP 数据包,单击

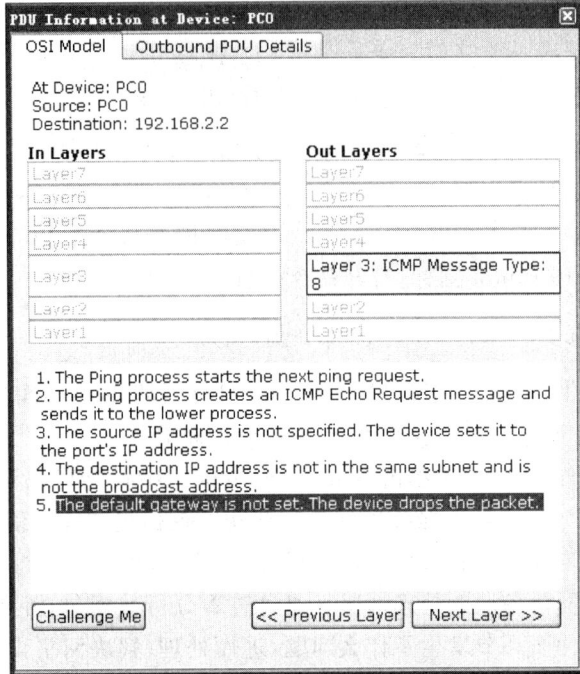

图 2-25　PDU Information 对话框

Capture/Forward 按钮,可以看到网络中数据包在节点间传送。连续单击,可以看到数据包处理的动画示意。如果单击 Auto Capture/Play 按钮,则 Packet Tracer 按照网络事件发生的时间自动给出数据包在网络节点中的处理过程。

这时可以看到数据包在 Router0 处继续向前传递。为什么路由器 Router0 没有设置路由表,仍然转发了数据包呢? 这是因为网络 192.168.2.0 是 Router0 直接相连的网络,所以路由器也转发了数据包。

当数据包传送到 Router1 时出现了红色的叉,这时单击 Info 字段显示处理信息,分别阅读 In Layers 和 Out Layers 的处理信息,可以看到节点 Router1 在处理输出时的操作: "The routing table does not have a route to the destination IP address. The router drops the packet"。即没有设置 Router1 上去往 PC0 或其网络的路由信息,该节点找不到转发的路径,因此丢弃了数据包。

为此在 Router1 上配置一条静态路由。

```
Router(config)♯ip route 192.168.1.0 255.255.255.0 192.168.2.1
```

保存后退出。再次在 PC0 上执行 ping 命令,这时网络可以连通。

通过阅读 PDU Information 对话框的 OSI Model 选项卡上各个节点上处理数据包的流程说明,可理解掌握网络数据包传输的工作过程。

步骤 7　参照前面的实验,进一步配置 Router0、Router1 和 Router2 的路由表,使得 PC0 和 Server0 可以相互 ping 通,用模拟方式查看通信过程中数据包的传送和处理情况。

4. 实验报告

记录自己的实验过程和实验结果,分析实验结果,说明对 Packet Tracer 的使用方法的认识或总结,理解和掌握利用 Packet Tracer 对 PDU 进行分析的基本方法。

实验 2-2　Wireshark 的使用

1. 实验说明

熟悉并掌握 Wireshark 的基本使用;熟悉捕获各种协议数据包和查看 PDU 构成的方法。

2. 实验环境

Windows 操作系统及联网环境(主机有以太网卡并连接 Internet),安装有 Wireshark 1.10.0。

3. 实验步骤

步骤 1　启动浏览器。

为产生实验要捕获的分组,启动浏览器并在地址栏中输入某个网页的 URL,如 http://www.cnpaf.net。

步骤 2　选择抓包网络接口。

启动 Wireshark 1.10.0,在软件运行窗口中可以看到本机的所有网络接口卡,用鼠标单击需要在其中抓取发送或接收分组的网络接口,选中的接口会高亮显示;或者单击 Interfaces List 栏,会弹出抓包接口对话框,列出本机所有的网络接口及其基本描述,勾选要抓包的接口即可。

步骤 3　分组捕获。

在软件运行窗口中单击 Start 栏或者单击工具栏的"启动"按钮(蓝绿色鲨鱼鳍状),启动抓包。这时由于浏览器已经完成网络连接和页面数据传送,在 Wireshark 中能看到的并非是网页数据的完整分组。单击工具栏中的"停止"按钮(红色方块),然后重新启动抓包,出现提示时单击 Continue without Saving,不保存已经抓到的分组,随即在浏览器中刷新页面,这时会捕获到完整的访问网站 www.cnpaf.net 的数据包。当完整的页面下载完成后,随即停止抓包。

步骤 4　过滤分组。

Wireshark 主窗口显示已捕获的本次通信的所有协议报文,如果只显示想要观察的那些类型的数据包,如指定的节点 IP 收发的分组,或指定的协议分组,则要使用显示过滤器过滤分组。在 Wireshark 工具栏下方的过滤器栏中输入过滤器表达式,如图 2-26 所示。如果过滤表达式是正确的,即符合 BPF,则输入栏的背景色会是绿色的,否则是红色的。单击过滤器栏中的下三角按钮,可以查看最近输入的表达式。

实验时输入"http",单击 Apply 按钮或者按 Enter 键,分组列表窗格将只显示 HTTP 协议报文。选择分组列表窗格中的第一条 HTTP 报文,它是实验时计算机发向服务器

Filter:	ip.addr==61.139.105.133	▼	Expression...	Clear	Apply	Save

图 2-26　Wireshark 的显示过滤器

(www.cnpaf.net)的 HTTP GET 报文。

步骤 5　查看分组。

选择报文的具体内容将显示在包明细窗格,以太网帧、IP 数据报、TCP 报文段,以及 HTTP 报文首部信息都将显示。请仔细阅读,查看各层协议 PDU 的构成关系。

步骤 6　熟悉 Wireshark 的使用。

通过工具栏的各个按钮重新设置 Wireshark 工作的选项,设置抓包过滤器等来重复前面的抓包操作,进一步熟悉 Wireshark 的使用方法。

4. 实验报告

记录自己的实验过程和实验结果,分析实验结果,说明实验结果中看到的网络各层协议封装和分用的关系。

通过实验总结出过滤器的常见写法,说明抓包过滤器和显示过滤器的使用方法和结果有什么不同。

实验 2-3　GNS3 的安装使用

1. 实验说明

学习 GNS3 的安装和基本使用;了解利用 GNS3 模拟真实网络环境进行实验的基本方法。

2. 实验环境

与互联网连接的计算机,Windows 操作系统,GNS3-0.8.3.1-all-in-one.exe 安装包,gns3_IOS.rar。

3. 实验步骤

步骤 1　安装 GNS3。

直接运行 GNS3-0.8.3.1-all-in-one.exe 安装包,根据提示选择要安装的组件。如果系统中已安装有 Wireshark,那么 WinPCAP 也一定已经安装过,版本也可能不同,所以这两个软件可以不再安装。

步骤 2　配置 IOS。

设置工程目录、查找 OS 路径、Dynamips 有关路径、Wireshark 有关路径等。

将 gns3_IOS.rar 解压获得的 IOS 映像文件复制到 GNS3 工作目录下事先建好的目录下(与查找 OS 路径设置一致),然后在 Edit 菜单下选择 IOS images and hypervisors 命令,打开 IOS 配置对话框。在 IOS Images 选项卡的 Image file 处,单击文本框后的按钮,可以查找自己所准备的 IOS 映像文件,配置好所有的 IOS 映像。默认内存值不必修改。IDLE PC 的参数值非常重要,可稍后设置。最后单击 Save 按钮,保存配置。

步骤 3 建立网络拓扑。

新建工程,注意勾选对话框保存时的选项:Save nvrams including EtherSwitch VLANs and crypto keys(汉化版一般提示为"保存 IOS startup 配置和 nvrams")。

按照图 2-27 所示添加网络设备,将选择的节点从左侧列表中拖入工作区,然后选择连线,将各个节点连接起来。GNS3 中有多种方法可以添加 PC,比较简便的做法是将路由器配置为非路由工作状态来模拟 PC。

启动网络设备,确定并设置 IDLE PC。右击工作区中的路由器图标,选择 IDLE PC 命令,待 GNS3 计算后选择一个带星号的 IDLE PC 值并单击 OK 按钮。如果没有带星号的 IDLE PC 值,则可以反复计算几次。若还是没有标记星号的值,应选择数值最大的 IDLE PC 值。

为每个路由器进行基本的配置,如接口参数、路由表等。具体数值自拟。

图 2-27 GNS3 实验拓扑

步骤 4 捕获网络运行数据包。

GNS3 中整合了 Wireshark,可以在每个节点上对任一连接链路抓包。抓包操作方法和真实网络环境中使用 Wireshark 抓包类似。

尝试对路由器 R3 连接 R4 和 SW1 的两个连接链路进行抓包,并查看捕获的数据包。

4. 实验报告

记录自己的实验过程和实验结果,分析实验结果,对 GNS3 的使用特点进行总结说明。

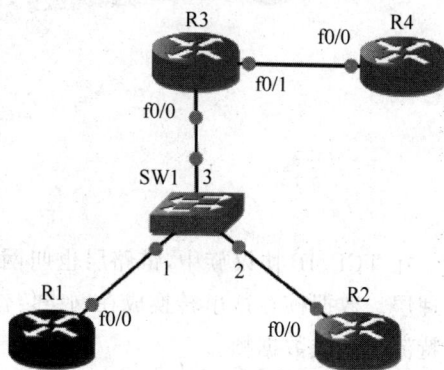

第3章

链路层协议分析

在 TCP/IP 协议族中,链路层也叫网络接口层,包含着 OSI/RM 模型的数据链路层和物理层。数据帧在这里转换成在网络传输媒体上传送的比特流,或将从传输媒体上接收的比特流组装成数据帧。

本章将着重介绍链路层最常用的以太网协议,并详细比较 DIX Ethernet V2 和 IEEE 802.3 封装的异同,对 SLIP 和 PPP 只作简单介绍,对大多数实现都包含的环回(loopback)接口驱动程序也作了介绍。实验部分要求掌握分析链路层帧的基本方法,同时熟悉 Packet Tracer 和 Wireshark 的用法,进一步掌握协议分析学习工具的功能特点和用途。

3.1 链路层的作用

为了更清楚地理解链路层的作用,需要再回顾一下 TCP/IP 协议的基本层次关系。TCP/IP 协议的层次结构如图 3-1 所示。

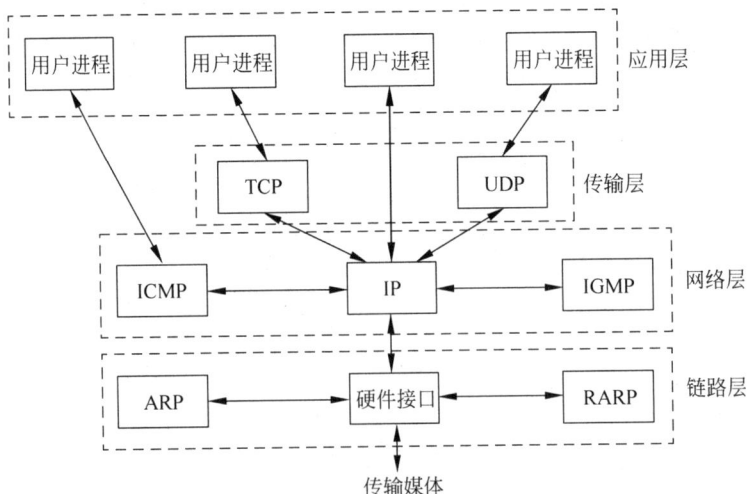

图 3-1 TCP/IP 协议的层次结构

在图 3-1 中,"硬件接口"即对应着链路层的主体。从图中可以看出,链路层主要有 3 个目的。

(1) 为 IP 模块发送和接收 IP 数据报。

(2) 为 ARP 模块发送 ARP 请求和接收 ARP 应答。

(3) 为 RARP 模块发送 RARP 请求和接收 RARP 应答。

在这里可以十分明确:链路层在各层协议中要直接打交道的就是 IP、ARP 和 RARP 3 个协议。结合第 1 章讲过的协议工作原理中封装和分用的过程,链路层帧中封装的数据体现为 IP、ARP 和 RARP 这 3 种类型的协议数据。

网络在链路层所使用的硬件不同,则会采用不同的链路层协议,如以太网、令牌环网、FDDI(Fiber Distributed Data Interface,光纤分布式数据接口)及 RS-232 串行线路等。目前 TCP/IP 能够支持多种不同的链路层协议。

在网络技术中,局域网占有非常重要的地位。按照网络拓扑结构,局域网可以分为星形、环形、总线型和树型网络,代表性的网络主要是以太网、令牌环网和令牌总线网。经过数十年的发展,特别是近年来千兆以太网和万兆以太网的飞速发展,采用 CSMA/CD(Carrier Sense Multiple Access/Collision Detection,载波侦听多路访问/冲突检测)接入方法的以太网已经在局域网市场中占有绝对优势。以太网几乎成为局域网的同义词,因此本章将以以太网作为主要的学习内容,然后介绍 SLIP(Serial Line Internet Protocol,串行线路网际协议)和 PPP(Point to Point Protocol,点对点协议),对现今已经基本淘汰而较少使用的技术,如令牌总线网等就不再涉及。

3.2 以太网的帧结构

目前使用最为广泛的链路层协议有以太网、串行接口链路等。

3.2.1 以太网的两种主要标准

以太网是 1982 年由美国 DEC、Intel 和 Xerox 3 家公司联合制定的局域网技术标准,目前采用的是 Ethernet V2 标准,因此也称为 DIX Ethernet Ⅱ 格式。在 TCP/IP 标准中,由 RFC 894(Hornig,1984)来说明,是目前最常用的局域网标准。

IEEE 802 是一个标准集,是由 IEEE(Institute of Electrical and Electronics Engineers,电气和电子工程师学会)在以太网推出后不久公布的一个局域网标准。IEEE 802 将数据链路层分为两个子层,即 LLC(Logical Link Control,逻辑链路控制层)和 MAC(Media Access Control,介质访问控制层)。IEEE 802.2 规定了 LLC 的有关内容,而 IEEE 802.3 针对整个 CSMA/CD 网络对 MAC 有具体的规定。IEEE 802 的 MAC 子层用于规定网络传输介质或网络媒体的访问,LLC 子层则用于管理两个 MAC 层地址之间的点到点的数据传输。IEEE 802.4 和 802.5 都是令牌网络有关的标准,现已较少使用。

3.2.2 以太网帧的封装结构

现在采用的以太网主要有两种不同规格的标准,分别由 RFC 894(Ethernet Ⅱ)、RFC 1042(IEEE 802 网络)规定了两种不同形式的封装格式,如图 3-2 所示。图中帧格式下的数字表示对应字段的字节数。

从图 3-2 可以看到,两种帧格式都采用 48 位(6 字节)的目的地址和源地址,这就是硬件地址(MAC 地址)。接下来的 2 个字节在 IEEE 802 中是长度字段,是指它后续数据的字节长度,但不包括 CRC 检验码;Ethernet Ⅱ 此处是类型字段,定义了后续数据的类型。(请思考:系统是如何区分收到的帧该位置的 2 个字节是表示长度还是类型的呢?)

在 IEEE 802 帧格式中,跟随在长度后面的是 3 个字节的 802.2 LLC 结构。其中,LLC 由 DSAP(Destination Service Access Point,目的服务访问点)和 SSAP(Source Service Access Point,源服务访问点)及 Cntl 组成。DSAP 和 SSAP 通常取值相同,用于说明通信两端采用的链路层协议。如果其中封装的是 802.2 SNAP(Subnetwork Access Protocol,子网访问协议)的协议数据,则 DSAP 和 SSAP 的值都设为 0xAA(IEEE 对 DSAP 和 SSAP 的取值有专门的规定,需要时可以查阅相关资料),Cntl 字段的值设为 3。随后有 5 个字节的 SNAP 结构,包含的前 3 个字节为 org code,都置为 0。再接下来的 2 个字节的类型字段和以太网帧格式的一样。

在图 3-2 中标示出了链路层中封装的主要 3 种协议的类型标识的取值。0x0800 表示帧承载的是 IP 报文,0x0806 表示帧承载的是 ARP 报文,而 0x8035 表示帧承载的是 RARP 报文。RFC 5342 对以太网帧格式中的"类型"字段的更多取值有相应的规定,需要时可以查阅。

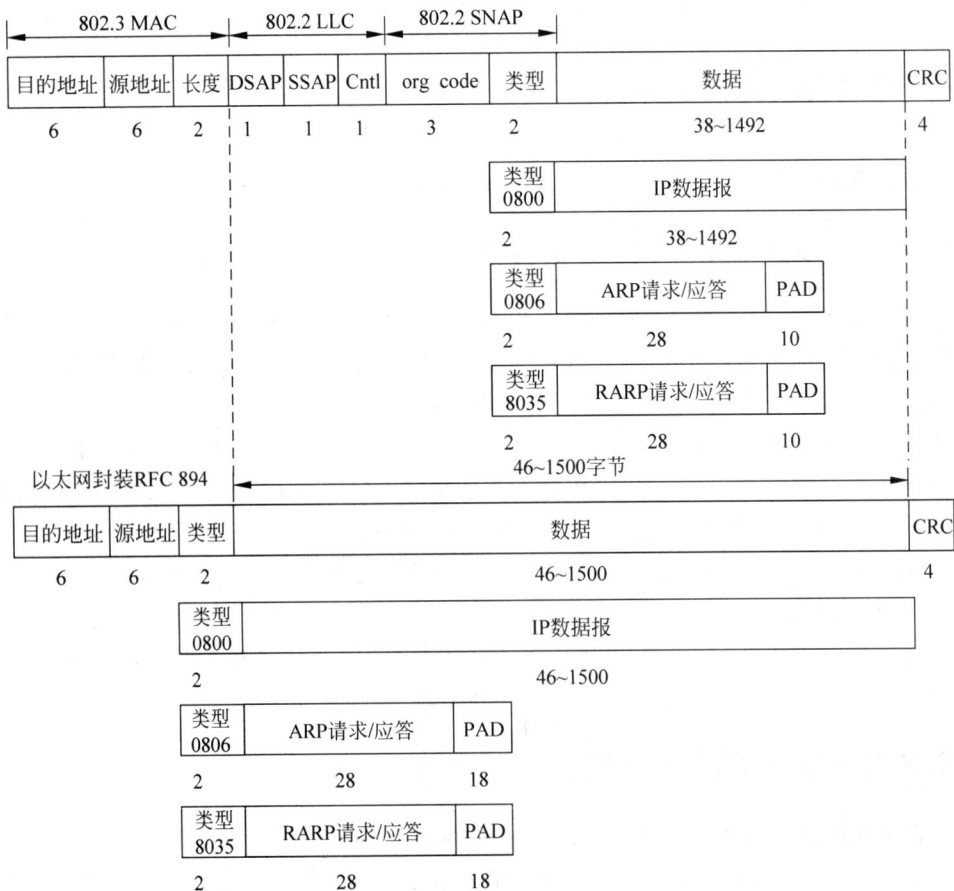

图 3-2　IEEE 802.2/802.3(RFC1042)和以太网(RFC 894)的封装格式

大多数应用程序的以太网数据包都采用 Ethernet Ⅱ 格式的帧来封装(如 HTTP、Telnet、FTP、SMTP、POP3 等应用),执行 STP(Spanning Tree Protocol,生成树协议)的交换机之间的 BPDU(Bridge Protocol Data Unit,网桥协议数据单元)采用 IEEE 802.3 SAP 帧(即 802.3 MAC 和 802.2 LLC),VLAN Trunk 协议 802.1Q 和 CDP(Cisco Discovery Protocol,Cisco 发现协议)采用 IEEE 802.3 SNAP 帧。

CRC 字段用于帧内字节差错的循环冗余码检验,它也被称为 FCS(Frame Check Sequence,帧检验序列)。

IEEE 802 标准定义的帧和 Ethernet Ⅱ 的帧都有最小和最大长度要求。IEEE 802 标准规定帧的数据部分最少要有 38 字节,以太网则规定最少为 46 字节。如果不足最小长度,则协议要求用插入填充(pad)字节的方式来补足。最大长度要求就是通常所说的 MTU(Maximum Transmission Unit,最大传输单元),IEEE 802 和 Ethernet Ⅱ 分别是 1492 和 1500 字节。

在传输媒体上实际传送的比特流中还要在如图 3-2 所示的帧序列前多出 8 字节的前导字节(7 个字节的前同步码和 1 个字节的起始帧定界符),用作帧收发的同步控制。这里没有标注出来是因为只有链路层硬件接口(如网卡)正确地从网络链路上接收到能够识别处理的比特流数据且没有差错并组装成帧后,才会由链路层协议栈来处理。或者说,不能够识别的或错误的比特流都丢弃了。因而,在各种协议分析器捕获的数据中都不会看到帧前导字节,甚至是校验字节。Cisco Packet Tracer 模拟方式显示的帧有时会给出前导字节。

3.3 串行接口的链路层协议

在串行线路上对 IP 数据报进行封装的常见形式有 SLIP 和 PPP。当然,这两个协议不只用于数据通信网络中,也可以和许多其他的串行通信协议一样用于工业控制、家用电器等微型或小型系统间的数据传输,目前在嵌入式系统中也有应用。

3.3.1 SLIP

SLIP 是一种在串行线路上对 IP 数据报进行封装的简单形式,在 RFC 1055 中有详细的描述。SLIP 适合具有最常见的 RS-232 串行口的计算机系统或高速调制解调器接入 IP 网络使用。

SLIP 帧的格式如图 3-3 所示。

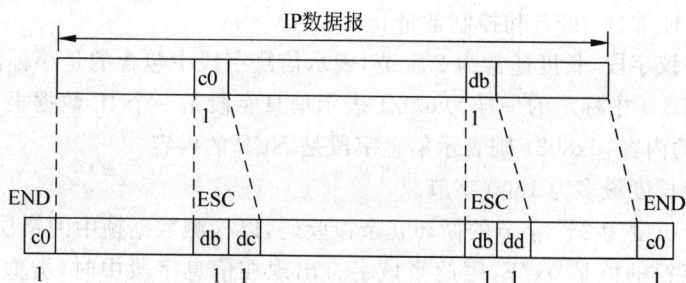

图 3-3 SLIP 报文的封装结构

IP 数据报以一个称为 END(0xc0)的特殊字符结束,同时为了防止数据报到来之前的线路噪声被当成数据报内容,大多数实现在数据报的开始处也会传一个 END 字符。

如果 IP 报文中某个字符为 END,那么就要连续传输 2 个字节的 0xdb 和 0xdc 来取代这个 END。0xdb 这个特殊字符被称为 SLIP 的 ESC 字符(转义字符)。

如果 IP 报文中某个字符为 SLIP 的 ESC 字符,那么就要连续传输 2 个字节的 0xdb 和 0xdd 来取代它。这个方式其实就是一种字符填充的方式,在串行线路上传输的总字节数会增加。

SLIP 是一种简单的封装方法,虽然简便,但有以下缺陷。

(1) 每一端必须知道对方的 IP 地址,否则不能通信。

(2) 没有办法把本地 IP 地址通知给另一端,可以看到帧中没有专门的地址字段。

(3) 没有在数据帧中加入校验和,如果 SLIP 传输的报文受线路噪声影响而发生错误,则只能通过上层协议来发现,这样上层协议必须提供某种形式的校验。

目前 SLIP 已经被 PPP 所取代,因为 PPP 有许多更好的特点,并且不需要在连接建立前进行 IP 地址的配置。但由于 SLIP 有非常小的包装头,因此在微控制器中它仍是首选的封装 IP 包的方式。

3.3.2　PPP

PPP 是支持点到点连接的一种通信协议,既支持数据为 8 位和无奇偶校验的异步模式,也支持面向比特位的同步连接,提供对从局域网到广域网的数据链路封装支持。

RFC 1661 给出了 PPP 的详细规范,主要包括以下内容。

(1) 支持同一链路上同时使用多种协议的封装方法。事实上,PPP 支持各种主要网络协议的封装,包括 IP、NetBEUI、AppleTalk、IPX、SNA 以及其他更多的协议。

(2) 采用一个特殊的 LCP(Link Control Protocol,链路控制协议)来建立、配置、测试乃至终止链路,协商任何点到点链路的特性。

(3) 针对封装的不同网络协议,采用 NCP(Network Control Protocol,网络控制协议)来完成点对点通信设备之间网络层通信所需参数的配置,它通过协议域来区分数据域中净载荷的数据类型。RFC 1332 和 RFC 1877 描述了一个用于 IP 的 NCP,称为 IP 控制协议,它用于协商发送方的 IP 地址、DNS 服务器的地址以及在可能情况下使用的压缩协议。

PPP 的封装和组帧技术基于 ISO 的 HDLC(High-level Data Link Control,高级数据链路控制)协议,因此数据帧封装格式非常类似于 HDLC。PPP 帧结构如图 3-4 所示。

每个 PPP 数据包的开始和结束都有一个 0x7E 的数据标志。在开始标志后,紧跟两个 HDLC 常量:地址常量 0xFF 和控制常量 0x03。

接下来是协议字段,长度通常为 2 字节,表示信息字段中包含的是哪种协议以及它的处理信息。正如图 3-4 中标示的一样,0x0021 表示信息字段是一个 IP 数据报,0xC021 表示信息字段是 LCP 的内容,0x8021 则表示信息字段是 NCP 的内容。

信息字段的长度最多为 1500 字节。

然后是一个长度为 2 个字节的循环冗余检验码,以检测数据帧中的错误。

由于标志字符的值是 0x7E,因此当该字符出现在信息字段中时,类似于 SLIP 的字符填充,PPP 也需要对它进行转义。具体实现过程如下。

标志 7E	地址 FF	控制 03	协议	信息	CRC	标志 7E
1	1	1	2	最多1500字节	2	1

协议 0021	IP数据报

协议 C021	链路控制数据

协议 8021	网络控制数据

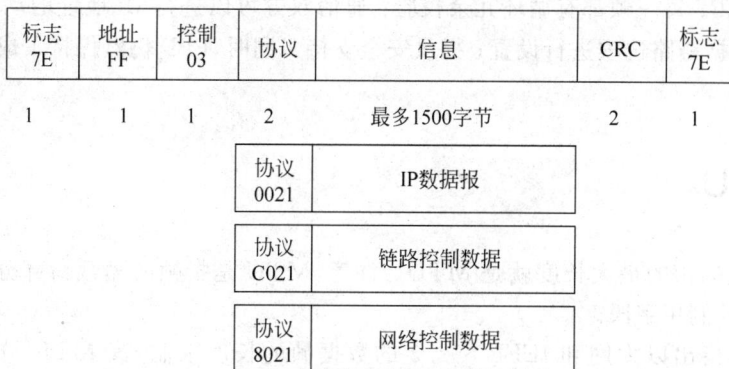

图 3-4　PPP 数据帧结构

(1) 当遇到字符 0x7E 时,需连续传送两个字符:0x7D 和 0x5E,以实现标志字符的转义。

(2) 当遇到转义字符 0x7D 时,需连续传送两个字符:0x7D 和 0x5D,以实现转义字符的转义。

(3) 默认情况下,如果字符的值小于 0x20(如 ASCII 控制字符),一般都要进行转义。例如,遇到字符 0x01 时需连续传送 0x7D 和 0x21 字符(这时第 6 个比特位取补码后变为 1,而前面两种情况均把它变为 0)。这样做是防止它们出现在双方主机的串行接口驱动程序或调制解调器中,因为它们有时会把这些控制字符解释成特殊的含义。另一种可能是用 LCP 来指定是否需要对这 32 个字符中的某些值进行转义。默认情况下是对所有的 32 个字符都进行转义。

当 PPP 用于同步通信时,如综合业务数字网(ISDN)、同步光纤网(SONET)的链路,则使用了一种更快速、更有效的比特填充技术,而不是字符填充。这时任何连续的 6 个 1 序列(考查用作标志的 0x7E)都可以通过在 5 个 1 之后插入 1 个 0 来进行转义。该方法支持这种链路类型中潜在非法值的更有效编码,因而使 PPP 成为 TCP/IP 中最流行的点到点协议。PPP 还支持多链路实现,即将多个相同宽度的数据通道合并。

PPP 在工作时为建立点对点链路上的通信连接,发送端首先发送 LCP 帧,以配置和测试数据链路。在 LCP 建立好数据链路并协调好所选设备后,发送端发送 NCP 帧,以选择和配置一个或多个网络层协议。当所选的网络层协议配置好后,便可以将各网络层协议的数据包发送到数据链路上。配置好的链路将一直处于通信状态,直到 LCP 帧或 NCP 帧明确提示关闭链路,或有其他的外部事件发生。在链路建立和数据传输的过程中,信息字段的内容还可以分出代码(code)、标识符(ID)和长度(length)等字段,以满足不同协议的工作要求。这里不再深入阐述,更具体的内容请参考有关资料。

要指出的是,在点到点链路上因为只有两方参与通信,并不需要寻址。PPP 提供了一种管理两点间会话的有效方法,同时不同于广域网上使用的 X.25、frame relay(帧中继)等数据链路层协议,PPP 提供了两种可选的身份认证方法:PAP(Password Authentication Protocol,口令验证协议)和 CHAP(Challenge Handshake Authentication Protocol,挑战握手验证协议),从而更好地保证了网络通信的安全性。

总的来看,PPP 相比 SLIP 具有显著的优点:PPP 支持在单根串行线路上运行多种协议,而不只是 IP;每一帧都有循环冗余校验;通信双方可以进行 IP 地址的动态协商;LCP 可以对多个数据链路选项进行设置;提供安全支持。同时,PPP 仍然保持了成本低、传输稳定等特点。

3.4　MTU

链路层数据帧的最大长度就是 MTU。注意,MTU 是指帧的净载荷部分,不包括帧的头部、尾部及控制用字段。

前面已经指出以太网和 IEEE 802.3 的数据帧的长度限制,其 MTU 分别是 1500 和 1492 字节,如图 3-2 所示。

不同类型的网络数据帧的长度都有一个上限。如果 IP 层有一个数据包要传送,而且 IP PDU 的长度比链路层的 MTU 要大,那么 IP 层就需要进行分片,即把数据报分成若干片,使得每一片都小于 MTU,这样才能通过链路层来封装传送。IP 分片的过程将在以后的章节中讨论。

表 3-1 所示列出了一些典型的 MTU 值,表的内容来自于 RFC 1191。其中,"点到点(低时延)"是指 SLIP 和 PPP 在低时延情况下的逻辑链路限制,这时减少每一帧的字节数可以降低应用程序的交互时延,从而为交互应用提供足够快的响应时间。

表 3-1　几种常见的 MTU

网 络 类 型	MTU 字节
超通道	65 535
4Mb/s 令牌环(IEEE 802.5)	4464
FDDI	4352
以太网	1500
IEEE 802.3/802.2	1492
X.25	576
点对点(低时延)	296

在 RFC 1055 中,SLIP 的 MTU 是 1006 个字节。在 Windows 2000 的实现中,SLIP 的 MTU 设置为 1500 个字节,以满足和以太网的互联。

目前 PPP 默认的 MTU 是 1500 个字节,这个长度对于基于以太网的互联十分理想。其实,通过 LCP 在对等实体之间协商,PPP 可以在通信中使用更大或更小的 MTU,依据是它们所连接的网络的类型不同。此时 PPP 能够处理更大的帧,如 9216 字节。

可以用 netstat 命令查看并打印出网络接口的 MTU。

和 MTU 直接相关的另一个重要概念是路径 MTU。如果两台主机之间的通信要通过多个网络,那么每个网络的链路层就可能有不同的 MTU。这时重要的并不是两台主机各自所在网络的 MTU,而是连接两台主机的所有网络中的最小 MTU,称为路径 MTU,即两台主机的通信路径上最小的 MTU。这个数值直接影响着在整个通信过程中数据包是否需要分片。

路径 MTU 不一定是常数,它取决于通信时选择的路由。由于路径的选择不一定是对称的,因此路径 MTU 在通信的两个方向上不一定是一致的。

RFC 1191 描述了路径 MTU 的发现机制，即确定路径 MTU 的方法。在后面的章节中将采用这种发现方法来完成确定路径 MTU 的实验。

3.5 环回接口

环回接口(loopback interface)是一种特殊的逻辑网络接口。

绝大多数产品都支持这种形式的逻辑接口，以允许运行在同一台主机上的客户程序和服务器程序通过 TCP/IP 通信。A 类网络号 127 就是为环回接口预留的。根据惯例，大多数系统把 IP 地址 127.0.0.1 分配给这个接口，并命名为 localhost，这个地址也称为回送地址。回送地址主要用于网络软件测试及本机进程间通信。例如，"ping 127.0.0.1"用来测试本机中的 TCP/IP 协议是否正常工作。

其另一个作用是某些 C/S 模式的应用程序在运行时需调用服务器上的资源，一般要指定服务器的 IP 地址，但当该程序要在同一台机器上运行而没有别的服务器时，就可以把服务器的资源装在本机，服务器的 IP 地址设为 127.0.0.1，同样也可以运行。

对于大多数习惯用 localhost 来指代服务器的表示来说，实质上就是指向 127.0.0.1 这个本地 IP 地址。在 Windows 系统中，它成了 127.0.0.1 的别名。对于网站建设者，经常用 localhost 指向一个表示自己的特殊 DNS 主机名。

环回接口对路由器来讲是一个逻辑的虚拟接口，方便用于测试目的，因为该接口总是开启的，可作为一台路由器的管理地址，作为动态路由协议 OSPF、BGP 的 Router Id。

图 3-5 所示是环回接口处理 IP 数据报的简单过程。从中可以看到一个传给环回接口的 IP 数据报不能在任何网络上出现。无论什么程序，一旦使用环回地址发送数据，环回驱动程序会立即把数据返回给协议栈中的 IP 输入函数，而不进行任何网络传输。

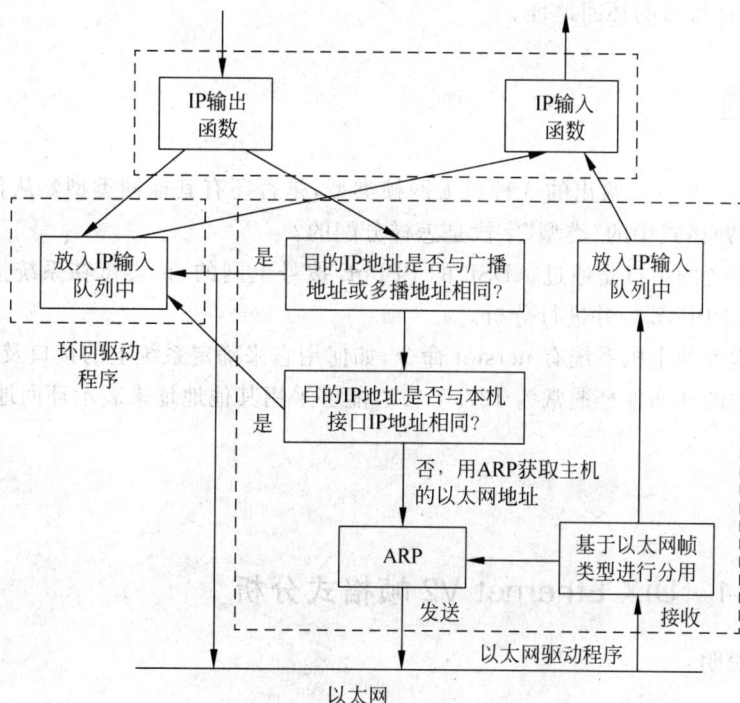

图 3-5 环回接口处理 IP 数据报的过程

图 3-5 中需要指出的要点如下。

(1) 传给环回地址的任何数据均作为 IP 输入。

(2) 传给广播地址或多播地址的数据报复制一份传给环回接口,然后送到以太网上。这是因为广播传送和多播传送的对象也包括主机本身。

(3) 任何传给该主机 IP 地址的数据均送到环回接口。

在图 3-5 中,另一个隐含的意思是送给主机本身 IP 地址的 IP 数据报一般不出现在相应的网络上。因为借助环回地址,主机保证了处理发送给自己的 IP 数据报。

3.6 小结

(1) TCP/IP 协议族中和链路层协议有直接联系的协议有 3 个,即 IP、ARP 和 RARP,这体现在链路层的功能描述中。

(2) 目前链路层使用最多的局域网协议是以太网,包括 Ethernet V2 和 IEEE 802 两种。Ethernet V2 标准规定的链路层帧结构和 IEEE 802 标准规定的链路层帧结构既有相同的地方,也有不同之处。相同之处主要是 MAC 地址形式,不同之处主要体现在 IEEE 802.2 对 LLC 的规定中。

(3) SLIP 和 PPP 协议是串行链路中的重要协议,其帧结构为适应串行通信有特别的设计,如帧内容的字节填充方式。

(4) 不同类型的链路层对 MTU 有不同的规定,Ethernet V2 标准规定的 MTU 是 1500 字节,IEEE 802 是 1492 字节。

(5) 大多数实现都提供环回接口,传送给环回接口的数据不会出现在网络上。访问这个接口可以通过特殊的环回地址。

3.7 习题

1. 除了图 3-2 所示给出的 3 种以太网帧类型,是否还有其他帧类型? 从什么地方可以查阅到以太网帧格式中的"类型"字段是怎样分配的?

2. 如果读者的主机是通过 ADSL 的 PPPoE 拨号上网的,请尝试在系统上网时捕获拨号连接通信的 PPPoE 帧并进行分析。

3. 如果读者的主机系统有 netstat 命令,如何用它来确定系统上的接口及其 MTU?

4. 主机中的环回地址通常为 127.0.0.1,能够采用其他地址来表示环回地址么?

实验

实验 3-1 DIX Ethernet V2 帧格式分析

1. 实验说明

分别通过在 Packet Tracer 和 Wireshark 中查看分析链路层的以太网帧,进一步学习捕获查看网络通信信息的方法。同时通过对 DIX Ethernet V2 帧的分析,进一步巩固对链路层帧结构的理解和掌握。

2. 实验环境

Windows 操作系统及联网环境(主机有以太网网卡并连接局域网或 Internet),安装有 Packet Tracer 6.0 和 Wireshark 1.10。

3. 实验步骤

(1) 在 Wireshark 中捕获分析以太网帧。

步骤 1 启动 Wireshark。

在 Windows 中启动 Wireshark,选定本地网络接口并启动抓包。

步骤 2 构造网络通信信息。

启动浏览器浏览网页或运行网络应用程序(如运行 QQ 或 ping 命令等),在本机网络接口中产生网络通信信息。

步骤 3 分析捕获的帧。

在 Wireshark 中查看捕获的以太网帧,并结合 3.2 节的内容分析以太网帧结构。图 3-6 所示为在 Windows 主机浏览器中访问 Internet 网站时捕获的以太网帧示例,实验时请依据实际捕获的帧进行分析。注意,分析帧中的每一个域以及取值,观察帧的长度和 MAC 地址的构成,如 48 位 MAC 地址中 LG 和 IG 比特的含义、Type 字段的取值。

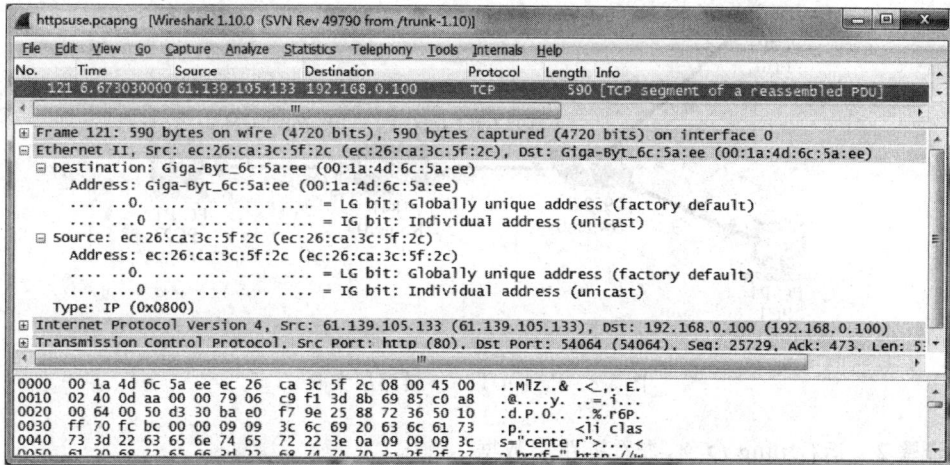

图 3-6 以太网帧结构分析示例

步骤 4 任意访问一个网站,在捕获的输入帧中查看有没有帧长度刚好为 60 字节的帧,能否看到 Padding 字段,分析其成因。

如果没有,则可以反复多次捕获帧以获取,也可以用 ping -1 限定帧长来构造短帧。有时捕获的帧中会有小于最小帧长的帧出现,这是为什么呢?

图 3-7 所示是在连通测试时捕获到有 Padding 字段及帧长为 54 字节的数据包示例,请分析其成因。

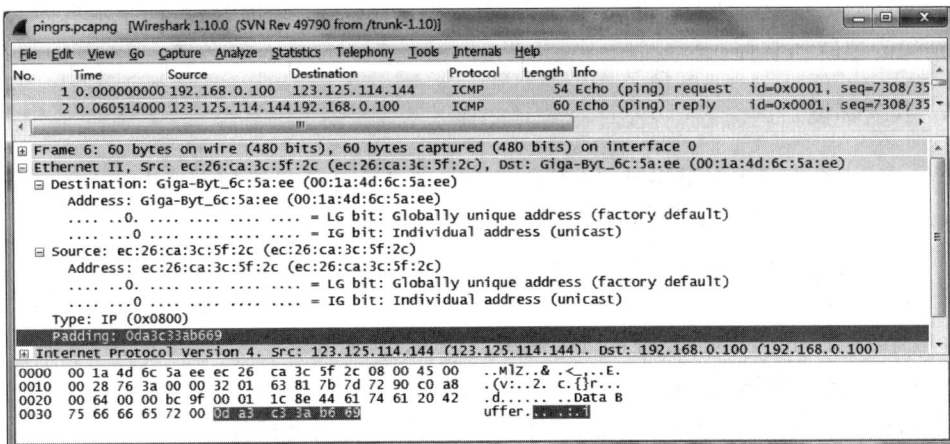

图 3-7 有 Padding 字段的以太网帧示例

（2）在 Packet Tracer 中查看以太网帧。

步骤 1 启动 Packet Tracer,按图 3-8 所示建立一个简单的网络并相应做好 IP 地址配置,也可以打开以前建立的网络拓扑来进行实验。

图 3-8 中,PC0、PC1 和 PC2 的默认网关分别设置为指向路由器对应接口,路由器可以只配置静态路由。配置方法请参考 2.2 节。

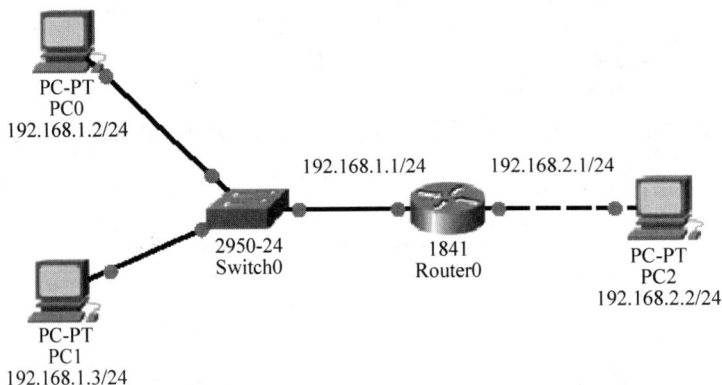

图 3-8 Packet Tracer 链路层实验

步骤 2 运行 ping 命令,查看链路层数据。

先在 Packet Tracer 工作窗口中单击 Simulation mode,切换到模拟模式,然后在网络拓扑中单击 PC0 图标,打开 PC0 的 Desktop 选项卡,单击 Command Prompt,打开命令行窗口,输入以下命令。

```
PC > ping 192.168.1.3
```

按 Enter 键后,马上就可以在 Event List 对话框中看到出现了对应的网络事件。

步骤 3 单击 Capture/Forward 按钮,会产生下一个事件,这样不断单击就可以看到 ping 程序运行中数据包传送的全部情况。

步骤 4 单击第一个事件的 Info 字段,打开 PDU Information 对话框中的 Outbound

PDU Details 选项卡,可以看到 PC0 发出的第一个 ICMP 数据包在链路层的封装情况,得到类似图 3-9 所示的数据。认真分析每一个数据域的内容。

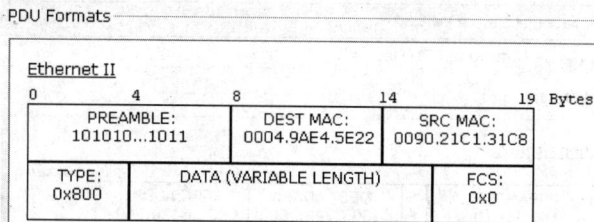

图 3-9 Packet Tracer 下查看以太网帧结构示例

4. 实验报告

记录自己的实验过程和实验结果,分析实验结果,比较说明用 Wireshark 和 Packet Tracer 捕获的以太网帧的异同,理解和掌握以太网帧结构。

5. 思考

(1) 图 3-6 所示示例中捕获的以太网帧类型为 0x0800,要怎样做才能捕获一个 0x0806 类型的帧?

(2) 图 3-9 所示显示的帧结构中的内容和实际网络中的数据有区别吗?

实验 3-2 IEEE 802 帧格式分析

1. 实验说明

分别通过在 Packet Tracer 和 Wireshark 中查看分析链路层的 IEEE 802 帧,学习了解不同的链路层帧格式。

实验中提到的 STP 在 IEEE 802.1D 文档中给出了其定义。STP 协议按照树的结构来构造网络拓扑,消除网络中的环路,避免广播风暴。CDP 是 Cisco 公司设计的专用协议,被 Cisco 公司的网络设备用来获取相邻设备的协议地址及发现这些设备的平台。

本实验的主要目的是观察 IEEE 802 帧不同于 Ethernet V2 的封装结构,对 STP 和 CDP 的具体工作原理和协议结构不作要求,需要时请参考有关书籍或资料。

2. 实验环境

Windows 操作系统及联网环境(主机有以太网网卡并连接局域网或 Internet),安装有 Packet Tracer 6.0、Wireshark 1.10 和 GNS3(已配置好 IOS)。

3. 实验步骤

(1) 在 Packet Tracer 中捕获分析 IEEE 802 帧。

步骤 1 启动 Packet Tracer,建立如图 3-8 所示的实验网络。切换到模拟模式,直接单击 Capture/Forward 按钮,这时会看到从交换机 Switch0 发出的 STP 包。

步骤 2　任意选择一个 STP 协议包事件并单击其 Info 字段,会弹出 PDU Information 对话框,单击 Outbound PDU Details 选项卡,可以看到类似图 3-10 所示的 PDU Formats。

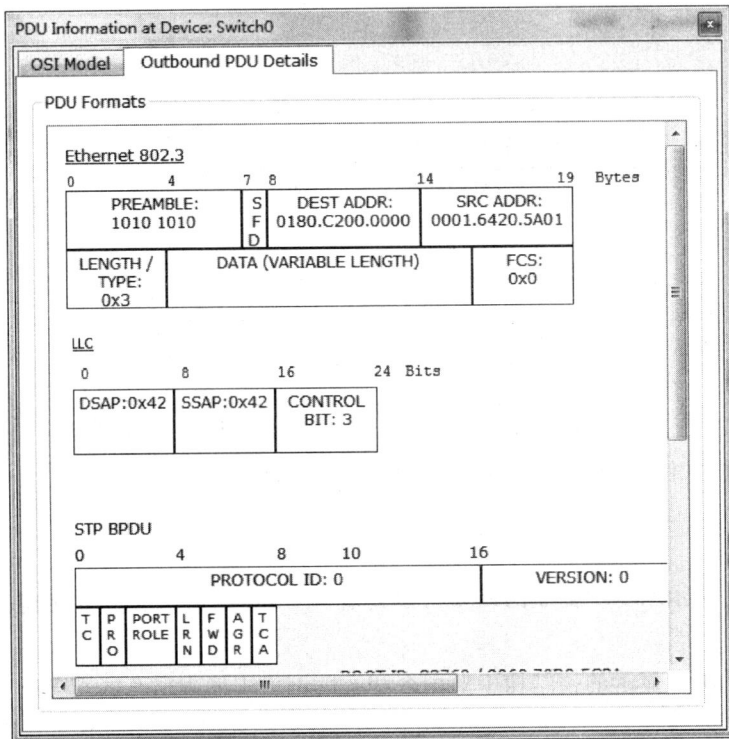

图 3-10　IEEE 802 帧结构示例

步骤 3　依据实验中 PDU Formats 实际显示的内容,对照图 3-2 认真分析帧的每一个字段。要特别注意 802.2 LLC 结构中 DSAP 和 SSAP 的取值。

STP 的配置往往和 VLAN 的配置相关联,图 3-8 所示实验拓扑中的 Cisco 2950 交换机有默认 VLAN1(尽管没有配置),因此能够捕获 STP 包。和 VLAN 有关的具体操作请参考有关书籍或资料。

步骤 4　继续单击 Capture/Forward 按钮,直到看到交换机发出的 CDP 包。单击 CDP 协议包事件的 Info 字段,在打开的对话框中查看其 Outbound PDU Details 选项卡。

步骤 5　依据实验中 PDU Formats 实际显示的内容,对照图 3-2 认真分析帧的每一个字段。图 3-11 所示是 CDP 使用的 IEEE 802 帧的局部信息示例。

注意观察,由于有 SNAP 帧的存在,LLC 的 DSAP 和 SSAP 值为 0xAA。

(2) 用 Wireshark 捕获分析 IEEE 802 帧(选做)。

利用 GNS3 按图 3-8 所示构建高仿真的网络环境,用 Wireshark 捕获完全和真实网络环境中一样的 STP 或 CDP 帧。

这部分实验内容作为课后自学,这里不给出详细的实验过程,请参考 Packet Tracer 的实验内容和第 2 章关于 GNS3 的内容。

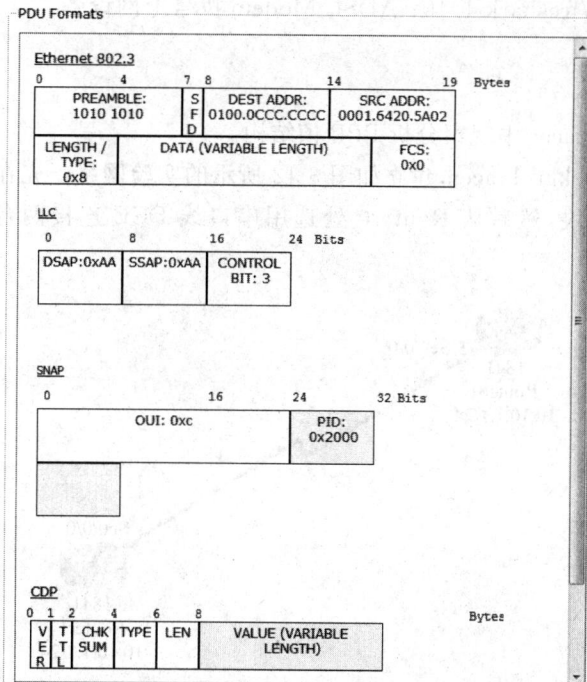

图 3-11 CDP 使用的 IEEE 802 帧的基本格式

4. 实验报告

记录自己的实验过程和实验结果，分析实验结果，比较说明 IEEE 802 帧和 DIX Ethernet V2 帧的异同。

实验 3-3 PPP 帧的观察

1. 实验说明

PPP 协议是当今网络上使用最广泛的串行链路协议。

PPPoE(Point to Point Protocol over Ethernet，以太网上的点到点协议)则是一种设计用于串行通信并为以太网进行了改造的 PPP。通过在标准 PPP 报文的前面加上以太网的报头，使得 PPPoE 提供通过简单桥接接入设备连接远端接入设备，并可以利用以太网的共享性连接多个用户主机。PPPoE 广泛用于用户通过拨号或专线方式接入 ISP 时建立点对点连接的收发数据。更多有关 PPPoE 的通信过程请查阅相关资料。

本实验通过在 Packet Tracer 中查看分析网络设备互联的 PPP 帧结构，学习了解串行链路中使用的帧格式；通过在真实上网时捕获 ADSL Modem 拨号连接时系统收发的数据包，了解链路层 PPPoE 帧格式。

2. 实验环境

Windows 操作系统及联网环境(主机有以太网网卡并连接局域网和 Internet)，安装有

Packet Tracer 6.0、Wireshark 1.10；ADSL Modem 拨号上网设备。

3. 实验步骤

（1）在 Packet Tracer 中观察分析 PPP 帧结构。

步骤1　启动 Packet Tracer，建立如图 3-12 所示的实验网络。先在两台路由器中添加 WIC-1T 串行接口模块，然后从 Router0 处选用串口线 DCE 连接两台路由器，配置好 IP 地址。

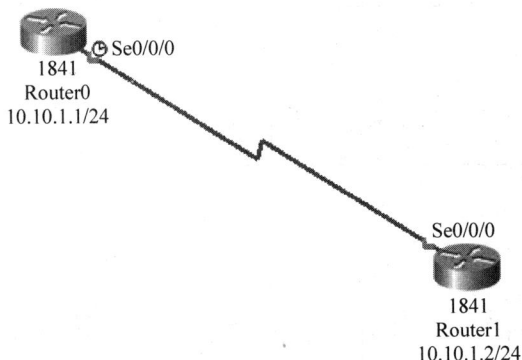

图 3-12　PPP 帧查看实验

步骤2　将鼠标停留在 Router0 的接口处即会显示出时钟图标，表明 Router0 是 DCE，需要设置 DCE 的时钟频率。输入以下命令进行配置。

```
Router # show controllers s0/0/0          #可查看路由器是否为 DCE
Router # conf t
Router(config) # int s0/0/0
Router(config - if) # clock rate 9600     #设置串口同步时钟频率为 9600b/s
```

Router1 的串口为 DTE，不用配置时钟。实验中没有设置带宽，采用默认的 128kb/s。

步骤3　继续配置 PPP，运行命令启用 PPP。

```
Router(config - if) # encapsulation ppp   #设置串行通信的封装方式为 PPP
Router(config - if) # ^ z                  #保存
Router # show int s0/0/0                   #查看设置参数
```

步骤4　切换 Packet Tracer 到模拟模式，直接单击 Capture/Forward 按钮，这时会看到从 Router0 发出的 CDP 包。任意选择一个 CDP 协议包事件并单击其 Info 字段，查看 Outbound PDU Details 选项卡，可以看到类似图 3-13 所示的 PDU Formats。

对照 3.3.2 节的内容，分析 PPP 帧的结构。

（2）观察分析 ADSL 拨号上网的 PPPoE 帧。

步骤1　确认实验需要的 ADSL 宽带设备及拨号上网可用，Windows 中已配置有拨号上网快捷方式。

步骤2　先在 Windows 中启动 Wireshark，选定本地网络接口并启动抓包，随即启动宽带连接拨号，输入用户名和口令，这时可以看到捕获的拨号连接数据包。

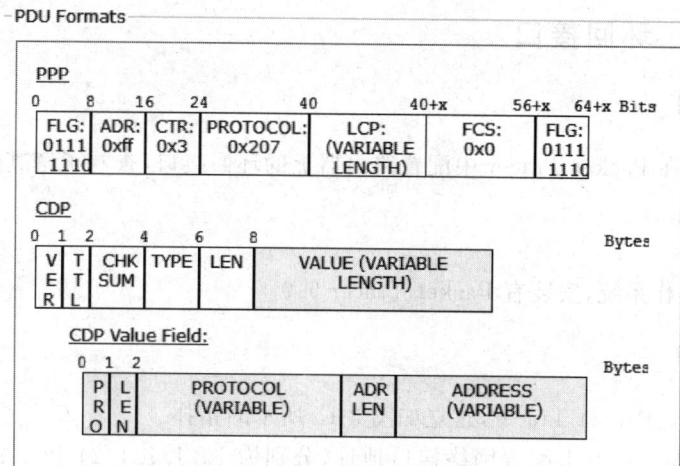

图 3-13　Packet Tracer 中 CDP 的 PPP 帧封装

步骤 3　在 Wireshark 的显示过滤器中输入"pppoed",可以查看 PPPoE 帧信息,如图 3-14 所示。在 PPPoE 的 Discovery 阶段,以太网帧的 Type 域都设置为 0x8863。

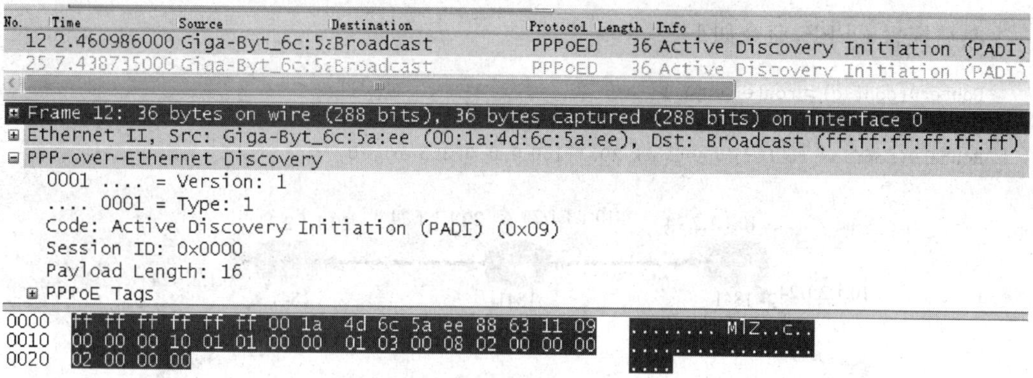

图 3-14　拨号上网的 PPPoE 帧结构示例

步骤 4　结合 PPPoE 的相关工作原理,分析自己捕获的 PPPoE 帧结构。

步骤 5　观察能否捕获 PPP 会话阶段(以太网帧的 Type 域都设置为 0x8864)的帧。PPPoE 的 payload 部分包含 0 个或多个 TAG。一个 TAG 是一个 TLV(type-length-value)结构,TAG_TYPE 域为 16 位值(网络字节序),请了解 TAG 取值的情况。

4. 实验报告

记录自己的实验过程和实验结果,分析实验结果,说明 PPP 帧的结构。

5. 思考

通过连接路由器之间的 WAN 口来观察 PPP 帧可以得到更多的内容,请思考应该如何实验。

实验 3-4　环回接口

1．实验说明

本实验通过在 Packet Tracer 中配置路由器上的环回接口,查看了解其工作特点。

2．实验环境

Windows 操作系统,安装有 Packet Tracer 6.0。

3．实验步骤

步骤 1　启动 Packet Tracer,建立如图 3-15 所示的拓扑。

步骤 2　在 Router0 上配置网络接口地址,分别为 10.1.1.1/24 和 20.1.1.1/24,类似地在 Router1、Router2 和 PC1、PC2 上配置相应的 IP 地址。

在 Router0 上配置环回接口地址,命令如下。

```
Router0(config)#interface loopback 0
Router0(config-if)#ip address 17.17.1.1 255.255.255.255
```

然后配置 OSPF,命令如下。

```
Router0(config)#router ospf 1
Router0(config-router)#network 10.1.1.0 0.0.0.255 area 0
Router0(config-router)#network 20.1.1.0 0.0.0.255 area 0
```

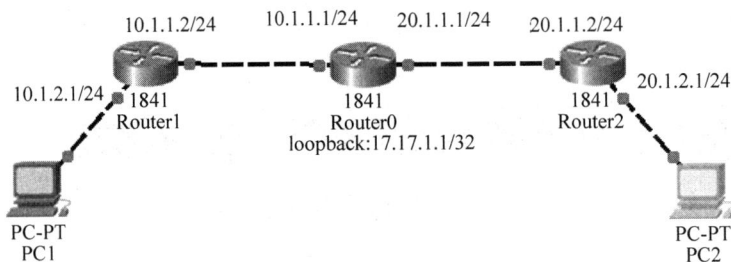

图 3-15　环回接口实验拓扑

步骤 3　配置好后,在 Router0 上执行命令"show ip protocol",可以看到如图 3-16 所示的输出。

在图 3-16 中可以看到,Router0 上设置的环回接口地址 17.17.1.1 被当作了路由器的 Router ID。

步骤 4　在 Router0 上执行以下命令。

```
Router0#ping 17.17.1.1
```

在 Packet Tracer 中采用模拟方式可以看到 ping 发出的数据包只在 Router0 上收发,并收发成功。

```
Router#show ip protocol

Routing Protocol is "ospf 1"
  Outgoing update filter list for all interfaces is not set
  Incoming update filter list for all interfaces is not set
  Router ID 17.17.1.1
  Number of areas in this router is 1. 1 normal 0 stub 0 nssa
  Maximum path: 4
  Routing for Networks:
    10.1.1.0 0.0.0.255 area 0
    20.1.1.0 0.0.0.255 area 0
  Routing Information Sources:
    Gateway         Distance      Last Update
    17.17.1.1          110        00:01:40
  Distance: (default is 110)
```

图 3-16 环回接口地址作为路由器的 Router ID

4. 实验报告

记录自己的实验过程和实验结果,分析实验结果,说明环回接口的特点。

5. 思考

(1) 路由器使用环回接口地址作为该路由器产生的所有 IP 包的源地址,从而提高数据的过滤效率,请参考路由器配置的有关资料了解其工作原理和特点。

(2) 在 Windows 主机上用 Wireshark 能不能抓到对 127.0.0.1 进行 ping 的数据包呢? 如果抓不到,原因是什么?

第4章

ARP协议分析

网络上任意两台计算机之间的信息传送,最终都是依靠物理地址来实现的。在网络接口层使用的地址就是物理地址。本章讨论怎样把物理地址与在 TCP/IP 互联网络上标识主机的 IP 地址关联起来,着重介绍 ARP,对 RARP 只作简单介绍。

4.1 物理地址和网络地址的转换

数据链路,如以太网或令牌环网,都有自己的寻址机制,即采用物理地址来标识通信接口。对于以太网,这个地址也称为 MAC 地址,即 IEEE 802.3 规定的 48 位地址格式。在相邻的两个节点间传送数据帧时,以物理地址来封装数据帧。

在网络层,用网络地址来标识通信节点,用以确定报文的转发路由。对于 IP 网络,这个地址称为 IP 地址。

将 IP 分组封装到数据链路帧中的时候,协议栈需要获得 IP 地址对应的网络接口的物理地址。ARP 为 IP 地址与对应的物理地址之间提供动态映射,动态是指可由系统网络协议栈自动将某个 IP 地址解析成对应的 MAC 地址。

对于那些没有磁盘驱动器的系统,一般是无盘工作站和 X 终端在引导时需要获得 IP 地址,即已获得网络接口的物理地址但没有 IP 地址的情况,这时便需要 RARP 来完成地址转换。通常这需要系统管理员对 RARP 服务器进行手工设置。

4.2 ARP 协议的工作原理

4.2.1 地址解析的例子

下面通过运行一个常见的网络通信命令的例子来分析地址解析时网络协议栈的操作。

假定在局域网中连接有一台名为 mytest. mydomain 的 Linux 主机并已经开启了 Telnet 服务,此时在局域网另一台主机的终端中输入以下命令。

```
$ telnet mytest.mydomain
```

这时系统网络协议栈中将执行以下操作,这些操作已在图 4-1 中用对应的序号标注出来了。

（1）应用程序 Telnet 先调用系统相关函数，把主机名 mytest. mydomain 转换为 32 位的 IP 地址，这个过程称为域名解析。DNS 将在第 7 章介绍。在一个小的网络中也可以使用一个静态的主机文件/etc/hosts 来进行本地域名解析。

（2）Telnet 客户端请求 TCP 用得到的 IP 地址建立连接。

（3）TCP 需要发送一个连接请求分段到远端的主机，就用上述的 IP 地址来构造一个要发送的 IP 数据报。

（4）IP 数据报需要被传送到位于本地网络上的目的主机或路由器（如果目的主机不在本地网络上，那么就需要先通过 IP 选路功能确定位于本地网络上的下一站路由器地址，并由路由器来转发数据）。

（5）对以太网来讲，发送主机必须先把 32 位的 IP 地址转换成 48 位的以太网地址，即从逻辑 Internet 地址到对应的物理地址需要进行翻译，这就是 ARP 的功能。ARP 设计用于广播网络，即有许多主机和路由器连在同一个网络上。

（6）如果发送主机不能在自己的 ARP 数据库中获得地址映射所需的数据，则 ARP 发送一份称为 ARP 请求的以太网数据帧给以太网上的每个主机，这个过程称为 ARP 广播，如图 4-1 所示的虚线。ARP 请求数据帧中包含目的主机的 IP 地址，其用意是希望该 IP 地址的拥有者发回其物理地址。

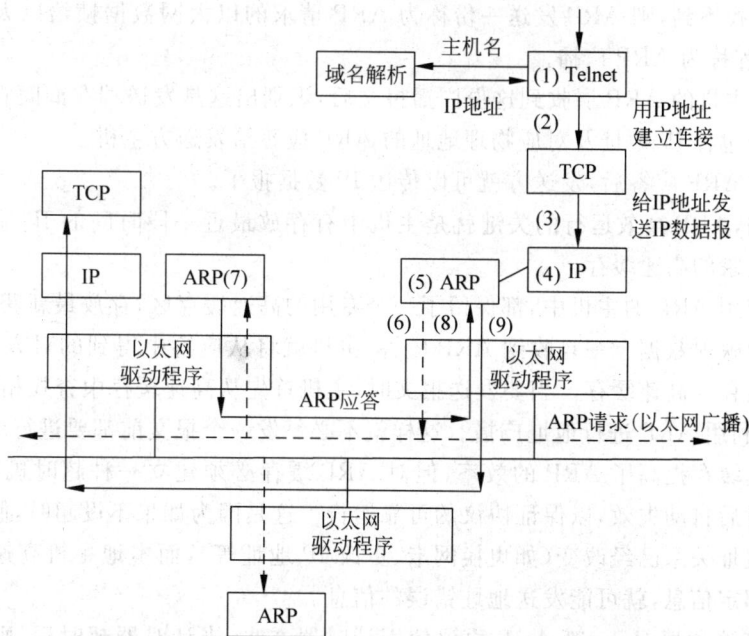

图 4-1　ARP 地址解析操作示例

（7）目的主机的 ARP 层收到这份广播报文后，识别出这是发送端在询问其 IP 地址，于是构造一个包含自己 IP 地址及对应物理地址的 ARP 应答，并将这个 ARP 应答报文返回给请求者。

（8）发送主机收到 ARP 应答后，得到数据传送下一站的 MAC 地址，从而可以构造出链路层帧。这时 IP 数据报就可以传送了。

（9）发送 IP 数据报到目的主机。

需要注意的是，ARP 请求是广播的。因此 ARP 请求帧不能穿越路由器，因为路由器对于广播报文是不转发的。另外，点对点链路不需要使用 ARP。

4.2.2　ARP 协议的工作过程

实现 ARP 功能，将 32 位的 IP 地址映射到 48 位的以太网物理地址可以有不同的方式。常用的方式一种是直接方式，一种是动态绑定方式，也称为动态联编方式。

直接方式是事先在主机中建立一张 IP 地址到物理地址的映射表，这是一个静态的数据库，需要人工来建立和维护，对大规模的网络不太适合，同时可能出现更新不及时的问题。但这种静态的地址绑定方式可以满足一些特殊的要求，如安全需要。

ARP 协议的工作主要采用动态绑定方式，即通过 ARP 动态地广播地址转换请求，只在本地维护一个动态的高速缓存来实现地址映射数据的存放。

有关 ARP 功能实现的具体工作过程，描述如下。

（1）每个主机上都有一个 ARP 高速缓存，这个高速缓存存放了最近使用的 IP 地址到物理地址之间的映射记录。

（2）当发送端封装 IP 分组时，要先在高速缓存中查找相应的地址映射记录。

（3）如果找不到，则 ARP 发送一份称为 ARP 请求的以太网数据帧给以太网上的每个主机，这个过程称为 ARP 广播。

（4）目的主机的 ARP 层收到这份广播报文后，识别出这是发送端在询问它的 IP 地址，于是发送一个包含 IP 地址及对应物理地址的 ARP 应答给发送方主机。

（5）收到 ARP 应答后，发送方就可以传送 IP 数据报了。

可以看到，ARP 高效运行的关键就是主机中有存放最近一段时间的 IP 地址到物理地址之间映射记录的高速缓存。

在每台使用 ARP 的主机中，都保留了一个专用的高速缓存区，存放最新获得的 IP 地址到物理地址的映射数据。一旦收到 ARP 应答，主机就将从应答中得到的对方主机的 IP 地址和物理地址存入高速缓存。当要发送报文时，主机首先从高速缓存中查找相应的数据，如果找不到，再利用 ARP 进行地址广播。这样就不必每发一个报文前都要进行动态绑定。

虽然高速缓存提高了 ARP 的效率，但对 ARP 缓存必须建立一种超时机制，使缓存中的数据在超时后自动失效，以保证协议的可靠运行。这是因为如果不设超时，假如网络上的某个主机的地址关系已经改变（如更换网卡、更改 IP 地址等），而本地主机高速缓存中已经有了对方的绑定信息，就可能发送地址错误的信息。

为了适应这种情况，一般 ARP 协议使用计时器方法，当计时器超时后，则删除地址绑定数据。例如，在地址绑定信息放入 ARP 缓存时，协议需要设置一个计时器，一般典型的超时时间是 20 分钟，超时后可以把地址信息删除。如果删除后又有分组需要发送到这个地址，由于在缓存中不存在地址绑定，计算机只需遵循通常的过程，广播一个 ARP 请求即可。

为了提高效率，ARP 高速缓存还做了以下改进。

（1）在 ARP 请求报文中放入发送方的 IP 地址与物理地址的绑定，这样可以防止接收方可能存在的紧接着为解析发送方的物理地址，再进行一次 ARP 请求的情况发生。也就是说，如果接收方的高速缓存中没有发送方的地址绑定信息，那么接收方会把收到的 ARP

请求报文中发送方的地址信息添加到自己的高速缓存中。

（2）发送方在广播自己的地址绑定时，网上所有主机都可以将该绑定信息存入自己的高速缓存。不过不是所有的网络设备或系统实现都支持这样的情况。

（3）新机入网时或主机更换网卡时，会主动广播地址绑定信息，以免其他主机对其进行ARP请求，这就是免费 ARP(gratuitous ARP)。

可以用 arp 命令来检查和操作 ARP 高速缓存的内容（命令用法见实验 4-1）。

4.2.3 ARP 协议报文格式

ARP 报文直接与数据链路层通信，这和 IP 报文是一样的。

封装有 ARP 分组的以太网帧报文格式如图 4-2 所示。

以太网目的地址	以太网源地址	帧类型	硬件类型	协议类型	物理地址长度	协议地址长度	操作	发送端以太网地址	发送端网络地址	接收端以太网地址	接收端网络地址
6	6	2	2	2	1	1	2	6	4	6	4

←——— 以太网首部 ———→ ←——————28字节的ARP请求/应答——————→

图 4-2　用于以太网的 ARP 请求/应答分组格式

以太网报头中的前两个字段是以太网的源地址和目的地址，即收发方以太网的 MAC 地址，长度各为 6 个字节。目的地址为全 1 的特殊地址是广播地址，在 ARP 请求报文中会用到。

两个字节长的以太网帧类型表示后面数据的类型。对于 ARP 请求或应答来说，该字段的值为 0x0806。

ARP 报文包含 9 个字段，其报文大小根据本地网络媒介上使用的物理地址的大小的变化而变化。当物理媒介是以太网时，在图 4-2 中标示出的长度为 28 字节。报文的前 5 个字段用来提供 ARP 报文的整体功能的描述，后 4 个字段是 ARP 有关的具体地址信息。各个字段的含义如下。

（1）硬件类型：2 字节，表示被请求的物理地址的类型。DIX Ethernet 的地址类型值为 1,IEEE 802. X 的类型值为 6，还可以有其他的类型取值，这里不一一列出。

（2）协议类型：2 字节，表示要映射的协议类型。因为 ARP 直接与物理媒介的数据链路的接口通信，所以并不只专用于 IP，而是可以让任何高层协议用来寻找与高层协议地址相关的物理地址。取值为 0x0800 即表示 IP 地址（这个值与包含 IP 数据报的以太网数据帧中类型字段的值相同）。

（3）物理地址长度：1 字节，根据硬件类型确定的硬件地址的字节数。ARP 适应多种网络技术，其地址字段的长度取决于网络媒介类型。对于以太网，这个值是 6。

（4）协议地址长度：1 字节，高层协议地址的长度，以字节为单位。对于 IP 协议来说，这个地址的值总是 4。

（5）操作：2 字节，表示 ARP 报文类型。这个字段也称为操作码，用于区分报文是ARP 请求还是应答，或者是 RARP 请求或应答。这个字段是必需的，因为 ARP 请求和ARP 应答的帧类型字段值是相同的。操作字段的取值如表 4-1 所示。

表 4-1　ARP 报文中操作字段的取值

操 作 取 值	操 作 说 明
1	ARP 请求
2	ARP 应答
3	RARP 请求
4	RARP 应答

(6) 发送端以太网地址：发送该 ARP 报文的主机物理地址。对于以太网，这个字段长度总是 6 字节，即 48 位的 MAC 地址。

(7) 发送端网络地址：对于 IP 网络，这就是发送该 ARP 报文的主机 IP 地址，所以长度是 4 字节。

(8) 接收端以太网地址：该 ARP 报文的目的主机的物理地址。对于以太网，这个字段长度也是 6 字节。

(9) 接收端网络地址：4 字节，ARP 报文的目的主机的 IP 地址。

当一个设备发送 ARP 请求时，先要填充报文中后 4 个与地址相关的字段中的 3 个，即发送端以太网地址和网络地址，还提供目标的 IP 地址，因为目标的物理地址是不知道的，此时这个字段填充为 0。另外，会设置操作字段为"1"，表明当前的报文是一个 ARP 请求。然后在局域网上广播这个请求，使得所有设备都能侦听到。一旦主机侦听到针对自己的地址请求，则提供自己的物理地址构造响应报文反馈给请求主机。ARP 响应报文中交换请求方和响应方的 IP 地址和物理地址信息，并把响应报文操作字段设置为"2"，表明当前报文是一个 ARP 应答。该报文会直接传送给远端请求者，而不再是广播发送。

4.3　特殊的 ARP

由于主机工作的特殊时期或网络连接的特定状况，会形成特殊的 ARP 工作状况，分别是免费 ARP 和代理 ARP。

4.3.1　免费 ARP

免费 ARP 是指主机发送 ARP 请求查找自己的 IP 地址。这时 ARP 请求报文中发送端的 IP 地址和目的端的 IP 地址是一样的，同时这个 ARP 请求不希望得到 ARP 应答。

免费 ARP 通常发生在系统引导期间进行接口配置的时候。主机系统重新引导可能引发和地址有关的变化。例如，主机的 IP 地址变化或物理地址变化，这种变化需要及时通知到网络上，以便其他主机及时更新其相关的地址绑定信息。因此，免费 ARP 通常有以下两个方面的作用。

(1) 测试网络上是否存在重复的 IP 地址。一个新加入 IP 网络的主机在开始通信之前应该完成重复 IP 地址的测试。在这个测试过程中，IP 主机向其自身拥有的 IP 地址发送一个 ARP 请求，其实是在局域网中广播自己的地址绑定关系。如果另一台主机响应这个 ARP 请求，则说明该 IP 地址已经在用，那么该主机就不能初始化自己的 TCP/IP 栈。虽然主机发出免费 ARP 请求，但并不希望收到相应的 ARP 应答，因为应答意味着网络上的 IP

地址出现了冲突。

（2）更新网络上其他主机中的地址绑定信息。如果发送免费ARP的主机的IP地址并未变化，但正好改变了物理地址，如更换了网卡，那么这个分组就可以使网络上其他主机对其高速缓存中旧的物理地址进行相应的更新。根据ARP协议的规定，网络上的主机如果收到某个IP地址的ARP请求并且这个地址已经在接收者的高速缓存中，那么就要用ARP请求中发送的物理地址对高速缓存中相应的内容进行更新。主机接收到任何ARP请求都要完成这个操作。

4.3.2 代理 ARP

代理ARP(proxy ARP)也称为ARP代理，是指如果ARP请求是从一个网络的主机发往另一个网络上的主机，那么连接这两个网络的路由器就可以回答该请求，这个过程称为代理ARP或委托ARP。

为了更清楚地说明代理ARP的工作特点，在Packet Tracer中考查如图4-3所示的网络。图中的路由器Router0连接了两个局域网192.168.1.0/24和192.168.2.0/16。路由器上只做了静态路由配置。图中已经把路由器和各个主机的接口IP地址和MAC地址标示出来了。需要注意的是，图4-3右边的网络192.168.2.0/16的网络号做了特别的设置，即与左边网络192.168.1.0/24的高16位相同。另外，为了在PC3处观察到ARP代理现象，PC3不配置默认网关。

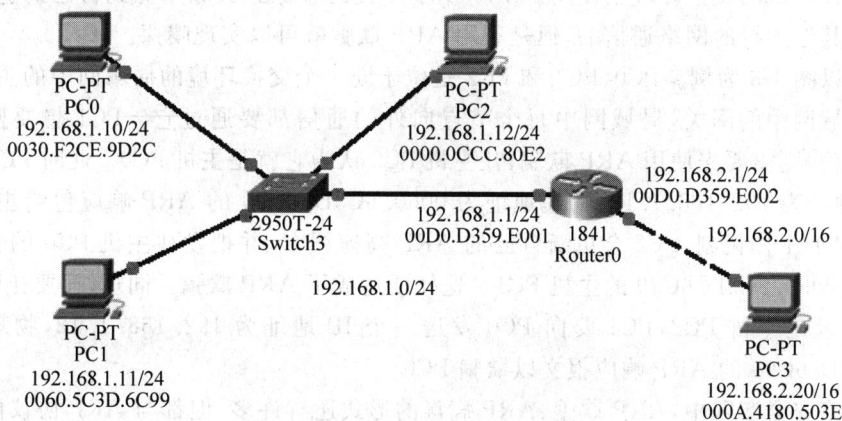

图 4-3 代理 ARP 工作的例子

如果从图4-3中的PC3上发起对192.168.1.0/24网络中任意主机的通信，假定是运行命令"ping 192.168.1.11"，PC3上的IP协议栈会用自己的网络号来判断要通信的主机PC1是否和自己在同一网段，即用主机的网络掩码对目的IP地址进行运算。由于得到的网络号192.168.0.0和自己在同一网络，因此PC3会将IP数据包发出。但为了构造数据链路层的帧，PC3需要先发出一个ARP请求，以获得PC1的MAC地址。

此时，路由器Router0收到这个ARP请求帧，因为路由器不转发广播帧，所以这个ARP请求会被路由器接收，但是不能被PC1收到。此时路由器知道目的地址192.168.1.11在自己连接的另一个子网中，它就会以自己的Fa0/1接口的MAC地址00D0.D359.E002

回答 PC3。

当 PC3 接收到路由器的回答后，将更新 MAC 地址表，把 IP 地址 192.168.1.11 和 MAC 地址 00D0.D359.E002 进行绑定。从此，PC3 就把所有发给 PC1 的分组全部抛向路由器的 Fa0/1 接口。

同理，PC3 对网络 192.168.1.0/24 中的任何一台主机进行访问，都会产生一个和上述过程相同的 ARP 请求和处理过程。在 PC3 看来，这些主机的 IP 地址都对应了路由器的 Fa0/1 接口的 MAC 地址。可以认为路由器 Router0 欺骗了发起 ARP 请求的 PC3，使其误以为路由器就是目的主机，而事实上目的主机是在路由器的"另一边"。

可见，路由器的功能相当于目的主机的代理，把分组从其他主机转发给它。这时在 PC3 的 ARP 高速缓存中多个不同的 IP 地址都被指向路由器的接口地址（用 arp 命令查看）。这种多个 IP 地址被映射到一个 MAC 地址就是代理 ARP 的标志。

这个例子中，路由器的 ARP 代理方式曾经用来连接两个不同的物理网络，使得它们之间互相隐藏而感觉像在同一个网络中。

在实际应用中，主机一般都会配置默认网关，这时访问不在同一个网络的主机的 IP 数据报都通过默认网关转发，ARP 高速缓存中就只有默认网关的地址绑定信息了。不过 Packet Tracer 对此的处理似乎和实际系统中的不同。

代理 ARP 有两大应用，一个是有利的，即在防火墙实现中常说的透明模式的实现；另一个是有害的，就是通过它可以达到在交换环境中进行嗅探的目的。

通常在局域网交换环境中使用 Sniffer Pro 一类的嗅探工具除了抓到自己的包以外，是不能看到其他主机的网络通信的，但是利用 ARP 欺骗就可以实现嗅探。

同样以图 4-3 为例。PC0、PC1 和 PC2 是位于同一个交换环境的局域网中的主机，假定 PC0 是局域网中的网关，局域网中每个节点向外的通信都要通过它。PC1 想要监听主机 PC2 的通信，则需要先使用 ARP 欺骗，让主机 PC2 认为它就是主机 PC0。此时 PC1 可以发一个 IP 地址为 192.168.1.10，物理地址为 0060.5C3D.6C99 的 ARP 响应包给主机 PC2。根据 ARP 的工作机制，PC2 会更新自己的 ARP 高速缓存，并把发往主机 PC0 的包发往物理地址为 0060.5C3D.6C99 的主机 PC1。这样便达成了 ARP 欺骗。同理，还要让网关 PC0 相信 PC1 就是主机 PC2，PC1 要向 PC0 发送一个 IP 地址为 192.168.1.12，物理地址为 0060.5C3D.6C99 的 ARP 响应报文以欺骗 PC0。

在网络安全实践中，ARP 欺骗、ARP 病毒的形式还有许多，但都与 ARP 协议的工作机制有密切的联系。本章实验中有相关的学习内容供感兴趣的读者参考。

4.4 RARP 协议

RARP 用于支持无盘工作站在引导或启动时获得自身的 IP 地址。由于无盘工作站中没有硬盘，更准确地说是没有存放有引导所需操作系统文件的辅助存储器，因而需要从网络上获得引导所需的操作系统文件，这就必须先获得自身的 IP 地址，从而和存放有操作系统文件的服务器进行通信。

RARP 经常和 TFTP(Trivial File Transfer Protocol，简单文件传输协议)一起使用，即通过 RARP 获得 IP 地址，用 TFTP 从服务器获得操作系统文件。

　　无盘工作站的网卡带有可引导芯片(一般网卡没有,支持无盘引导则需要专门的网卡和相应的引导芯片)。在无盘工作站启动时,网卡上的引导芯片从系统服务器中取回所需数据供用户使用。无盘系统的RARP实现过程可以简单表述如下。

　　(1) 从接口卡上读取唯一的物理地址(MAC地址)。

　　(2) 发送一份RARP请求,请求某个RARP服务器响应该无盘系统的IP地址。RARP请求在网络上广播,它在分组中标明发送端的物理地址,以请求相应IP地址的响应。

　　(3) 如果网络上有RARP服务器收到这个请求,则发送一个RARP应答,其中包含为无盘主机分配的IP地址。RARP应答通常是单播传送的。

　　(4) 如果网络上没有RARP服务器,无盘主机会按一定的时间间隔持续地发送RARP请求到网络上。

　　RARP采用特殊类型的以太网帧来封装,其以太网帧类型值为0x8035。

　　RARP的分组格式基本上与ARP分组一致,请参见图4-2中对ARP分组格式的描述。区分RARP请求或应答的依据是表4-1中给出的分组中操作字段的取值。

　　RARP在实现上的主要问题是RARP服务器的复杂性,这主要体现在以下两个方面。

　　(1) RARP服务器一般要为多个主机提供物理地址到IP地址的映射,该映射包含在一个磁盘文件中。由于内核一般不读取和分析磁盘文件,因此RARP服务器的功能需由用户进程来提供,而不是作为内核的TCP/IP实现的一部分。但是由于RARP采用特殊类型的以太网帧来传送,其实现又必须和系统捆绑在一起,因而在实现上较为复杂。

　　(2) 路由器不转发导致需要多个RARP服务器。RARP使用链路层广播,大多数路由器不会转发RARP请求。为了让无盘系统在RARP服务器关机的状态下也能引导,通常在一个网络上需要提供多个RARP服务器。这样协调各个服务器的工作就成了一个问题。

　　BOOTP(Bootstrap Protocol,引导程序协议)及后来的DHCP(Dynamic Host Configuration Protocol,动态主机配置协议)提供了更加健壮、灵活的分配IP地址的方法,目前已取代了RARP。

4.5　小结

　　(1) 在大多数TCP/IP实现中,ARP是一个基础协议,用于在将IP分组封装到数据链路层帧中的时候,获得IP地址对应的网络接口的物理地址。

　　(2) ARP地址解析过程是由系统协议栈自动完成的,其运行对于应用程序或系统管理员来说一般是透明的、动态的。

　　(3) ARP高速缓存在协议的运行过程中非常关键,其中的地址绑定记录是协议工作的基础数据结构。同时,高速缓存中每一项记录的内容都有一个定时器,根据它来删除不完整和完整的表项。用户可以用arp命令对高速缓存进行检查和操作。

　　(4) ARP分组以特定的帧类型封装在以太网帧中,其报文格式中的操作字段区分了ARP的报文类型。

　　(5) 免费ARP是一种特殊的ARP,用于在系统网络发生变化或系统重置时保持ARP地址解析的有效性。

　　(6) 代理ARP是路由器用一个接口的物理地址来对其他网络地址的ARP请求进行应

答。主机 ARP 高速缓存中多个 IP 地址被映射到同一个 MAC 地址就是代理 ARP 的标志。ARP 欺骗主要就是利用了代理 ARP 的机制。

4.6 习题

1. 如果本地 ARP 高速缓存为空,输入远程操作命令查看网络上名为 remotehost 的 UNIX 主机的高速缓存。

```
localhost $ rsh remotehost arp - a
```

如果发现目的主机上的 ARP 高速缓存也是空的,那将会发生什么情况?

2. RARP 需要不同的帧类型字段吗? ARP 和 RARP 都使用相同的值 0x0806 吗?

3. 如果客户机试图与一个正在更换以太网网卡而处于关机状态的服务器主机联系,这时会发生什么情况? 如果服务器在引导过程中广播一份免费 ARP,这种情况是否会发生变化?

4. 结合网络安全的知识,了解 ARP 欺骗在当前网络攻击中的主要形式,以及防范的方法有哪些?

实验

实验 4-1   arp 命令

1. 实验说明

ARP 高速缓存在协议的运行过程中非常关键,可以利用 arp 命令对高速缓存进行检查和操作。高速缓存中每一项的内容都有一个定时器,根据它来删除不完整或完整的表项。arp 命令可以显示和修改 ARP 高速缓存中的内容。本实验通过在不同操作系统的命令行方式下使用 arp 命令,掌握协议的工作特点。

Windows 系统中,arp 命令的格式说明如下。

```
arp - a [inetaddr] [- n ifaceaddr] [- g [inetaddr] [- n ifaceaddr]]
   [- d inetaddr [ifaceaddr]] [- s inetaddr etheraddr [ifaceaddr]]
```

其中:

(1)-a [inetaddr] [-n ifaceaddr]显示接口的当前 ARP 缓存表。inetaddr 参数用于显示包含指定 IP 地址的本地 ARP 缓存项。要显示指定接口的 ARP 缓存表,用"-n ifaceaddr"参数,此处的 ifaceaddr 代表指定接口的 IP 地址。注意,-n 和-a 两参数要一起使用。

(2)-g [inetaddr] [-n ifaceaddr]与-a 相同。

(3)-d inetaddr [ifaceaddr]删除指定的 IP 地址项,此处的 inetaddr 和 ifaceaddr 参数含义与上述用法相同。要删除所有表项,请使用通配符星号(*)代替 inetaddr。

(4)-s inetaddr etheraddr [ifaceaddr]向 ARP 缓存添加可将 IP 地址 inetaddr 解析成物理地址 etheraddr 的静态项。要向指定接口的表添加静态 ARP 缓存项,用 ifaceaddr 参数给

出接口的 IP 地址。

注意：inetaddr 和 ifaceaddr 的 IP 地址用点分十进制表示。物理地址 etheraddr 用十六进制表示并且用连字符隔开(如 00-1B-00-4A-2C-9E)。通过-s 参数添加的项目属于静态表项目，它们不会在 ARP 缓存中老化。如果终止 TCP/IP 协议后再启动，这些项目会被删除。要创建永久的静态 ARP 缓存项，可以把相应的 arp 命令写到批处理文件中，在启动时通过"计划任务程序"运行该批处理文件。

需要注意的是，Windows 环境下和 Linux 环境下的 arp 命令的用法是有差异的。

2. 实验环境

Windows 操作系统，Linux 操作系统，网络环境(主机有以太网卡并连接局域网)。

3. 实验步骤

(1) Windows 系统下的 arp 命令。

步骤 1 在 Windows 中的选择"运行"命令，输入"cmd"，进入命令行窗口。

步骤 2 查看 arp 命令的所有用法。输入不带任何参数的命令"arp"或"arp/?"，认真阅读命令使用说明，并对照使用命令。

步骤 3 显示查看 ARP 高速缓存中的所有内容。在提示符后输入命令"arp -a"。

在输出的 ARP 缓存表信息中的内容挑选某个指定的 IP，查看其 ARP 信息。

```
arp – a IP
```

步骤 4 查看指定接口或地址的 ARP 缓存信息。输入命令"arp -an IP"或"arp -a IP1 -n IP2"。

依据步骤 3 的输出，如果实验机上不止一个网络接口，可以在命令中用-n 选项来查看指定 IP 地址的接口的 ARP 缓存表。

步骤 5 增加高速缓存中的静态内容(新增加的内容是永久性的)。注意添加和删除 ARP 高速缓存中的项目均需管理员权限。按下列命令格式，在 ARP 缓存中添加项目。

```
arp – s IP etheraddr [ifaddr]
```

参数 ifaddr 用来指定在本机中哪一个接口的 ARP 表中添加项目。

步骤 6 删除指定 ARP 项，使用下列命令可以删除指定 IP 地址所在行的内容。

```
arp – d IP [ifaddr]
```

用该命令删除在步骤 5 中添加的表项。ifaddr 含义和添加项目是一样。

(2) Linux 系统下的 arp 命令。

注意，Linux 系统下的 arp 命令的用法和命令输出与 Windows 下的 arp 命令略有差异。

步骤 1 在 Linux 终端窗口中查看 arp 命令的所有用法。输入命令"man arp"或"arp --help"，认真阅读命令使用说明，并对照使用。

步骤 2 显示查看 ARP 高速缓存中的所有内容，输入命令"arp"或"arp -a"，也可以输入命令"arp -n"。

输出信息中 Flags 项里的"C"表示该项目是高速缓存中的内容，高速缓存中的内容过一段时间(不同的系统设置不同,一般 10~20 分钟)会自动清空;"M"则表示静态表项,不会自动清空。

如果要查看包含指定地址的表项,使用命令"arp IP"。

如果要查看指定接口的 ARP 缓存,使用命令"arp -i iface",这里 iface 是接口的名称,如 eth0,可以使用命令 ifconfig 来查看系统接口的情况。

注意:-v 选项会使命令的输出内容更详细。

步骤 3 增加和删除高速缓存中的表项,Linux 下的命令和 Windows 下的命令相似。

使用命令"arp -f"可以从/etc/ethers 中读取 ARP 表信息并替换 ARP 高速缓存中的内容,这为维持 MAC 绑定提供了手段。也可以指定文件替换 ARP 缓存。

步骤 4 在 ARP 缓存中添加记录,以便用指定的 MAC 地址来回复 ARP 请求(作用:主机 ARP 代理)。在命令格式中增加一个 pub 参数。

arp pub － s

如命令

/usr/sbin/arp － i eth0 － Ds 10.0.0.2 eth1 pub

该命令的作用是使 eth0 收到 IP 地址为 10.0.0.2 的请求时,将用 eth1 的 MAC 地址回答。-D 不是指定物理地址,而是指定一个网络接口的名称,表项将使用相应接口的 MAC 地址。

4. 实验报告

记录自己的实验过程和实验结果,分析实验结果,熟悉 arp 命令的用法,比较 Windows 和 Linux 下 arp 命令的不同。

5. 观察思考

在不同的系统中,arp 缓存的更新时间有何差别?

实验 4-2 ARP 请求与应答

1. 实验说明

分别在模拟和真实环境中观察分析 ARP 协议的报文格式,理解 ARP 协议的解析过程。

2. 实验环境

Windows 操作系统及网络环境(主机有以太网卡并连接局域网),安装有 Packet Tracer 6.0,Wireshark 1.10。

3. 实验步骤

(1) 在 Packet Tracer 中观察 ARP 协议。

步骤 1 启动 Packet Tracer,建立如图 4-4 所示的拓扑结构。

步骤 2 按图 4-4 配置网络接口地址,PC0 上没有设置默认网关地址,PC1 的默认网关

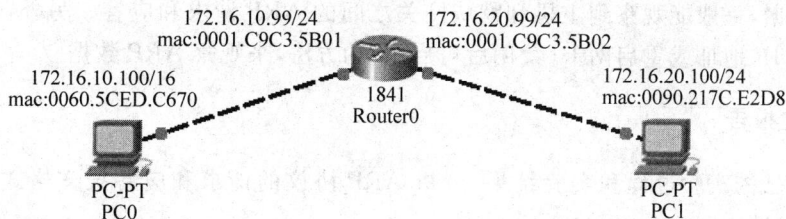

图 4-4　ARP 协议实验拓扑图

设置为 172.16.20.99。注意,图 4-4 中的 MAC 地址是 Packet Tracer 6.0 自动生成的,实验时以软件实际取值为准。

步骤 3　在路由器 Router0 上查看 ARP 表,执行以下命令。

```
Router # show arp
```

查看各个表项内容,注意其中是否有 172.16.20.100 的表项。

步骤 4　切换到模拟方式,然后在路由器 Router0 执行以下命令。

```
Router # ping 172.16.20.100
```

观察设备收发数据。可以看到,因为没有在自己的 ARP 表中查找到与 IP 地址 172.16.20.100 对应的表项,不能构造出链路层帧,路由器 Router0 丢弃了第一个 ICMP 报文。随即发出了 ARP 请求,PC1 在收到 ARP 请求后作出 ARP 应答,Router0 收到应答后更新自己的 ARP 表。在下一个 ICMP 报文发出时,路由器就能顺利地构造出链路层帧了。这解释了为什么路由器在第一次执行 ping 命令时,表示连通的符号第一个总是不通,表示连通的惊叹号总是 4 个。

再次在 Router0 上查看 ARP 表,可以看到新增的 172.16.20.100 表项。

步骤 5　仔细分析 PDU 信息,学习掌握 ARP 协议的 PDU 构成。注意观察 ARP 帧的链路层地址、操作码、报文内容,比较 ARP 请求和应答链路层帧和 PDU 内容的差异。

步骤 6　对路由器 ARP 处理的过程进行观察分析。对没有 ARP 表项的通信,路由器会先丢弃报文。

需要说明的是,ARP 协议是在局域网内工作的,本实验利用路由器连接两个网络,在地址掩码上做不同的设置,以说明默认网关的作用。

(2) 用 Wireshark 1.10 观察 ARP 协议工作过程。

步骤 1　在 Windows 主机上运行 Wireshark,选择本地网卡,启动抓包。为观察方便,在显示过滤器栏中输入"arp",以便只察看 ARP 数据。

步骤 2　在主机运行程序访问同一网络中的节点,只要该节点为第一次访问,则主机都会发出 ARP 请求。例如,本地 Windows 主机(IP 地址为 192.168.1.102),运行 cmd 命令打开命令行窗口,输入下列命令。

```
C:\> ping 192.168.1.53
```

则立刻可以在 Wireshark 中捕获到 ARP 帧。分析帧结构和各个域的信息。

步骤 3　一般真实主机设有默认网关,和默认网关之间会有 ARP 数据交换。持续捕获一段时间数据,一般能观察到主机和默认网关之间的 ARP 请求和应答。另外,也可以通过修改主机的 IP 地址或重启网卡(禁用后再启用)的方法,来观察 ARP 数据。

4. 实验报告

记录自己的实验过程和实验结果,分析 ARP 协议的请求和应答报文格式,理解 ARP 协议的解析过程。

5. 思考

在设置有默认网关的主机上,ARP 协议的处理过程有什么特点?

实验 4-3　ARP 代理

1. 实验说明

在模拟实验环境中,观察分析 ARP 代理现象,理解 ARP 代理的作用和工作过程。

2. 实验环境

Windows 操作系统及网络环境(主机有以太网卡并连接局域网),安装有 Packet Tracer 6.0。

3. 实验步骤

步骤 1　启动 PT,打开实验 4-2 的拓扑(如图 4-4 所示),需要注意的是,PC0 的地址 172.16.10.100/16 的子网掩码为 16 位,与其他各个地址的 24 位不同,另外,PC0 上未设置默认网关地址。

步骤 2　在 PC0 上打开命令行窗口,查看 ARP 表,执行以下命令。

```
PC > arp - a
```

该命令确认本地 ARP 缓存为空。

步骤 3　切换到模拟方式,然后在 PC0 上执行以下命令,观察设备收发数据的过程。

```
PC > ping 172.16.10.99
PC > ping 172.16.20.100
```

步骤 4　在 PC0 上执行命令"arp -a",查看 ARP 表,观察各个表项的特点,出现多个 IP 地址被映射到一个 MAC 地址,就是代理 ARP 的标志。

步骤 5　在图 4-4 所示拓扑图的路由器 Router0 右侧(172.16.20.0/24 网段)连接交换机,以添加更多的主机,注意要和 PC1 在同一网段。然后在 PC0 上对新增主机进行 ping 连通,连通后再查看 PC0 上 ARP 表的变化。

步骤 6　进一步在图 4-4 所示拓扑图中增加路由器,连接更多的网络,在 Packet Tracer 中以模拟方式从 PC0 上对其他网络中主机运行命令 ping,进行连通测试,仔细观察连通过程的 ARP 解析过程。连通后,再查看 PC0 上 ARP 表的变化。

4. 实验报告

记录自己的实验过程和实验结果,理解 ARP 代理的实现过程,掌握 ARP 代理的工作特点。

5. 思考

路由器不转发广播帧,而是接替地址请求者对其他网络的节点发送 ARP 请求,分析跨网络通信时的 ARP 解析过程,进一步理解"Hop by Hop"的概念。

实验 4-4 免费 ARP

1. 实验说明

分别在模拟和真实环境中观察分析免费 ARP 帧的报文格式,理解免费 ARP 协议的工作特点。

2. 实验环境

Windows 操作系统网络环境(主机有以太网卡并连接局域网),安装有 Packet Tracer 6.0,Wireshark 1.10。

3. 实验步骤

(1) 在 Packet Tracer 6.0 中观察免费 ARP。

步骤1 启动 Packet Tracer,建立如图 4-5 所示的实验拓扑并设置好 IP 地址。图 4-5 中的 MAC 地址以实验时软件实际设置为准。

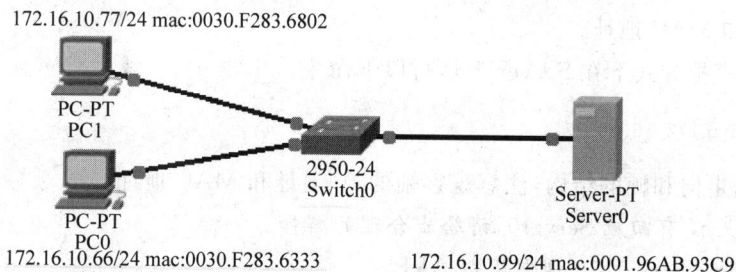

172.16.10.77/24 mac:0030.F283.6802

PC-PT
PC1

2950-24
Switch0

Server-PT
Server0

PC-PT
PC0

172.16.10.66/24 mac:0030.F283.6333   172.16.10.99/24 mac:0001.96AB.93C9

图 4-5 免费 ARP 实验

步骤2 先在 PC0 和 PC1 上运行 ping 程序,连通 Server0,这将在实验中各个机器上建立起 ARP 表。查看各个机器上的 ARP 表并记录。

步骤3 切换到模拟方式,然后在 PC0 上打开 Desktop 选项卡,双击选中 IP Configuration,这时修改网卡的 IP 地址,如修改为 172.16.10.88,掩码和默认网关不需改动。

步骤4 切换到 PT 模拟窗口,单击 Capture/Forward 按钮,立刻就可观察到 PC0 发出了 ARP 包,仔细查看 PDU 信息和处理说明。此处会看到 PC0 发出的 ARP 报文中发送端的 IP 地址和目的端的 IP 地址是一样的,这就是 gratuitous ARP Request。继续在 Server0 上观察,可以看到服务器 ARP 处理时,丢弃了这个帧而没有回应。查看 PDU 处理说明,应该看到是因为服务器上 ARP 表中没有相应的 IP 地址,因而丢弃了这个帧。这是协议默认对免费 ARP 的处理方式。

(2) 免费 ARP 带来的漏洞。

一般局域网内都没有安全的认证系统,所以任何主机都可以发送这样的免费 ARP 广播,这可能引起 MAC 地址欺骗。以下实验中,PC0 试图发送免费 ARP,以更改服务器 Server0 上 ARP 表项中 PC1 的信息,从而欺骗服务器,以截获 Server0 和 PC1 之间的通信。

步骤 1   接续(1)中的实验,首先在 Server0 上运行 arp 命令,确认其 ARP 表的内容包含有 PC0 和 PC1 两台机器的 ARP 表项内容。

步骤 2   切换到模拟方式,然后在 PC0 上打开 Desktop 选项卡,双击选择其中的 IP Configuration,修改 IP 地址为 172.16.10.77(PC1 的 IP 地址),马上切换到模拟窗口,单击 Capture/Forward 按钮,观察 PC0 向局域网内发送的免费 ARP 广播,其源 IP 地址为 PC1 的地址,源 MAC 地址为 PC0 自己的 MAC 地址。

步骤 3   在 Server0 收到数据帧后,查看 PDU Information,观察协议的处理过程。然后在 Server0 上查看 ARP 表是否将自己 ARP 缓存中 PC1 的 MAC 地址改为 PC0 的 MAC 地址,如果是,就形成了 MAC 地址欺骗,记录实验结果。

注意:通常在真实网络欺骗中,PC0 为确保对服务器 ARP 缓存的修改,会通过其他手段先将 PC1 的网络瘫痪。这是至今都很流行的攻击手段之一。针对该攻击,没有很好的防范手段,当前使用的方法有:设置 MAC 地址和 IP 地址绑定;将交换机上某些端口设置为信任端口,来自这些端口的请求认为是可靠的,因此予以转发,而其他的则不转发。

步骤 4   当 PC0 发出的免费 ARP 到达 PC1 时,PC1 会发出对免费 ARP 的响应报文,其目标地址为 0.0.0.0,以通知全部网络节点 IP 地址 172.16.10.77 已被使用。注意观察帧的 IP 地址和 MAC 地址。

步骤 5   模拟方式下在 Server 上运行以下命令。

```
SERVER > ping 172.16.10.77
```

观察数据走向和帧的结构,注意观察帧的 IP 地址和 MAC 地址。

注意:PC0 没有回应 Server0,请给出合理的解释。

(3) 用 Wireshark 1.10 观察免费 ARP。

步骤 1   要在真实网络环境中观察到免费 ARP,需要有局域网环境,也可以参考图 4.3,建立网络拓扑。

步骤 2   在 Windows 主机上运行 Wireshark,选择本地网卡后启动抓包。为观察方便,在显示过滤器栏输入"arp",以便只察看 ARP 数据。

步骤 3   启停网络中的主机或其他网络设备(如网卡),观察在 Wireshark 中捕获的数据包中的免费 ARP,分析其报文结构和内容。

4. 实验报告

记录自己的实验过程和实验结果,理解免费 ARP 的实现过程,掌握免费 ARP 的工作特点。

5. 思考

各实验主机对收到的免费 ARP 都采取了哪些处理,为什么?

6. 延伸学习

ARP 病毒曾经一度是局域网中危害网络的一种主要病毒,其特点是持续不断的发出伪造的 ARP 响应包,以更改目标主机 ARP 缓存中的 IP-MAC 表项,造成网络中断或中间人攻击。

利用本章学习的知识,可以采用以下方法,找出 ARP 病毒源。

(1) 使用抓包工具。在网络内任意一台主机上运行抓包软件,捕获所有到达本机的数据包。如果发现有某个 IP 不断发送 ARP 请求包,那么这台电脑一般就是病毒源。因为各种 ARP 病毒发作的最终的结果是,在网关以及网内所有主机的 ARP 缓存表中,网内所有活动主机的 MAC 地址均为中毒主机的 MAC 地址。

(2) 使用"arp -a"命令,任意选两台不能上网的主机,查看其 ARP 表内容。如在结果中,两台电脑除了网关的 IP-MAC 地址对应项,还同样都包含了非网关的另一个 IP,如 192.168.0.186,则可以断定 192.168.0.186 这台主机就是病毒源。这是因为一般情况下,网内的主机只和网关通信。正常情况下,一台主机的 ARP 缓存中应该只有网关的 MAC 地址。如果有其他主机的 MAC 地址,说明本地主机和这台主机最后有过数据通信发生。如果某台主机(如上面的 192.168.0.186)既不是网关也不是服务器,但和网内的其他主机都有通信活动,且此时又是 ARP 病毒发作期,那么,病毒源也就是它了。

(3) 在 ARP 病毒感染期间,在任意一台受影响的主机上,运行 tracert 命令,跟踪一个外网地址,如果第一跳不是设置的默认网关地址,而是和主机同网段的一个内网地址,那这个地址就是病毒源。这是因为中毒主机在受影响主机和网关之间,扮演了"中间人"的角色。所有本应该到达网关的数据包,由于错误的 MAC 地址,均被发到了中毒主机。

对 ARP 病毒的清除,除了可以使用杀毒软件外,还可以通过对每台主机进行 IP 和 MAC 地址静态绑定来防止病毒对 ARP 表的修改。参考实验 4-1 中"arp -s"命令的使用方法。

第5章 ICMP协议分析

IP 负责把数据从一个网络传送到另一个网络,而 IP 协议自身没有差错控制机制,如果在传递中出现因某种原因不能发送的 IP 数据,ICMP 将被用来传递差错报文及其他需要注意的信息。作为一个重要的错误处理和信息处理协议,ICMP 是 TCP/IP 协议族中不可或缺的一部分。本章讨论 ICMP 报文的类型、结构及各种 ICMP 报文的应用,分析 ICMP 回显请求与应答、ICMP 重定向差错报文格式和工作过程,介绍 ping 程序和 traceroute 程序的用法和工作过程、IP 记录路由选项、时间戳选项和源站选路选项等有关内容。

5.1 ICMP 的作用

作为网络层重要的协议,ICMP 可以提供有关网络可连接性的信息,获得基于数据报或无连接协议不能传输的路由行为的信息。

如果要诊断和修复 TCP/IP 连接性问题,就必须知道从什么地方得到 IP 互联网上数据包如何从源位置传输到目的位置的信息。通常网络的可达性表述为:对于任何与另一个网络节点进行通信和交互数据的网络节点来说,一定存在从发送方到接收方转发数据的某种方法。正常情况下,可用转发路径可在位于发送方和接收方之间各种中间设备的本地 IP 路由表的内容中发现。

由于 IP 自身是不可靠传送,不能提供可达性、交互错误、路由错误报告以及控制信息。因此,由 ICMP 提供一种将信息返回给发送方的方法。通过采用特殊的 ICMP 消息格式,信息为数据包在转发过程中经历的路由器信息(包括可达性信息),并提供了一种当路由或可达性问题阻止交付 IP 数据包时返回出错信息的方法,这种能力很好地补充了 IP 的数据包交付服务。

需要指出的是,ICMP 虽然也是网络层的协议,但却封装在 IP 报文中。从这个意义上看,ICMP 消息不过是特殊格式的 IP 数据报,与一般网络流量中其他 IP 数据报受到相同的限制。另外,ICMP 报告错误、阻塞以及其他网络状况的能力对于增强 IP 的尽最大努力交付方法本身并没有任何直接的好处。因此,即使 ICMP 能够报告错误或网络阻塞,如果要借助它来改变网络的通信状况,则依赖于接收消息的主机操作这些消息内容的方式。

典型的情况是 ICMP 重定向消息的处理。当网关和路由器转发数据报时发现有更好的路径去往目的主机,则把一条 ICMP 消息提供给发送方,把主机引导到一条更好的网络路由上,即发送一条重定向消息。主机对这条 ICMP 消息的处理则各有不同,一般默认是使用网络上的最佳路径传送数据,但也可以丢弃这条消息而不使用新的路由。

　　RFC 792 提供了有关 ICMP 协议的基础规范,并定义了各种 ICMP 信息和服务的类型。在这个标准中,明确了 ICMP 是 IP 基础支持的一部分,为网关或目的主机提供了一种与源主机通信的机制;规定采用特殊格式的 IP 数据报,使用特殊的关联消息类型和代码,同时为了防止出现错误消息的循环,ICMP 不传送有关自身的任何消息,并且仅提供任何分片数据包序列中的第一个分片的消息。

5.2　ICMP 报文及类型

5.2.1　ICMP 报文格式

　　ICMP 报文是封装在 IP 数据报内作为 IP 报文的数据被传输的,如图 5-1 所示。但 ICMP 并非更高层的协议,仍被认为是网络层的一个组成部分。

　　ICMP 报文的种类很多,而且各自又有自己不同的代码和处理信息内容,因此,ICMP 并没有一个统一的报文格式以供全部 ICMP 报文来使用。ICMP 报文结构如图 5-2 所示。

图 5-1　ICMP 报文的 IP 封装

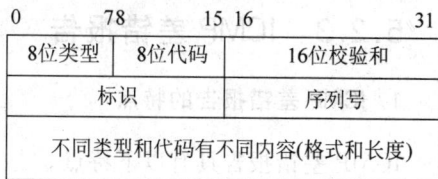

图 5-2　ICMP 报文格式

　　尽管不同的 ICMP 报文类别分别有不同的报文字段,但 ICMP 报文在首部内容上还是一致的,即在前 4 个字节有统一的格式,共有类型、代码和校验和 3 个字段。接着的 4 个字节的内容与 ICMP 报文的类型有关(图 5-2 中的标识和序列号是最常见的内容)。

　　不同类别的 ICMP 报文由类型和代码字段共同来区分,代码是为了进一步区分某种类型的不同情况。

　　检验和字段覆盖整个 ICMP 报文。使用的算法与 IP 首部检验和算法相同,采用二进制反码求和的方式来得到校验和。ICMP 的检验和是必需的。

　　在报文首部后面的是数据字段,其长度取决于 ICMP 报文的类型。

5.2.2　ICMP 报文类型

　　ICMP 将在网络里传送数据过程中需要报告给数据发送者的错误用一个预定义好的消息集合来表示,每一种消息都提供专用的功能,并用 ICMP 类型和代码来表示。对网络控制或探测的其他功能,ICMP 也提供了相应的类型和代码来处理。

　　ICMP 报文虽然细分为很多类,但总的来看,可以分为如表 5-1 所示的两大类:差错报告和查询报文,也常有把差错报告进一步分为差错报告和控制报文的。报文的不同功能由报文中的类型字段和代码字段共同决定。

　　ICMP 所有报文类型字段可以有 15 个不同的值,用以描述特定类型的 ICMP 报文。其中类型 15 和 16 已废弃不用。大多数 ICMP 报文还使用代码字段的值来进一步描述不同的条件。

表 5-1　ICMP 报文的分类

ICMP 报文种类	类　　型	描　　述
差错报告报文	3	目的不可达
	4	源站抑制
	5	路由重定向
	11	时间超时
	12	参数问题
查询报文	8 或 0	回显请求或应答
	10 或 9	路由器询问或通告
	13 或 14	时间戳请求或应答
	17 或 18	地址掩码请求或应答

根据不同的 ICMP 报文类型和代码,ICMP 报文的其他部分也有不同的内容,本章将分别对各类主要报文及其用途做详细介绍。

5.2.3　ICMP 差错报告

1. ICMP 差错报告的特点

ICMP 差错报告具有以下特点。
- 只报告差错,但不负责纠正错误,纠错工作留给高层协议去处理。
- 发现出错的设备只向信源报告差错。
- 差错报告作为一般数据传输,不享受特别优先权和可靠性。
- 产生 ICMP 差错报告的同时,会丢弃出错的 IP 数据报。

需要注意的是,下列情况下将不会产生 ICMP 差错报文。
- 在对 ICMP 差错报文进行响应时,永远不会生成另一份 ICMP 差错报文。但 ICMP 查询报文可以产生 ICMP 差错。
- 广播或多播的 IP 数据报。
- 作为链路层广播的数据报。
- 不是 IP 分片的第一片。
- 源地址是零、环回地址、广播或多播地址。

当发送一份 ICMP 差错报文时,报文始终包含产生 ICMP 差错的 IP 报文的首部和 IP 报文中数据的前 8 个字节。这样,接收 ICMP 差错报文的模块就会把它与某个特定的协议(根据 IP 数据报首部中的协议字段来判断)和用户进程(根据包含在 IP 数据报前 8 个字节中的 TCP 或 UDP 报文首部中的 TCP 或 UDP 端口号来判断)联系起来,进而可以进行针对性的处理。

ICMP 差错报文主要有目的不可达、时间超时和参数问题,源站抑制和路由重定向是具有控制作用的差错报文。

2. ICMP 目的不可达

目的不可达差错报文主要用于当路由和传输错误阻止 IP 数据报抵达其目的地时计入文档。网关在寻找路由和转发数据报的时候，可能因为各种原因不能够转发成功，比如目的机不在运行中（关机或故障）、目的地址不存在或者网络没有去往目的地的路由，这时网关都会产生目的不可达的 ICMP 差错，返回给源主机。

如图 5-3 所示是类型 3 目的不可达的差错报文格式。

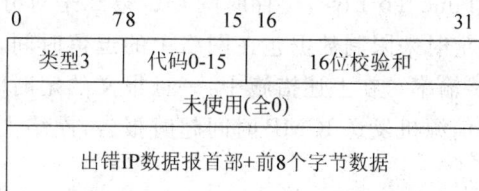

```
0        78      15 16                    31
┌───────┬─────────┬──────────────────────┐
│ 类型3 │ 代码0-15│      16位校验和       │
├───────┴─────────┴──────────────────────┤
│              未使用(全0)                │
├─────────────────────────────────────────┤
│     出错IP数据报首部+前8个字节数据      │
└─────────────────────────────────────────┘
```

图 5-3　ICMP 目的不可达报文格式

目的不可达，需要区分的情况比较多，这时代码值就十分重要。对应的代码及含义如表 5-2 所示，处理方法请参阅参考文献或有关教材。

表 5-2　ICMP 类型 3 代码描述

代码	描　述	代码	描　述
0	网络不可达	8	源主机被隔离
1	主机不可达	9	目的网络被强制禁止
2	协议不可达	10	目的主机被强制禁止
3	端口不可达	11	因服务类型 TOS 网络不可达
4	需要分片但设置了不分片	12	因服务类型 TOS 主机不可达
5	源站选路失败	13	因过滤通信被强制禁止
6	目的网络不认识	14	主机越权
7	目的主机不认识	15	优先权终止生效

从表 5-2 可以看出，所谓目标有 4 个层次的概念，从大到小依次为网络、主机、协议和端口，各层次存在相应的依赖关系。例如，全局性的协议地址包括网络地址、主机地址和协议地址，全局性的主机地址则包含网络地址和主机地址，否则不能在 Internet 上使用，发往某个协议地址则可能引发网络不可达、主机不可达或协议不可达错误。

由于寻找路由是基于网络地址的，所以网络不可达说明存在寻找路由故障。

如果出现主机不可达错误，则必然不会发生网络不可到达的故障，而且说明寻找路由是正常的，因此主机不可到达的问题是传输过程中的问题。例如，目的主机不在运行中或者目的主机不存在，这些问题是路由中的最后一个网关，既目的主机所在网络上的网关，通过网络硬件提供的应答机制发现的。

协议和端口不可达，这两种报文涉及更高级的协议，由目的主机本身所产生。实际上是 IP 报文虽然到达目的主机，但是没有办法被高层应用软件接收。由于高层软件往往采用多重协议，而同一协议则可能通过不同协议端口同时处理多个访问，因此 IP 数据报的信宿可能深入到协议和端口的深层结构。协议号和端口号如同网络地址和主机地址一样也作为数据报目的地址的一部分,因此协议和端口不可到达在概念上也如同网络和主机不可达一样。

源主机可以从返回的 ICMP 差错报文中出错数据报的报头发现通信双方的有关信息,如目的主机的确切地址和协议类型等信息,从 IP 数据的前 8 个字节里获得上层协议的端口地址等内容。

3. 时间超时

在 Internet 网络中,为了防止出现路由循环,TCP/IP 采取了两个措施,一个是每个 IP 数据报的报头设置 TTL(Time To Live,生存时间)域,第二是对分片数据报采用定时器计数。其核心思想就是通过定时来限制数据包在网络中的逗留时间,以防出现不可忍受的传输延迟,从而提高网络的传输率。在上述措施中,一旦报文的定时时间到,网关或信宿机都要立即抛弃本数据报并向信源机发送 ICMP 时间超时报告,网络上所有的路由器都不会转发超时的报文。

由此可见,时间超时差错报文用于指示 IP 数据包的 TTL 或分片 IP 数据报的重组定时器超时,其类型为 11,代码取值为 0 或 1,其中 0 代表 TTL 超时错误,1 代表分片重组超时。

在路径探测中,超时报文也具有特别的重要作用,内容在后面介绍。

4. 参数问题

参数问题主要是用于指示在入站数据包的 IP 首部的数据或者 IP 选项的数据发生了某些问题,网关或主机不得不抛弃数据报时,将会向源主机发送参数错误的 ICMP 报文。

不过 ICMP 参数问题差错报文的功能很弱,仅能够指出报文首部中引起故障的字节,对一些模糊的问题进行表述,一般都还需要进一步的处理。

5.2.4　ICMP 控制报文

ICMP 差错报告中具有控制功能的报文包括源抑制报文和重定向报文,其中源站抑制报文用于拥塞控制,路由重定向报文则用于路径控制。

1. 源站抑制

也叫源抑制,是指通过向相应的信源发送 ICMP 源抑制报文,信源根据收到的源抑制报文中所带的先前发出的 IP 数据报的首部信息,决定对去往某一特定信宿的信息流进行抑制,通常是减缓信源发出数据报的速率,以实现拥塞控制。

在网络通信过程中,当大量的数据报进入路由器或信宿时,会造成缓冲区溢出,即出现拥塞。引起网络拥塞的原因,可能是网关的处理速度太慢,不能完成对大量用户数据包的处理,或者是网关输入数据的速率大于输出线路的容量,许多数据同时通过同一网关转发就可能导致拥塞。从本质上讲,拥塞的原因都在于没有足够的数据缓冲区,只要有足够的数据缓冲区,网关或主机往往总能将数据存入队列等待处理。

拥塞控制的方法很多,TCP/IP 采用源抑制技术,即抑制信源发出数据包的速率。通常,网关周期性的测试每条输出线路,一旦发现某条输出线路发生拥塞,立即向相应的信源机发送 ICMP 源抑制报文,根据网关输出队列的情况会有不同的发送方式。信源机收到源抑制报文后,按一定的速率降低发往某信宿的数据报速率。拥塞解除后,信源机要恢复数据报传输速率。数据传输恢复的过程,与 ICMP 无关,完全由主机自行解决。

源抑制报文类型为 4,码值只有一个为 0。

2. 路由重定向

路由重定向差错是指通过路由器发送重定向报文,网络上主机中的路由表也可以得到更新。

网络上的路由器和主机中都存有一个路由表,路由表决定了去往目的地的下一跳路由器的地址。路由器上的路由表通过不同的路由协议在路由器之间定期交换路由信息(参见第 6 章),以保证其能及时地反映网络结构的变化。

主机路由表所给出的下一跳路由器可能并非是去往信宿的最佳下一跳路由器。当主机的下一跳路由器收到数据报后,该路由器根据它的路由表判断本路由器是否是去往信宿的最佳选择,如果不是,该路由器仍然会向信宿网络转发该数据报,但在转发的同时会产生一个 ICMP 重定向报文,通知信源主机修改它的路由表,重定向报文中将给出信源最佳下一跳路由器的 IP 地址。重定向报文格式如图 5-4 所示。

重定向是路由器向主机发送的、请求主机改变路由的 ICMP 差错报文,主机操作系统决定了对重定向报文的处理。Windows 和许多 UNIX 系统都支持 ICMP 重定向,即对于网关返回的 ICMP 重定向报文,系统会在主机的路由表中修改或添加一项主机路由。

对路由器而言,收到 ICMP 重定向报文的一般处理是丢弃。但在关闭 IP 路由的情况下,某些类型的路由器,如 Cisco 路由器,会接收 ICMP 重定向报文并修改自己的路由表,即在 IP 路由关闭的情况下,路由器会作为主机操作。若这个漏洞被攻击者利用来发送伪造的 ICMP 报文,可能导致 IOS 路由表被修改,从而破坏或截获通信。

类型5	代码0-3	16位校验和
目的路由器的IP地址		
引起重定向的IP报文首部及数据部分的前8个字节		

图 5-4　ICMP 重定向报文格式

如图 5-4 所示,ICMP 重定向报文类型为 5,代码有 4 个可选值,即 0~3,其中 0 和 2 与网络重定向有关,1 表示主机重定向,3 表示对服务类型和主机重定向。报文中目标路由器的 IP 地址即给出了去往信宿的最佳下一跳路由器的 IP 地址。

特别要注意的是,原则上重定向报文是由路由器产生而供主机使用的。

5.2.5　ICMP 查询报文

ICMP 查询报文的出现使得互联网上的任何主机或路由器可以向其他主机或路由器发送请求并获得应答。

通过 ICMP 查询报文使得网络管理员、用户或应用程序可以对网络进行检测,了解设备的可达性、地址掩码的设置、时钟的同步等情况,利用这些有用的信息对网络进行故障诊断和控制。

1. 回显请求与回显应答

回显请求报文用于向特定的信宿机发送一个回显请求,其中包含一个任选的数据区。信宿收到回显请求报文即发回相应的回显应答,其中包含一个请求中数据区的拷贝。

假如回显请求发出后,成功地收到一个回显应答,同时应答中的数据拷贝与请求中的数据完全一致,则不但说明信宿机可以到达,而且说明数据报传输系统的相当部分工作是正常的,至少,信源机和信宿机的 IP 协议软件和 ICMP 协议软件是工作正常的,请求与应答经过的中间网关也能正常寻找路由。

由此可见,ICMP 回显请求和应答不仅可以被用来测试主机或路由器的可达性,还可以测试 IP 协议的工作情况。这对于在网络工程实践中判定网络状况有着直接的帮助。

ICMP 回显请求与应答报文的格式如图 5-5 所示。

类型“8”表明是回显请求报文,代码只有一个,为 0。类型“0”表明是回显应答报文,代码也是只有一个,为 0。数据部分则由于协议的不同实现,其内容和长度会有所不同。

0	78	15 16	31
类型8或0	代码0	16位校验和	
标识		序列号	
发送方指定的数据(接收方原样发回)			

图 5-5　ICMP 回显请求与应答报文

协议未对标识符和序列号字段进行正式定义,通常将标识符和序列号用于匹配请求与应答,标识符一般为发起请求进程的进程 ID,回应请求与应答报文的标识符和序列号要一致。

最典型和常用的 ping 命令的功能就是利用 ICMP 回显请求与应答报文来实现的。

2. 路由器询问或通告

路由器询问或通告是利用 ICMP 来实现路由器初始化路由表的一种方法。

一般认为,主机在引导以后,要广播或多播传送一份路由器询问报告,也叫路由器请求报文。路由器请求报文的格式如图 5-6 所示,报文中没有更多的内容,通过类型 10 和代码 0 表明这是一个 ICMP 的路由器请求报文。

0	78	15 16	31
类型10	代码0	16位校验和	
未用(0)			

图 5-6　ICMP 路由器请求报文

网络上的一台或多台路由器响应一份路由器通告报文,报文的格式如图 5-7 所示。

0　　　　　78　　　　　15 16　　　　　　　　　31		
类型9	代码0	16位校验和
地址数	地址项长度2	生存时间
路由器地址1		
优先级1		
路由器地址2		
优先级2		
…		

图 5-7　ICMP 路由器通告报文

路由器通告报文类型为 9,代码为 0,报文中地址数指在数据包中公告的路由器地址个数;地址项长度则用于定义所公告的每个路由器地址按 4 字节计算的个数,这个值始终为 2;生存时间是指这个路由信息可以被认为有效的最大秒数;路由器地址和优先级可以有一对或多对,表示发送的可用路由器的 IP 地址和优先级,优先级值越大,代表该地址的路由器越可能成为用于本地主机的默认网关。从报文结构可见,一条路由器通告中可以通告多个地址。

除了当路由器启动的时候会定期地在所有广播和多播传送接口上发送路由器通告报文以外,路由器也会定期的广播或多播传送其路由器通告报文,以允许每个正在监听的主机相应的更新它们的路由表。另外,路由器还要监听来自主机的请求报文并发送响应的路由器通告报文。

在较复杂的网络里,往往采用动态路由协议来实现路由通告,比如 RIP(Route Information Protocol,路由信息协议)等,这部分内容将在第 6 章介绍。

3. 时间戳请求与应答

ICMP 时间戳请求允许系统向另一个系统查询当前的时间,返回的建议值采用 UTC (Universal Time Coordinated,协调的统一时间)计时方式的自午夜开始计算的毫秒数。

ICMP 时间戳请求和应答的报文格式如图 5-8 所示。

0　　　　　78　　　　　15 16　　　　　　　　　31		
类型13或14	代码0	16位校验和
标识符		序列号
发起时间戳		
接受时间戳		
传送时间戳		

图 5-8　ICMP 时间戳请求和应答报文

类型 13 为时间戳请求报文,类型 14 为时间戳应答报文,代码固定为 0。

请求端填写发起时间戳，然后发送报文。应答系统收到请求报文时填写接收时间戳，在发送应答时填写传送时间戳。实际上，大多数的实现把后面两个字段都设成相同的值（提供3个字段的原因是可以让发送方分别计算发送请求的时间和发送应答的时间）。这个报文格式是固定的，没有可选数据，所以其长度是固定的。

时间戳请求和应答报文可以用于估算请求主机和信宿机两地的时间差。首先计算出时间戳请求和应达报文的往返时间，并把这个时间作为一般数据包的往返时间：通过初始时间戳与信源机收到应答时的当前时间，两者相减，便是往返时间。再通过接受时间戳和发起时间戳，计算出报文到达信宿机的时间，用接受时间戳减去发起时间戳即可。最后用这个时间减去往返时间的一半计算出两地时差。当然，由于数据报在网络上传输的随机性，事实上上述的往返时间也不太准确，甚至采用多次测量求平均值也不一定准确。

由于UTC是基于原子时的，因此这种ICMP报文的好处是提供了毫秒级的分辨率。但其不足之处是由于返回的时间是从午夜开始计算的，因此调用者必须通过其他方法获知当时的日期。

更严格的计时器使用NTP（Network Time Protocol，网络时间协议），该协议在RFC 1305中给出了描述。最新的NTP版本是第4版（NTP Version 4），其标准化文档为RFC 5905。NTP是用来使网络中的各个计算机时间同步化的一种协议，可以提供高精准度的时间校正，在局域网内可达0.1ms，在互联网上绝大多数的地方其精度可以达到1～50ms。NTP还提供一定的安全机制来防止网络攻击。

目前网络时间同步技术还在向更高精度、更强的兼容性和多平台的适应性方向发展。

4. 地址掩码请求与应答

ICMP地址掩码请求用于无盘系统在引导过程中获取自己的子网掩码。与利用RARP来获取IP地址类似，系统在引导过程中广播地址掩码请求报文，希望从网络上获取子网掩码。RFC规定，除非系统是地址掩码的授权代理，否则它不能发送地址掩码应答，大多数主机在收到请求时都发送一个应答，甚至有一些主机还发送错误的应答。

ICMP地址掩码请求与应答报文格式如图5-9所示。

<table>
<tr><td>0   7</td><td>8   15</td><td>16   31</td></tr>
<tr><td>类型17或18</td><td>代码0</td><td>16位校验和</td></tr>
<tr><td colspan="2">标识</td><td>序列号</td></tr>
<tr><td colspan="3">32位子网掩码</td></tr>
</table>

图5-9 ICMP地址掩码请求与应答报文

类型17为地址掩码请求，类型18为地址掩码应答。代码固定为0。ICMP报文中的标识符和序列号字段由发送端任意选择设定，这些值在应答中将被返回。这样，发送端就可以把应答与请求进行匹配。获得地址掩码的另一个方法是通过BOOTP来进行。

5.3　ICMP 测试和故障诊断程序

目前网络中用于 ICMP 测试和故障诊断的主要应用程序就是 ping 和 traceroute 程序。

5.3.1　ping 程序

ping 是调试网络的基本工具，利用的就是最常用的 ICMP 回显请求与应答机制，最基本的用途就是测试网络的连通性。ping 检查是否有数据报被丢弃、复制或重传，这一般是通过在程序中连续地发送多个有不同序列号的 ICMP 请求，通过比较收到的 ICMP 应答的序列号来实现。ping 程序还校验每一个收到的数据报，确定数据是否损坏。

ping 程序还能够通过在其所发送的数据报中存放发送请求的时间值，根据应答返回时的时间信息计算数据包的往返时间（Round trip time，RTT），据此可以推断网络通信状况。

不同操作系统下 ping 程序的功能都类似，但命令格式特别是参数的形式有所不同。实验 5-1 中给出了 Windows 系统下 ping 程序命令的基本使用格式和参数。其他操作系统中的 ping 程序命令及参数的用法请参考相关资料。

利用 IP 选项，ping 程序还可以支持记录路由和时间戳信息。不同版本的 ping 程序都具有 -r 选项，以提供记录路由（Record Route，RR）的功能，让 ping 程序在发送出去的 IP 数据报中设置 IP RR 选项（该 IP 数据报包含 ICMP 回显请求报文）。每个处理该数据报的路由器都把它的 IP 地址（通常是路由器数据出口的地址）放入选项字段中。当数据报到达目的端时，IP 地址清单应该复制到 ICMP 回显应答中。这样返回途中所经过的路由器地址也被加入清单中。当 ping 程序收到回显应答时，它就打印出这份 IP 地址清单。在具体实现上，UNIX 类系统就是这样的，并且记录路由选项的路由器总是把出口的 IP 地址加入清单。

IP 首部中选项的最大字节数是 40，这样记录路由的最大的问题是 IP 首部中用来存放路由器 IP 地址的空间很有限。IP 首部记录路由的一般格式如图 5-10 所示。选项说明字段用去前 3 个字节，这样只剩下 37 个字节来存放 IP 地址清单，也就是说只能存放 9 个 IP 地址。一个字节长的 code 指明 IP 选项的类型。对于 RR 选项来说，它的值为 7。length 是 RR 选项总字节长度，ping 程序总是提供 39 字节的选项字段，对目前的网络来说，这已经不够用了。

ptr 称为指针字段。它是一个基于 1 的指针，指向存放着下一个路由器 IP 地址的位置。它的最小值为 4，指向存放第一个 IP 地址的位置。随着每个 IP 地址存入清单，ptr 的值相应增加，如图 5-10 所示中 ptr 指示的那样。

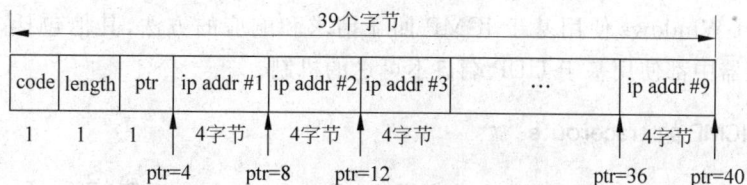

图 5-10　IP 首部记录路由选项的格式

IP 时间戳选项的处理上与记录路由选项类似,但选项说明字段用 4 个字节,报文格式如图 5-11 所示。其中,code 的值 0x44,表示 IP 选项是时间戳选项,length 和 ptr 字段与记录路由选项相同。另外,增加了两个长度都是 4 位的字段 OF 和 FL。OF 为溢出字段,取 1 表示数据溢出,即选项空间不够完全记录数据。FL 为标志字段,取 0,则选项只记录时间戳;取 1,则选项要记录每台路由器的 IP 地址和时间戳。

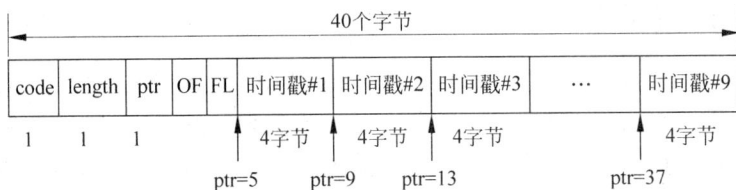

图 5-11　IP 首部记录时间戳选项的格式

若要在 IP 选项中同时记录时间戳处的路由器地址,就必须用 8 个字节才能够同时记录位置和时间,这样 IP 选项最多记录 4 个路由器的时间戳。

ping 程序的使用也在随着技术的发展而变化。曾经还可以作出这样没有限定的断言:如果不能 ping 到某台主机,那么就不能 Telnet 或 FTP 到那台主机。随着 Internet 安全意识的增强,出现了提供访问控制清单的路由器和防火墙,那么像这样没有限定的断言就不再成立了。一台主机的可达性可能不只取决于 IP 层是否可达,还取决于使用何种协议以及端口号。ping 程序的运行结果可能显示某台主机不可达,但仍然可以用 Telnet 远程登录到该台主机的某些端口,例如,25 号端口(邮件服务器)。

5.3.2　traceroute 程序

traceroute 程序(Windows 下程序名称为 tracert.exe)可以使用户获得 IP 数据报从一台主机传输到另一台主机所经过的路由。traceroute 还可以利用 IP 选项来支持源站选路。

如果要查看 IP 数据报经过的路径,使用 ping 程序的 IP 记录路由选项就可以实现。但由于网络上不是所有的路由器都支持记录路由选项,并且利用 ping 程序记录下来的路由器地址要记录往返的节点地址,这样来回记录使得数据增加了一番。更主要的是 IP 首部中记录路由选项的空间有限,而目前网络的规模又越来越大。这些都大大地限制了利用 ping 程序的 IP 记录路由选项来获得路径的效能,而 traceroute 则是代替其功能的有效实现。

traceroute 的工作原理主要是利用 ICMP 差错报文中超时机制和 IP 首部中的 TTL 字段设置来实现的。不同的操作系统或环境中,traceroute 程序的具体实现上有所不同,主要有基于 ICMP 或基于 UDP 的两种方式。

Microsoft Windows 使用基于 ICMP 回显请求和响应的方法,其他包括 UNIX、Linux 和 Cisco 路由器中都使用基于 UDP 端口不可达的机制。

1. 基于 ICMP 的 traceroute

traceroute 程序基于 ICMP 回显请求(Echo Request)、回显应答(Echo Reply)和时间超时(TTL-expired)来实现,完全基于 ICMP,因而也可简称 ICMP traceroute。

这时,程序的工作机制描述如下。

（1）首先源主机发出 ICMP Echo Request,第一次 Echo request 的 TTL 设置为 1,第二次 Echo request 的 TTL 设置为 2,依此递增直至第 30 次,实际程序中每次一般会发出多个（常常是 3 个）Echo request 报文来避免网络传输带来的偶然错误。

（2）中间的路由器对收到的 ICMP 报文中 IP 首部的 TTL 做递减操作,如果 TTL 值为 0 或 1,就对源主机送回 ICMP TTL 超时报文（TTL-expired,ICMP type 11）,ICMP 请求报文同时因 TTL 超时而被丢弃。

（3）源主机递次地收到中间路由器发回的 ICMP TTL-expired 差错报文,由此知晓去往目的地所经过的每一个路由器。

（4）最后的 ICMP Echo Request 报文到达目的节点时,送回 ICMP Echo Reply,源主机收到这个 Echo Reply 报文便知道已经完成了路径探索,就不再发送 TTL 增加的 Echo Request 报文而是结束程序。

2. 基于 UDP 的 traceroute

这种 traceroute 程序源主机发出的是 UDP 报文段,使用特别的 UDP 端口号,利用 ICMP 时间超时（TTL-expired：type 11）和 ICMP 端口不可达（port unreachable：type 3, code 3）差错报文来实现。由于程序基于 UDP 报文的发送,因此可称为 UDP traceroute。

UDP traceroute 程序的工作机制描述如下。

（1）源主机发出 UDP 报文段（可把这样的报文称为 UDP 探针）。探针报文的源端口使用随机的任何大于 32 768 的高段端口,报文的目标端口则从 33 434 开始,在后续的每个报文段中依此递增,直至 33 434+29 即 33 463。同时承载这些 UDP 探针的 IP 报文的 TTL 从 1 开始依此递增,直至 30（最多发送 30 个 UDP 探针）。

（2）和 ICMP traceroute 程序的工作过程一样,中间的路由器会送回 ICMP TTL-expired 差错报文,使得源主机得知中间的每一个路由器。

（3）UDP 探针报文到达最后的目标节点时,因为任何主机上都没有应用使用 UDP port 大于 32 768 这样的高段端口,所以目标节点送回 ICMP 端口不可达（port unreachable）差错报文。

traceroute 工作时会因为中间路由器的设置使得路由器不回送 TTL-expired 包,这样源主机上将看不到中间路由器地址,但却看得到报文最后到达目的主机时回送的响应。

某些网络设备,如 Cisco 的路由器,可以使用 extended-traceroute 命令修改 UDP 探针使用的起始 33 434 端口号。

3. IP 源站选路选项

traceroute 和 ping 程序命令都提供了源路由选项。下面对此做简要说明。

源路由即源站选路（source routing）,其思想是由发送者指定路由。通常源路由分两种形式：严格源路由和宽松源路由,其差别是严格源路由所指定的下一个路由器不在其直接连接的网络上,那么就返回一个"源站路由失败"的 ICMP 差错报文（类型为 3,代码为 5）,而宽松源路由则允许数据报在清单上指明的任意两个地址之间可以通过其他路由器。

源路由的实现通过采用 IP 选项来记录路由信息,其报文格式与图 5-10 所示的 IP 记录路由选项相同。宽松源路由的 code 取值为 0x83,严格源路由的 code 取值为 0x89。

源路由数据包在发送的过程中,会对选项中的 IP 地址清单进行更新。发送主机从应用程序接到源路由清单后,先将第一个表项取出,将所有剩余的地址向左移一格位置,并将最终目的地址作为清单的最后一项,再把 ptr 指针指向清单的第一项,然后将取出的第一个表项地址作为下一跳地址发送报文。数据包到达目的主机时,且指针大小比选项长度小,路由器会将指针指向的 IP 地址填入数据包的目的 IP 地址字段,将数据包外出接口的 IP 地址填入到指针指向的位置(outgoing interface),然后将指针加 4 指向下一个 IP 地址,再重新发送给这个新的 IP 地址。如果指针大小比选项长度大,说明已经到达了列表末尾,这个主机就是最终的目的主机。

如果数据包含有宽松源路由选项,那么数据包转发过程中,如果自己不是目的主机,则会继续转发,不对 IP 列表进行操作。

当一个应用程序接收到有源路由指定路由的数据时,在发送应答时,应该读出接收到的路由值,并提供反向路由。

IP 源站选路一度曾经是网络攻击者借用的手段,因此目前许多路由器对带有源站选路的报文都会设置为不予处理。相关内容请参考网络安全方面的资料。

5.4　小结

(1) ICMP 可提供有关网络可连接性的信息,提供可达性、交互错误、路由错误报告及控制信息等 IP 不能够提供的信息,并把信息返回给发送方,是 TCP/IP 网络层的重要协议。

(2) ICMP 报文是封装在 IP 数据报内作为 IP 报文的数据被传输的。ICMP 报文除了首部 4 个字节一致外,并没有一个统一的报文格式,而是采用不同的类型和代码值来区分各种类别的 ICMP 报文。

(3) ICMP 差错报文对 IP 通信中产生的各种差错向源端进行报告,差错报文始终包含产生 ICMP 差错的 IP 报文的首部和 IP 报文中数据的前 8 个字节。

(4) ICMP 差错报告中具有控制功能的报文包括源抑制报文和重定向报文,其中源站抑制报文用于拥塞控制,路由重定向报文则用于路径控制。重定向报文可以对主机路由表进行更新。

(5) ICMP 查询报文中最常用的是 ICMP 回显请求与应答报文,其他还有路由器询问与通告、地址掩码请求和应答及时间戳请求和应答报文。这些都属于典型的请求—应答报文,通过 ICMP 报文中的标识符和序列号,使得客户程序可以在应答和请求之间进行匹配。

(6) 利用 ICMP 的重要应用程序有 ping 程序和 traceroute 程序,在网络工程实际中用作测试网络状况、获取路径信息的工具。

(7) 记录路由、时间戳和源站选路等应用都可以利用 IP 选项、ping 程序和 traceroute 程序相结合来实现。

5.5　习题

1. 分析 ping 程序实现 IP 记录路由选项和时间戳选项的原理。

2. 分析 traceroute 工作的原理,尝试验证具体系统中 traceroute 程序的不同实现方法。

3. 什么叫宽松的 IP 源站选路和严格的源站选路？

4. 如何利用 netstat 命令查看主机收发的 ICMP 报文类型？

实验

实验 5-1 ICMP 回显查询报文

1. 实验说明

通过运行 ping 程序，在真实网络环境中观察分析 ICMP 回显请求和响应报文，理解 ICMP 查询报文的格式和工作特点。

Windows 系统下 ping 程序命令的基本格式和参数如下。

ping [-t] [-a] [-n count] [-l length] [-f] [-i TTL] [-v TOS] [-r count] [-s count]
  [[-j host-list] : [-k host-list]] [-w timeout] target_name

主要参数的用法及含义如下。

(1) -t：校验与指定计算机的连接，直到用户中断。

(2) -a：将地址解析为计算机名。

(3) -n count：发送由 count 指定数量的回显请求报文，即 ECHO 报文，默认值为 4。

(4) -l length：发送包含由 length 指定数据长度的回显请求报文，默认值为 32 字节，最大值为 8192 字节。

(5) -f：在 IP 首部中设置"不分片"标志，使包不被网络上的路由器分片。

(6) -i TTL：将 IP 首部的"生存时间"字段设置为 TTL 指定的数值。

(7) -v TOS：将 IP 首部的"服务类型"字段设置为 TOS 指定的数值。

(8) -r count：在 IP 首部选项中的"记录路由"字段中记录发出报文和返回报文的路由。指定的 count 值最小为 1，最大为 9。

(9) -s count：在 IP 首部选项中的"时间戳选项"字段中记录由 count 指定的转发次数的时间戳，也可以同时记录转发节点的 IP 地址。

(10) -j host-list：经过由 host-list 指定的计算机列表的路由报文。中间网关可能分隔连续的计算机（松散的源路由）。允许的最大 IP 地址数目是 9。

(11) -k host-list：经过由 host-list 指定的计算机列表的路由报文。中间网关不能分隔连续的计算机（严格源路由）。允许的最大 IP 地址数目是 9。

(12) -w timeout：以毫秒为单位指定超时间隔。

(13) target_name：指定要校验连接的远程计算机。

ping 程序命令的参数较多，部分参数的用法和 Linux 系统中有所不同，实验时要注意区分。

2. 实验环境

Windows 或 Linux 操作系统及网络环境（主机有以太网卡并连接局域网或 Internet），安装有 Wireshark 1.10。

3．实验步骤

步骤 1　在实验计算机上先启动 Wireshark，过滤器可以设置为只查看 ICMP 报文。

步骤 2　在实验计算机上打开命令行窗口，对网络中存在的主机节点，如本局域网中某个主机或互联网上的主机，运行如下命令 ping：

```
C:\> ping 192.168.0.100
```

或

```
ping www.baidu.com
```

Windows 系统中的 ping 程序一般都是发送 4 个 32 字节数据的 ICMP 回显请求报文，查看捕获的数据包中回显请求与响应包的对应关系。

步骤 3　对网络中不存在的 IP 地址，如本局域网中或互联网上不存在的主机，运行 ping 命令，观察能捕获到什么样的报文。

4．实验报告

记录自己的实验过程和实验结果，分析 ICMP 回显请求和响应报文组成，理解 ICMP 查询报文的实现过程和工作特点。

5．思考

(1) 比较 Windows 和 Linux 系统中 ping 程序命令的用法的异同。

(2) UNIX 环境下的 ping 程序实现中，采用在发出的 ICMP 回显请求报文里存放发送请求的时间值，再根据应答返回时的时间信息计算 RTT。Windows 是这样得到 RTT 的吗？读者打算如何搞清楚这一点？

实验 5-2　ping 程序和 IP 选项

1．实验说明

通过运行 ping 程序，指定记录路由或时间戳，在真实网络环境中观察分析带有 IP 记录路由选项和 IP 时间戳选项的 ICMP 回显请求和响应报文，理解 IP 记录路由选项和时间戳选项的报文格式和工作特点。

2．实验环境

Windows 或 Linux 操作系统及网络环境（主机有以太网卡并连接局域网或 Internet），安装有 Wireshark 1.10。

3．实验步骤

步骤 1　在实验计算机上先启动 Wireshark，过滤器可以设置为只查看 ICMP 报文。

步骤 2　在实验计算机上打开命令行窗口，查看 ping 程序的用法，Windows 下执行命令"ping /?"，Linux 下执行命令"♯man ping"。

步骤 3　选择网络中与实验主机之间有多个路由器的网络主机节点,如互联网上的主机,运行带有记录路由选项的 ping 命令(注意 Windows 和 Linux 下的命令格式不同)。

```
C:\>ping -r n www.sohu.com
```

命令中的 n 取值在 1～9,表示选项中要记录的路由数。

查看捕获的回显请求与响应包中的 IP 报文,特别注意观察 IP 首部和选项部分的内容,比较发出的请求报文和对应的响应报文中 IP 选项部分的内容。

步骤 4　选择网络中与实验主机之间有多个路由器的网络主机节点,如互联网上的主机,运行带有时间戳选项的 ping 命令(注意 Windows 和 Linux 下的命令格式不同):

```
C:\>ping -t n www.sohu.com
```

命令中的 n 取值在 1～4,表示选项中要记录的时间戳数。

查看捕获的回显请求与响应包中的 IP 报文,特别注意观察 IP 首部和选项部分的内容,比较发出的请求报文和对应的响应报文中 IP 选项部分的内容。

4．实验报告

记录自己的实验过程和实验结果,分析 IP 记录路由选项和时间戳选项的报文组成,理解 IP 记录路由和时间戳选项的实现过程和工作特点。

5．思考

32 位的时间戳数值的表示方法是怎么样的? 计算一下实验中获得的时间戳数值表示的时间是多少。

实验 5-3　ICMP 重定向差错报文

1．实验说明

利用 GNS3 构建实验虚拟网络,通过捕获路由器转发过程中数据包的分析,观察 ICMP 重定向现象,掌握 ICMP 重定向报文格式和重定向工作原理,理解重定向更新路由表的方式及重定向对网络安全的影响。

2．实验环境

Windows 操作系统及网络环境(主机有以太网卡并连接局域网),安装有 GNS3 0.8.3.1 (安装时选择安装有 VPCS),Wireshark 1.10。

3．实验步骤

步骤 1　在 GNS3 中建立如图 5-12 所示的实验拓扑,图中除标识 IP 地址外,还把几个主要的 MAC 地址作为示例也标注在图中,实验时以实际 MAC 为准。图中 C1 为 Virtual PC,启动 VPCS,运行以下命令。

```
VPCS[1]ip 10.1.1.1 /24 10.1.1.2
```

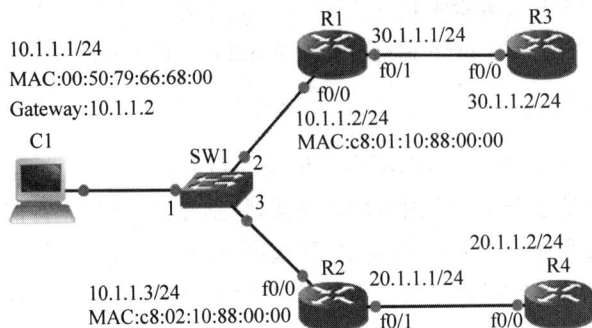

图 5-12　ICMP 重定向实验拓扑

将 C1 的 IP 地址设为 10.1.1.1/24,默认网关指向路由器 R1(10.1.1.2)。

各路由器均选择 Cisco 2621,均配置运行 RIPv2。各个路由器的配置过程都相似,下面仅以 R1 为例,说明路由器接口配置。R1 配置命令如下。

```
R1(config)# inte f0/0
R1(config-if)#no shut
R1(config-if)# ip addr 10.1.1.2 255.255.255.0
R1(config-if)#exit
R1(config)# inte f0/1
R1(config-if)# no shut
R1(config-if)# ip addr 30.1.1.1 255.255.255.0
```

配置 RIPv2 命令如下。

```
R1(config)# router rip
R1(config-router)# network 10.1.1.0
R1(config-router)# network 30.1.1.0
R1(config-router)# version 2
```

将 4 个路由器都配置好后,很快各个路由器上均有了路由表信息,可以用 show ip route 命令在各个路由器上查看验证。

步骤 2　观察 ICMP 重定向对数据包路由的影响。

实验观察 C1 发往 R4 的数据转发情况。在 R1 的 f0/0、R2 的 f0/0 接口处启动抓包,然后在 C1 的命令提示符下,输入以下命令。

```
VPCS[1]ping 20.1.1.2
```

重定向功能在路由器上是默认启用的,记录在 C1 上看到的输出信息,观察重定向的发生。

注意,R1f0/0 处收发的分组链路层帧的 MAC 地址,记录重定向发生前后 C1 上 ping 程序产生的 ICMP 分组的 MAC 地址。

观察由 R1f0/0 发往 R2f0/0 接口的分组的变化情况,注意在 Wireshark 中捕获到的 ICMP 重定向报文的内容。

步骤 3　观察关闭重定向后的数据转发。

运行下列命令,在路由器 R1 的 f0/0 接口关闭 ICMP 重定向。

```
R1(config)♯int f0/0
R1(config-if)♯no ip redirect
```

再次在 C1 上运行命令"ping 20.1.1.2",由于 R1 已经关闭重定向功能,C1 发出的数据将首先经过默认网关再转发,即按照 C1→R1→R2→R4 这样的走向。在 R1 上进行抓包观察验证。

步骤 4　修改图 5-12 的 C1 为直接利用路由器在 GNS3 中模拟主机。

观察用路由器模拟主机,重复上述实验的过程。

路由器在关闭路由功能后将接收 ICMP 重定向,对路由器的恶意攻击有可能利用这一点来实施。

4. 实验报告

记录自己的实验过程和实验结果,分析 ICMP 重定向差错报文的组成,理解 ICMP 重定向的原理和工作特点。认识关闭路由器路由功能时重定向引起的安全问题。

5. 思考

(1) 用 VMware 虚拟机充当主机进行 ICMP 重定向,实验将如何实现?

(2) 要设计怎样的网络工作状况才可以观察到其他类型的 ICMP 差错报文? 如主机不可达或端口不可达。

实验 5-4　traceroute 程序

1. 实验说明

通过捕获 traceroute 程序工作过程中收发数据包的分析,掌握 traceroute 程序的工作原理,掌握 ICMP 超时差错报文格式,理解 traceroute 程序基于 ICMP 和 UDP 的不同实现方式,理解 IP 源站选路的工作特点和报文格式。

traceroute 程序的命令格式与其在不同操作系统中的具体实现有关。

Windows 下的 tarcert.exe 命令格式如下。

```
tracert [-d] [-h maximum_hops] [-j host-list] [-w timeout] target_name
```

命令的参数说明如下。

(1) -d: 指定不对计算机名解析地址。

(2) -h maximum_hops: 指定查找目标的跳转的最大数目。

(3) -j host-list: 指定在 host-list 中宽松源路由。

(4) -w timeout: 等待由 timeout 对每个应答指定的毫秒数。

(5) target_name: 目标计算机的名称。

Linux 系统中的 traceroute 命令格式如下。

```
traceroute [options] <IP-address or domain-name> [data size]
```

命令参数说明如下。

(1) [options]的常用内容有:

① -d：使用 Socket 层级的排错功能。

② -f first_ttl：设置第一个检测数据包的存活数值 TTL 的大小。

③ -F：设置不分片位。

④ -g gate：设置源路由网关，最多可设置 8 个。

⑤ -i device：使用指定的网络界面送出数据包。

⑥ -I：使用 ICMP 回应取代 UDP 资料信息。

⑦ -m max_ttl：设置检测数据包的最大存活数值 TTL 的大小。

⑧ -n：直接使用 IP 地址而非主机名称。

⑨ -p port：设置 UDP 传输协议的通信端口(默认为 33 434)。

⑩ -q nqueries：设置测试报文数目(默认为 3)。

⑪ -r sendwait：忽略普通的 Routing Table，直接将数据包送到远端主机上。

⑫ -s src_addr：设置本地主机送出数据包的 IP 地址。

⑬ -t tos：设置检测数据包的 TOS 数值。

⑭ -v：详细显示指令的执行过程。

⑮ -w waittime：设置等待远端主机回报的时间。

⑯ -x：开启或关闭数据包的正确性检验。

(2) [data size]：每次测试包的数据字节长度(默认为 38)。

还有一些不经常使用的选项，需要了解时可以参考程序提供的帮助信息。

2. 实验环境

Windows 操作系统及网络环境(主机有以太网卡并连接 Internet)，Wireshark 1.10。

3. 实验步骤

(1) 基于 ICMP 的 traceroute 工作过程。

步骤 1   在一台能够连接 Internet 的 Windows 主机上，启动 Wireshark，设置过滤器为 ICMP。

步骤 2   在 Windows 命令行运行下列命令。

```
C:\> tracert www.sohu.com   (也可以选择其他可跟踪跃点的目标节点)
```

观察命令执行过程中输出的跟踪跃点的内容。

步骤 3   对照分析捕获的 tracert 程序发出的 ICMP 回显请求报文、ICMP 超时差错报文、到达目标节点的 ICMP 回显响应报文，注意各 IP 报文的 TTL 时间。

(2) IP 源站选路选项观察。

步骤 1   执行命令 tracert /? 查看程序的参数选项，了解宽松的源路由的命令格式。

步骤 2   接续上面(1)中的实验，在其命令输出的去往 www.sohu.com 的路径上，选择两个路由器地址，如 61.139.45.197，171.208.202.97，作为指定的源路由(去往目的地的路径可能不唯一，以实际执行命令时得到的信息为准)，执行下列命令。

```
C:\> tracert -j 61.139.45.197 171.208.202.97 www.sohu.com
```

观察命令输出结果。

步骤 3　查看捕获的 ICMP 回显请求报文中 IP 选项的内容,记录选项里 code、ptr 的值,记录选项中 IP 地址的内容。

由于不少路由器对带 IP 源站选路选项的报文都做了限制,因此不一定能够捕获 ICMP 回显响应报文。如果能够捕获到,记录并分析其中的上述各项内容的值。

4. 实验报告

记录自己的实验过程和实验结果,分析 ICMP 超时差错报文的组成,分析理解利用 ICMP 回显请求响应报文和超时差错报文实现 traceroute 的工作原理;分析 IP 源路由选项中 ptr、IP 地址的内容及变化与 traceroute 工作特点的关系。

5. 思考

(1) 如何能够观察到基于 UDP 的 traceroute 实现?

(2) 如何根据带有源站选路的 traceroute 命令的输出,画出到目的节点的拓扑路径?

6. 延伸学习

IP 源路由可以被攻击者利用,以欺骗目的节点将数据报发往本不应该经过的网络,进而被窃听者盗用。

防范 IP 源路由欺骗的方法主要有:配置好路由器,使它抛弃那些由外部网进来的、声称是内部主机的报文;关闭主机和路由器上的源路由功能。

Cisco 路由器关闭源路由功能的命令如下。

```
R(config)#no ip source-route
```

请在课后阅读相关资料,学习防范 IP 源路由欺骗的方法。

第6章
IP协议和IP选路协议

IP(Internet Protocol,网际协议)是 TCP/IP 协议族中最为核心的协议。所有的 TCP、UDP、ICMP 及 IGMP 数据都是以 IP 数据报格式传输的。从在 TCP/IP 网络体系结构中的功能看,IP 层主要负责路由,即为数据包选路。

本章主要介绍 IP 首部中的各个字段,讨论 IP 路由选择的有关内容,对动态选路协议进行学习。学习 IP 分片的报文格式和工作过程,介绍路径 MTU 发现的实现方法。作为网络基本原理的学习,本书将仍然以 IPv4 为主要内容进行介绍。

6.1 IP 协议

IP 层协议的主要功能是使通过由路由器连接的互联网络传输数据报。具体来说,IP 定义了在整个 TCP/IP 网络上传输数据所用的基本单元,规定了在 Internet 上传输数据的确切格式,IP 路由选择的功能决定数据发送的路由。所有参与通信的节点用网络层地址(IP 地址)来标识,源端和目的端 IP 地址会在整个传输过程中保存在 IP 报文的首部,传输路径上的中间节点通过查看自己保有的路由表来决定转发的路径,直到到达目的端。

除了对数据格式和路由选择的精确而正式的定义以外,IP 还包括了一组体现了不可靠、分组传输思想的规则。这些规则指明主机和路由器应该如何处理分组,何时及如何发出错误信息以及在什么情况下可以放弃分组。

6.1.1 IP 层的传输特点

IP 提供的是不可靠、无连接的数据包传送。

不可靠(unreliable)的意思是不能保证 IP 数据报能成功地到达目的地。IP 仅提供尽力传送服务,负责数据的路由与传输,却并不处理数据包的内容。每经过一个系统主机或路由器,IP 都会检查数据包,如果数据包出现了问题,如某个路由器暂时用完了缓冲区,IP 有一个简单的错误处理算法:丢弃该数据包,然后发送 ICMP 消息给信源。任何要求的可靠性必须由上层来提供(如 TCP)。

如果出现的问题是半永久性的,那么 IP 就会发送 ICMP 差错报文并给信源返回一个错误消息,以便让发送者修改引起失败的情况,然后丢弃该数据包。所谓半永久性失败,是指包或者网络出现了问题,导致这条路径不能发送数据,这时最好把问题告诉发送者,以便纠正错误。如果这个数据包已经损坏或者经历过其他形式的暂时性失败,则立即丢弃该包而并不做其他处理。所谓损坏或暂时性失败是指不是因为发送者的错误引起的,如校验和计算错误等。

无连接(connection less)这个术语的意思是 IP 并不维护任何关于后续数据报的状态信息。每个数据报的处理是相互独立的。这也说明,IP 数据报可以不按发送顺序接收。

如果一信源向相同的信宿发送多个连续的数据报,每个数据报都会独立地进行路由选择,可能选择不同的路线,这样某些数据包可能经过一个快速传输,另一些数据包可能经过一个慢速传输,可能先发送的包晚到达,即数据包到达目的地可能失序。还有数据包可能会重复,某些包可能有多个拷贝到达目的地。因此 IP 首部中需要设置有相应信息来保证正确处理这些问题。

另外,网络把每个数据包都看作是单个的实体,自身不用负责跟踪所有的连接,这样网络设备可以专注于传输数据包。这个特性使得整个网络性能能够提高到硬件允许的水平,而对内存和 CPU 的要求却尽可能的低。

6.1.2 IP 数据报格式

IP 数据报,也称为 IP 分组,是指 IP 层传输的数据单元及其格式,同时也是指 IP 层的无连接数据报传输机制和无连接服务。这两者之间是密切相关的,数据报机制要通过数据报格式来体现,而数据报格式也要在数据机制中才有意义。IP 数据报符合典型数据分组的一般格式,分为数据报报头和数据区两部分,具体格式如图 6-1 所示。

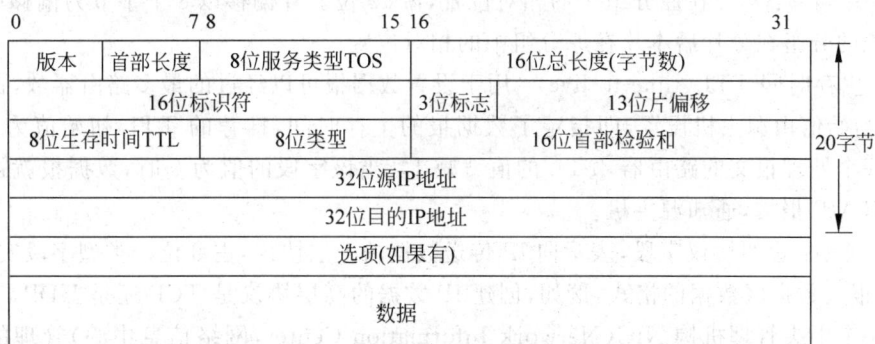

图 6-1 IP 数据报格式

IP 数据报的报头也常称为 IP 首部,由 20 个字节固定部分和可变长度的选项部分构成。IP 首部的各个字段的含义如下。

(1) 版本:指 IP 协议的版本号,占 4 位,对 IPv4 来说,这个值总是 4。

(2) 首部长度:指 IP 数据报的首部按 32 位(4 字节)计算的数值,包括任何选项字节数,占 4 位,取值范围在 5~15。普通 IP 数据报(没有任何选项时)字段的值是 5,即 20 字节(5×4)长,首部最长为 60 个字节(15×4),这时选项部分有数据内容。

(3) 服务类型(Type of Service,TOS):为应用程序、主机或路由器处理报文提供一个优先级服务标志。TOS 占 8 位,其中 3 位的优先权子字段(现在已被忽略),4 位的 TOS 子字段,分别代表最小时延、最大吞吐量、最高可靠性和最小费用。4 位中只能置位其中 1 位为 1。如果所有 4 位均为 0,那么就意味着是一般服务。1 位未用位且须置 0。

交互应用,如 Telnet 和 Rlogin,要求最小的传输时延(主要用来传输少量的交互数据),FTP 文件传输要求有最大的吞吐量,而网络管理(SNMP)和路由选择协议要求有最高可靠性。

需要注意的是,并非所有的 TCP/IP 实现都支持 TOS 特性。

(4) 总长度:指整个 IP 数据报以字节为单位的长度,占 16 位,因此 IP 数据报最长可达 65 535 字节。由于链路层 MTU 的限制,较长的 IP 数据报会被分片。当数据报被分片时,该字段的值也随着变化,因为该值只是表示当前 IP 数据报的长度。实际上,大量使用 UDP 的应用(RIP、TFTP、BOOTP、DNS 及 SNMP)都限制用户数据报长度为 512 字节。另外这个限制对 TCP 基本没有作用,因为 TCP 几乎总是要分段传输的。

IP 数据报中没有数据内容部分的长度,但借助报头中的首部长度,可以很容易地得出数据内容的长度是总长度减去首部长度。

(5) 标识符:唯一地标识主机发送的每一份数据报,占 16 位。主机为自己发送的 IP 报文设置一个报文计数器,通常每发送一份报文其值就会加 1。标识符字段通常应该由让 IP 发送数据报的上层来选择。

(6) 标志:说明 IP 报文的分片信息和控制是否允许 IP 报文分片,占 3 位。目前只有后两位有意义。标志字段的最低位是 MF (More Fragment),为 1 表示后面还有分片,即本报文不是分片报文的最后一个分片;为 0 则表示本报文是最后一个分片。标志字段中间的一位是 DF (Don't Fragment),只有当 DF 为 0 时才允许分片。

(7) 片偏移:本片在原分组中的相对位置,占 12 位。片偏移以 8 个字节为偏移单位,指示出较长的分组在分片后本片在原分组中的相对位置。

(8) 生存时间 TTL(time-to-live):用于设置数据报可以经过的最多路由器数,占 8 位。TTL 的初始值由源主机设置,即指定了数据报的生存时间,推荐的 TTL 初始值为 64。一旦经过一个处理报文的路由器,TTL 的值就减 1。当该字段的值为 0 时,数据报就被丢弃,并发送 ICMP 报文,通知源主机。

(9) 类型:也叫协议字段,表示向 IP 传送数据的上层协议,占 8 位。类型字段实质上是表示 IP 报文数据区数据的格式,例如,创建 IP 数据的高层协议是 TCP 还是 UDP。类型代码是由一个中央管理机构 NIC(Network Information Center,网络信息中心)管理的,在整个 Internet 的范围内保持一致。需要指出的是,IP 首部的版本字段指定的是 IP 报头格式,属于网络层范畴;类型字段指定的是 IP 数据区数据的格式,属于传输层的范畴。

(10) 首部检验和:首部数据的二进制反码求和,占 16 位。检验和不对首部后面的数据进行计算。计算时首先把检验和字段置为 0,然后,对首部中每个 16 位进行二进制反码求和(整个首部看成是由一串 16 位的字组成)。

接收方在收到 IP 数据报后对首部进行检验时,直接对首部中每个 16 位进行二进制反码求和,若计算结果全为 1,则说明首部在传输过程中没有发生任何差错;若计算结果不全为 1,则表明检验和错误,那么 IP 就丢弃收到的数据报,但是不生成差错报文。

(11) 源 IP 地址和目的 IP 地址:每一份 IP 数据报都包含源 IP 地址和目的 IP 地址,它们都是 32 位的值。

(12) 选项:IP 数据报中的一个可变长的可选信息,作为附加的特殊处理的信息域,以 32 位作为界限,在必要时插入值为 0 的填充字节,保证 IP 首部始终是 32 位的整数倍。

选项包括安全和处理限制、记录路由、时间戳、宽松的源站选路、严格的源站选路等选项,其用法和报文格式大多在第 5 章 ping 程序和 traceroute 程序有关用法时做了介绍。实际上选项被使用的时候并不是很多,而且并非所有的主机和路由器都支持这些选项。

(13) 数据:IP 数据报的数据部分,长度由首部的总长度字段和首部长度字段的差值决定。通常包含一个完全的 TCP 段或 UDP 数据报,也可以包含其他协议的报文,如 ICMP 报文。

掌握 IP 首部中的各个字段,对理解 TCP/IP 协议的工作原理是非常重要的,这一点在前面学习 ICMP 协议的工作原理中已有体现,如 IP 选项的使用。

6.2　IP 路由选择

IP 路由选择是 IP 层最重要的功能。只要网络中的目的主机与源主机不是直接相连或处在同一个共享网络上,那么 IP 数据报就不能直接送到目的主机上,而需要由路由器来转发数据报。通常主机把数据报发往一个默认的路由器上,由路由器决定怎样转发数据报。

路由选择就是指网络中的每个节点具有以最佳路径将分组传送到目标的能力。路由协议及不同的路由算法将直接影响网络的传输效率。

网络中的任何一个主机的 IP 层既可以配置成路由器的功能,也可以配置成主机的功能。只要 IP 层配置为具有路由功能,则要把数据报从一个接口转发到另一个接口。为确定转发的路径,IP 层在内存中有一个路由表。当收到一份数据报并进行发送时,它都要对路由表搜索一次。当数据报来自某个网络接口时,IP 首先检查目的 IP 地址是否为本机的 IP 地址之一或者 IP 广播地址,如果是,数据报就被送到由 IP 首部协议字段所指定的协议模块进行处理;如果数据报的目的不是这些地址,那么如果 IP 层被设置为路由器的功能,就要对数据报进行转发;否则,数据报被丢弃。

6.2.1　路由表及维护

路由表记录着主机或路由器转发数据的路径信息,系统产生的或转发的每份 IP 数据报在发送时都要搜索路由表。如图 6-2 所示为一个 Linux 系统主机路由表的例子。

```
[root@mytest ~]# route -n
Kernel IP routing table
Destination     Gateway         Genmask         Flags Metric Ref    Use Iface
192.168.0.0     0.0.0.0         255.255.255.0   U     0      0        0 eth0
169.254.0.0     0.0.0.0         255.255.0.0     U     0      0        0 eth0
0.0.0.0         192.168.0.1     0.0.0.0         UG    0      0        0 eth0
```

图 6-2　一个主机路由表的例子

主机的路由表中每行为一条路由记录,记录有目的地址(Destination)、转发的网关(Gateway)、网络掩码(Genmask)、路由标志(Flags)、度量值(Metric)、正在使用路由的活动进程个数(Ref)、该路由被使用的次数(Use)和网络接口(Iface)。

Gateway 如果显示 0.0.0.0,表示该路由是直接由本机传送,亦即在局域网内直接传送;如果有显示 IP 的话,表示该路由需要经过路由器转发。

Flags可以有下列取值。

- U　该路由可以使用。
- G　该路由是到一个网关（路由器），即本路由是一个间接路由，区分于直接路由。发往直接路由的分组中不但具有目的端的IP地址，还具有其链路层地址，而发往一个间接路由的分组中IP地址指明的是最终目的地，但是链路层地址指明的是网关。
- H　该路由是到一个主机。如果未设置该标志，说明该路由是到一个网络，此时目的地址应该是一个网络地址，即一个网络号或网络号与子网号的组合。
- D　该路由是由重定向报文创建的。
- M　该路由已被重定向报文修改。

路由表的生成方法有很多，通常分为静态配置和动态路由协议生成两类。对应的，路由协议也有静态和动态之分。静态路由是一种特殊的路由，需要系统管理员手工配置，适合规模简单或需要精确控制的网络路由设置。而更多复杂的网络一般都采用动态路由协议来动态地自动生成路由表，如采用RIP（Routing Information Protocol，路由信息协议）或OSPF（Open Shortest Path First，开放最短路径优先）。

在路由器或主机上运行路由守护程序（routing daemon）来维护路由表。

决定把哪些路由放入路由表的一组规则称为选路策略（routing policy）。路由守护程序一般提供选路策略。

路由表可以通过ICMP路由器发现报文来初始化默认表项，也可被ICMP重定向报文来进行修改，还可用route命令进行静态路由修改。

主机路由表的复杂性取决于主机所在网络的拓扑结构。最简单的情况是主机根本没有与任何网络相连，此时路由表只包含环回接口一项；若是主机连在一个局域网上，只能访问局域网上的主机，这时路由表包含两项：一项是环回接口，另一项是局域网（如以太网）；如果主机能够通过单个路由器访问其他网络（如Internet）时，那么一般情况下增加一个默认表项指向该路由器；如果要新增其他的特定主机或网络路由，那么路由表会更加复杂。

6.2.2　IP选路机制

IP路由选择是逐跳地（hop-by-hop）进行的。除了那些与主机直接相连的目的主机，路由表中并没有到达任何目的主机的完整路径，所有的IP路由选择只为数据报传输提供下一站路由器的IP地址。IP总是假定下一站路由器比发送数据报的主机更接近目的，而且下一站路由器与该主机是直接相连的。

IP层进行的选路，实际上是一种选路机制（routing mechanism），即搜索路由表并决定向哪个网络接口发送分组。IP按下列顺序搜索路由表来决定转发路径。

（1）搜索匹配的主机地址。寻找能与目的IP地址完全匹配的表目（网络号和主机号都要匹配），这样的路由记录也叫特定主机路由。如果找到，则把报文发送给该表目指定的下一站路由器或直接连接的网络接口（取决于标志字段的值）。

（2）搜索匹配的网络地址。寻找能与目的网络号相匹配的表目（间接交付或直接交付）。如果找到，则把报文发送给该表目指定的下一站路由器或直接连接的网络接口（取决于标志字段的值）。目的网络上的所有主机都可以通过这个表目来处置。例如，一个以太网上的所有主机都是通过这种表目进行寻径的。需要注意的是，这种搜索网络的匹配方法必须考虑可能的子网掩码。

(3) 搜索默认路由。寻找标为"默认(default)"的表目(默认路由)。如果找到,则把报文发送给该表目指定的下一站路由器。

(4) 如果路由表中没有默认项,而又没有找到匹配项,这时如果数据报是由本地主机产生的,那么就给发送该数据报的应用程序返回一个差错,或者是"主机不可达差错",或者是"网络不可达差错",但不同的操作系统在实现上可能会有不同的处理。如果是被转发的数据报,也就是在路由器上,那么就给原始发送端发送一份 ICMP 主机不可达的差错报文,也就是 ICMP 差错类型为 3 代码为 0 或 1 的报文。ICMP 目的不可达报文的格式和基本工作过程在第 5 章已作介绍。

IP 层在执行选路机制时,总是把完整主机地址匹配在网络号匹配之前执行,只有当它们都失败后,才选择默认路由。默认路由以及下一站路由器发送的 ICMP 差错报文(如果为数据报选择了错误的默认路由),是 IP 路由选择机制中功能强大的特性。

为一个网络指定一个路由器,而不必为每个主机指定一个路由器,这是 IP 路由选择机制的另一个基本特性。这样做可以极大地缩小路由表的规模。

6.3　动态选路协议

按生成路由表方法可以把路由协议分为静态和动态的两类。静态选路就是在配置接口时,以默认的方式生成路由表项,并通过 route 命令来增加表项,或通过 ICMP 报文来更新表项(通常在默认方式出错的情况下)。

在动态选路中,管理员不再需要像静态路由那样对路由表进行手工维护,而是在每台路由器上运行一个路由表的管理程序。这个路由表的管理程序就是动态选路协议的路由守护进程。这个路由守护进程会根据路由器上的接口配置,如 IP 地址的配置以及所连接电路的状态,生成路由表中的路由表项。

简单地说,相邻路由器之间进行通信,以告知对方每个路由器当前所连接的网络,这就是动态选路。动态选路有以下特征。

(1) 不改变选路机制:仍然是按 3 个优先级进行(主机、网络、默认路由)。

(2) 改变选路策略:路由项目由路由守护程序动态地增加或删除,而不是用 route 命令来产生。

(3) 动态选路由路由守护程序来完成。

采用动态选路协议管理路由表在大规模网络中十分有效。像 Internet 这样的系统中,采用了多种不同的选路协议。Internet 是以一组自治系统(Autonomous System,AS)方式来组织的,每个自治系统通常由单个实体管理,采用统一的路由策略。通常可以将一个公司或大学校园定义为一个自治系统。每个自治系统可以选择该自治系统中各个路由器之间的选路协议,这种协议称为 IGP(Interior Gateway Protocol,内部网关协议)。最常用的 IGP 是路由信息协议 RIP 和开放最短路径优先 OSPF 协议。不同自治系统之间采用的选路协议称为 EGP(Exterior Gateway Protocol,外部网关协议),Internet 上使用最多的 EGP 是 BGP(Border Gateway Protocol,边界网关协议)。本书只介绍内部网关协议。

6.3.1　RIP 协议

RIP 是最广泛使用的动态选路协议,协议采用距离向量算法。

距离向量算法即相邻的路由器之间互相交换整个路由表,并进行矢量的叠加,最终获得整个网络的路由信息。

RIP 以跳数(hop count)作为路由器之间距离的度量,所有直接连接接口的跳数为 1。每增加一个路由器,可达到的网络跳数加 1。为限制路由收敛的时间,RIP 规定跳数取值为 0~15,大于等于 16 的跳数表示目的不可达。用跳数作为路由度量,忽略了其他一些应该考虑的因素,使得 RIP 的实现得以简化。同时,度量最大值为 15 限制了网络的大小,使得 RIP 只适用小型网络。

RIP 有两个版本,RIP v1(定义在 RFC 1058)和 RIP v2(定义在 RFC 2453)。RIP v2 相比 RIP v1,增加了对变长子网的支持。

RIP 报文包含在 UDP 数据报中,RIP 常用的 UDP 端口号是 520。RIP v1 报文格式如图 6-3 所示,其中各个字段的含义如下。

图 6-3　RIP v1 报文格式

(1) 命令字段:可以取值 1~6,用以表示报文的类型,有以下两个取值。

- "1":为 RIP 请求,表示要求其他系统发送其全部或部分路由表。
- "2":为 RIP 应答,包含发送者全部或部分路由表。

(2) 版本字段:通常为 1,而 RIP v2 中将此字段设置为 2。

(3) 地址系列:对于 IP 地址系列取值为 2;对于特殊的请求,则地址系列的值为"0"。

(4) IP 地址:目的地的 32 位 IP 地址。

(5) 度量:去往目的地的跳数,16 表示无限远,即不可达。

从图 6-3 中可以看到,每一条 RIP 路由信息采用 20 字节格式。这样,一个 RIP 报文可以通告最多 25 条路由信息。上限 25 是用来保证 RIP 报文的总长度为 $20 \times 25 + 4 = 504$,小于 512 字节。这是因为 RIP 由 UDP 传输,而许多 UDP 应用程序在设计中都采用小于 512 字节的数据部分。

如果路由表中数据较多,由于每个报文最多携带 25 条路由,因此为了发送整个路由表,经常需要多个报文。

RIP 运行过程如下。

（1）初始化：在启动一个路由守护程序时，它先判断启动了哪些接口，并在每个接口上发送一个 RIP 请求报文，要求其他路由器发送完整路由表。若网络支持广播的话，这种请求是以广播形式发送的。请求报文的命令字段为1，地址系列字段设置为0，度量字段设置为16。

（2）在网络上运行 RIP 的路由器，如果接收到这个特殊请求，就将完整的路由表发送给请求者。如果是其他请求，则对有连接到指明地址的路由将度量设置成自己的值，否则将度量置为16，表示没有到达目的的路由，然后发回响应。

（3）接收到响应的路由器，可能会更新路由表（含增、删、改路由表项）。定期选路更新是指：每过 30 秒，所有或部分路由器将其完整路由表发送给相邻路由器。而当有一条路由的度量发生变化时，则不需要发送完整路由表，而只发送那些发生变化的表项，这叫触发更新。

（4）RIP 为路由表中的每条路由都建立一个定时器，如果发现一条路由在 180 秒内未更新，就将该路由的度量设置成无穷大（16），并标注为删除。再过 60 秒，将从本地路由表中删除该路由。

RIP v2 利用 RIP 报文中一些标注为"必须为 0"的字段，传递一些额外的信息。加入了路由域、路由标记等信息，还可以支持简单认证信息。最主要的是增加子网掩码应用于相应的 IP 地址上，用下一站或 IP 地址指明发往目的 IP 地址的报文该发往何处。

不带认证信息的 RIP v2 报文格式如图 6-4 所示。下面简单说明不同于 RIP v1 的各个域。

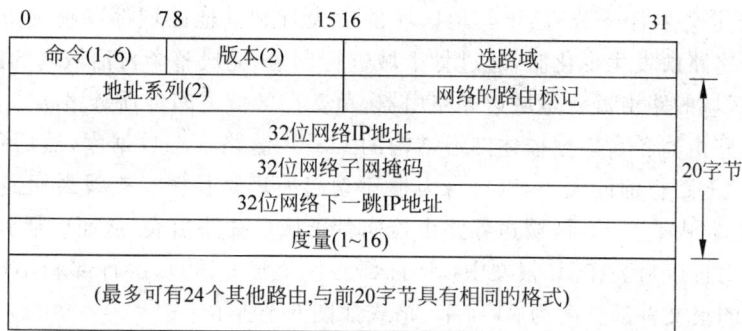

0　　　　　　　7 8　　　　　　　15 16　　　　　　　　　　　　　31			
命令(1~6)	版本(2)	选路域	
地址系列(2)		网络的路由标记	
32位网络IP地址			
32位网络子网掩码			
32位网络下一跳IP地址			
度量(1~16)			
(最多可有24个其他路由,与前20字节具有相同的格式)			

图 6-4　无认证的 RIP v2 报文格式

（1）选路域：是选路守护程序的标识符，可以是选路守护程序的进程号。该域允许管理员在单个路由器上运行多个 RIP 实例，每个实例在一个选路域内运行。

（2）网络的路由标记：是为了支持外部网关协议而存在的，通常是一个 EGP（外部网关协议）和 BGP（边界网关协议）的自治系统号。

（3）网络子网掩码：应用于相应的网络 IP 地址上。

（4）网络下一跳 IP 地址：指明发往目的 IP 地址的报文该发往何处。该字段为 0，意味着发往目的地址的报文应该发给发送 RIP 报文的系统。

RIP v2 提供了一种简单的认证或鉴别机制。采用认证的 RIP 报文中，20 字节的路由记录里指定地址系列取值为 0xFFFF；路由标记取值为 2，表明认证类型为明文认证；其余

16 字节包含一个明文口令。如果口令的长度不足 16 字节,用 0 填充。RFC 2082 描述了采用 MD5 密文认证的 RIP v2。

6.3.2　OSPF 协议

OSPF 是除 RIP 外的另一个内部网关协议,RFC 2328 对第二版的 OSPF 进行了描述。与采用距离向量的 RIP 协议不同的是,OSPF 是一个链路状态协议,因而克服了 RIP 的所有限制。OSPF 在实现上直接使用 IP 协议,而不再使用传输层协议,如 UDP。

OSPF 是一个链路—状态协议,每个路由器测试与其相邻站点相连链路的状态,并将这些信息用 LSA(Link State Advertisement,链路状态通告)发送给它的其他相邻站点,而相邻站点再将这些信息在自治系统中以泛洪方式传播出去。链路状态包括路由器链路的端口地址、网络掩码、此链路互连的网络及网络类型等,它构成了路由器的链路状态数据库,是路由器进行路由决策的主要依据。每个路由器接收这些链路状态信息,并将这些状态信息写入到一个链路状态数据库(Link State Database,LSDB)中。当一个区域的网络拓扑结构发生变化时,LSDB 就会被更新。每 10 秒钟评估一次 LSDB,如果区域的拓扑结构没有改变,LSDB 也就不做任何改动。

OSPF 通过广播(为减少网络负担,实际采用的是多播)在路由器之间交换链路状态更新信息。任何链路状态的改变,都将突发广播到网络中的所有路由器。为提高效率,引入了区域的概念。采用将一个网络自治域划分为若干个区域,链路状态的突发广播和路由计算被限制在一个区域中,同一个区域的所有路由器有着相同的链路状态数据库。多个区域中有一个区域被定义为骨干域,位于其他区域的中央且和其他区域都有物理链路直接相连。当其他区域网络路由发生变化时,通过骨干域进行广播,完成整个自治域内的路由更新。同时,属于多个区域的路由器就是域边界路由器,负责在区域之间传播链路状态。

网络中的路由器各自建立描述网络结构的 OSPF 链路状态数据库,然后每个路由器根据数据库,按照链路权值的大小,以自身为根建立起最短路径树。查找最短路径树,获得最短路径,建立起路由表。然后,域边界路由器向骨干域广播路由表,从而广播到整个自治域。

OSPF 报文直接封装在 IP 报文中(IP 首部协议类型是 89),由首部和不同的数据部分构成。OSPF 的报文首部长度为 24 字节,格式如图 6-5 所示。

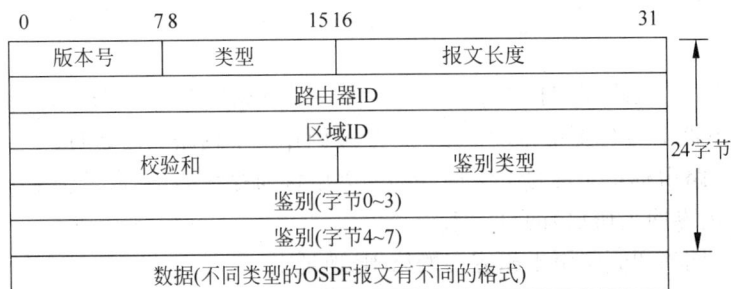

图 6-5　OSPF 报文首部格式

首部各个字段的含义说明如下。

(1)版本号:当前广泛实现的版本是 OSPF v2,值为 2。

（2）类型：OSPF 报文的类型。数值从 1 到 5，OSPF 报文类型如表 6-1 所示。

表 6-1　OSPF 报文类型

类型值	类 型 名 称	描　　述
1	Hello	用于定位邻居路由器
2	DD(Database Description)	数据库描述，用于发送数据库摘要
3	LSR(Link State Request)	链路状态请求，用于请求链路状态数据库信息
4	LSU(Link State Update)	链路状态更新，用于向其他网络发送 LSA
5	LSAck(Link State Acknowledge)	链路状态确认，用于应答接收到链路状态信息

（3）报文长度：包括报文头在内的 OSPF 报文总长度，单位为字节。

（4）路由器 ID：始发该 LSA 的路由器的 ID，4 字节 IP 地址。

（5）区域 ID：始发 LSA 的路由器所在的区域 ID，4 字节 IP 地址。

（6）校验和：整个报文的校验和，占 16 位。

（7）鉴别类型：也叫认证类型，可分为不认证、简单（明文）口令认证和 MD5 认证，其值分别为 0、1、2。

（8）鉴别：其数值根据鉴别类型而定，8 字节。当鉴别类型为 0 时，未作定义；类型为 1 时，此字段为密码信息；类型为 2 时，此字段包括 Key ID、MD5 认证数据长度和序列号的信息。

OSPF 报文的数据部分视类型不同而不同，而不同类型的报文又和 OSPF 不同的工作阶段有关。OSPF 协议工作过程主要有 4 个阶段：寻找邻居、建立邻接关系、链路状态信息传递和计算路由。

路由器周期性地发送 Hello 报文到区域中，报文中包含路由器邻居信息，并携带路由器优先级，优先级为 0 的路由器不具备选举资格。区域中先选举 BDR（Back Designed Router，备份指定路由器），再选举 DR（Designed Router，指定路由器）。DR 和 BDR 一旦选定，区域里的其他路由器就可以和 DR 或 BDR 交换链路状态了。

各类 OSPF 报文数据部分的具体内容请读者结合本章实验做进一步的学习，这里不再赘述。

6.4　IP 分片与路径 MTU 发现

6.4.1　IP 分片

尽管 IP 报文的最大长度可以支持到 65 535 字节，但物理网络层一般要限制每次发送数据帧的最大长度，即要受链路层最大传输单元 MTU 的约束。任何时刻，IP 层接收到一份要发送的 IP 数据报时，要把数据报长度与发送接口的 MTU 进行比较。如果超过 MTU，则需要进行分片。

两台主机之间的通信要通过多个网络，那么每个网络的链路层就可能有不同的 MTU。重要的是两台通信主机路径中的最小 MTU，称为路径 MTU（Path MTU，PMTU）。

当 IP 数据报被分片后，每一片都成为一个分组，具有自己的 IP 首部，并在选择路由时与其他分组独立。这样,当数据报的这些分片到达目的端时,有可能会失序。

分片以后,只有到达目的地才进行重新组装。重新组装由目的端的 IP 层来完成。IP 首部中的标识符可以唯一地标识主机发送的每一份 IP 数据报,即使在分片后这些 IP 报文也具有相同的标识符,以表明它们来自同一个 IP 数据报,而片偏移则指示出较长的分组在分片后本片在原分组中的相对位置。所以,有足够的信息,让接收端能正确地组装这些数据报片。

分片可以发生在原始发送端主机上,也可以发生在中间路由器上。发生在中间路由器的分片源端是无法知晓的,而且已经分片过的数据报有可能会再次分片(可能不止一次)。事实上,如果对数据报分片的是中间路由器,而不是原始发送端系统,那么原始发送端系统就无法知道数据报是如何被分片的。就是因为这个原因,经常要避免分片。

分片有可能引起网络通信效能的下降,因为分片引起的最直接的问题是:即使一个数据片出错,也要重传整个数据报。

IP 层本身无超时重传的机制,而只能由更高层来负责超时和重传。如上层协议是 TCP,如果某个 TCP 段的数据丢失了,TCP 在超时后会重发整个 TCP 报文段,该报文段对应于整个 IP 数据报。如果是 IP 层数据分片后丢失了某一片,无法只重传 IP 数据报中的某一个数据报片,只能重新传送整个所有的数据报。如果上层是 UDP,则还需要由应用层来解决重传的问题。因此,要防止丢失某一片而重传整个 IP 报文的情况出现,最好的办法就是上层交给 IP 的数据不要太长,以至于超过路径 MTU。

因此,应用程序必须关心 IP 数据报的长度,如果它超过网络的路径 MTU,那么就会导致 IP 数据报分片。防止分片对提高网络通信效率是有意义的。

现代 IP 网络通过以下方法避免路由器对 IP 报文进行分片。

- 发送基于 UDP 的通信时,将 UDP 消息的最大值设置为足够小,以防止 IP 路由器进行分片。
- 发送基于 TCP 的通信时,将 IP 报头中的"不分片"(DF)标记设置为 1,阻止 IP 路由器对 TCP 数据段进行分片。

当 TCP 对等方建立 TCP 连接时,它们会交换各自的 TCP 最大段的值(Maximum Segment Size,MSS)并据此来建立 TCP 连接,这其实是一种路径 MTU 发现。以前,主机的 MSS 值是 MTU 减去用于 IP 和 TCP 报头的 40 字节(为了支持额外的 TCP 选项,如可选确认,典型的 TCP 和 IP 报头可增至 52 字节或更多字节)。

6.4.2 路径 MTU 发现

IP 首部中对分片的控制由标志字段中间的一位 DF(Don't Fragment)来控制。只有当 DF 为 0 时,才允许分片;DF 为 1,则禁止分片。

当路由器转发 IP 报文时,若 DF 为 1 而数据报长度又超过 MTU,则路由器会把数据报丢弃并发送一个 ICMP 需要分片但设置了禁止分片标志比特的差错报文(ICMP 类型 3,代码 4)给信源,差错报文格式如图 6-6 所示。

报文中"下一站网络的 MTU"字段用以通知信源发生 ICMP 差错的路由器转发链路的 MTU 是多少,以便信源进行相应的处理。

实际网络工程中,路由器可以有以下几种处理方式。

0	78	15 16	31
类型(3)	代码(4)	16位校验和	
未用(必须为0)		下一站网络的MTU	
IP首部加IP原始数据的前8个字节			

图 6-6　ICMP 需要分片差错报文

（1）发送符合 RFC 792 中最初定义的"ICMP Destination Unreachable-Fragmentation Needed and DF Set"消息，然后丢弃该包。原始消息格式中不包含有关转发失败的链路的 MTU 的信息，则图 6-6 中"下一站网络的 MTU"置为 0。

（2）发送符合 RFC 1191 中重新定义的"ICMP Destination Unreachable-Fragmentation Needed and DF Set"消息，然后丢弃该包。此新消息格式包含一个 MTU 字段，可指出转发失败的链路的 MTU，即如图 6-6 所示格式的报文。

（3）直接丢弃报文，不做任何其他处理。直接丢弃需分片但 DF 标志设置为 1 的报文的路由器称为 PMTU 黑洞路由器。

RFC 1191 定义了路径 MTU（PMTU）发现，它使得成对的 TCP 对等方能动态地发现二者之间路径的 MTU，从而发现该路径的 TCP MSS。一旦收到符合 RFC 1191 定义的"Destination Unreachable-Fragmentation Needed and DF Set"消息，TCP 就会将该连接的 MSS 调整为指定 MTU 减去 TCP 和 IP 报头的大小。这样，在该 TCP 连接上发送的后续包就不会超过最大值，无须分片即可在该路径上传输。

通过修改 Traceroute 程序或者利用 ping 程序的参数，可以实现路径 MTU 发现。实验 6-4 给出了有关内容。发送的第一个分组的长度正好与出口 MTU 相等，每次收到 ICMP"需要分片但设置了禁止分片"差错时就减小分组的长度。如果路由器发送的 ICMP 差错报文是新格式，包含出口的 MTU，那么就用该 MTU 值来发送；否则，就用下一个最小的 MTU 值来发送。

利用路径 MTU 发现机制，应用程序就可以采用尽可能大的 MTU 来发送报文。

6.5　小结

（1）IP 协议是 TCP/IP 协议族中最核心的协议，IP 的基本功能是为数据报选路。

（2）IP 提供的是不可靠、无连接的数据包传送。

（3）IP 首部中记录着 IP 数据报传输需要的控制信息，掌握各个字段的内容和含义对理解 TCP/IP 协议的工作原理非常重要。

（4）网络中的任何一个主机的 IP 层都可以配置为具有路由器的功能，路由器通过搜索路由表决定数据包的转发路径，路由表则记录着主机或路由器转发数据的路径信息。

（5）路由表的生成方法有静态和动态两类，对应的把路由协议分为静态和动态路由协议。通常静态路由可以用 route 命令手工设置。

（6）在路由器或主机上，运行路由守护程序来维护路由表，即路由守护程序执行选路策略决定把哪些路由放入路由表。IP 层执行选路机制,即决定如何使用路由表进行选路。选路机制总是先匹配完整主机地址,然后匹配网络号,最后才选择默认路由。

(7) 动态选路是由路由守护进程根据路由器上的接口配置或链路的状态,动态地生成路由表,是网络中采用的主要路由形式。

(8) RIP 是使用最广泛的动态路由协议,RIP 采用距离向量算法。网络路由器之间的最大跳数限制为 15,因而只适用小型网络。RIP 基于 UDP 协议来实现。RIP v2 在性能上比 RIPv1 有提高,相应的在报文格式上有所不同。

(9) OSPF 也是广泛使用的内部网关协议,是一种链路状态协议,克服了 RIP 的所有限制。OSPF 直接基于 IP 协议来实现。

(10) 路径 MTU 即 PMTU,是指两台主机之间通信路径中的最小 MTU。IP 报文的长度要受通信的 PMTU 的约束。如果 IP 层要发送的 IP 数据报长度大于 MTU,则需要对 IP 报文进行分片。分片有可能引起网络通信效能的下降,因此应该尽量避免分片。

(11) 如果数据报需要分片但 IP 却设置了禁止分片,则会产生 ICMP 需要分片但分片禁止差错。借助这个 ICMP 差错可以实现路径 MTU 发现。

6.6　习题

1. 子网掩码 255.255.0.255 是否对 A 类地址有效?

2. 假设一个路由器要使用 RIP 通告 30 个路由,这需要一个包含 25 条路由和另一个包含 5 条路由的数据报。如果每过一个小时,第一个包含 25 条路由的数据报就丢失一次,那么其结果如何?

3. OSPF 报文格式中有一个检验和字段,而 RIP 报文则没有此项,这是为什么?

4. 向 UDP 数据报中写入 1473 字节用户数据时,将导致以太网数据报分片的发生,则在采用以太网 IEEE 802 封装格式时,导致分片的最小用户数据长度为多少?

5. 假定有一个以太网和一份 8192 字节的 UDP 数据报,那么需要分成多少个数据报片,每个数据报片的偏移和长度为多少?

6. 为何希望用更大的 MTU 来发送报文呢? 如何查询和修改 Windows 7 系统的 MTU 值?

实验

实验 6-1　route 命令与静态路由

1. 实验说明

通过熟练使用 route 命令,掌握主机路由表项查看、增加、删除和修改的方法,理解路由表的作用和静态路由的特点。

2. 实验环境

Windows 或 Linux 操作系统及网络环境(主机有以太网卡并连接局域网或 Internet)。

3. 实验步骤

步骤1 在命令行运行 route 命令,查看该命令帮助信息,了解各个参数和选项的用法。

步骤2 用 route 命令查看自己主机的路由表,如果自己主机配置有默认路由,删除网络配置中的默认网关后,查看路由表有何变化。尝试连接外网指定 IP 地址的其他主机(如运行命令: ping 61.139.44.38)。

步骤3 运行 route 命令,添加一条静态路由到网络中指定 IP 地址主机,并查看路由表。如

```
route add 61.139.44.38 255.0.0.0 192.168.0.1
```

然后尝试连通上述主机。

步骤4 运行 route 命令,修改上述静态路由,查看路由表并尝试连通主机,最后删除上述静态路由。

步骤5 运行 route 命令,添加默认路由,使得网络恢复正常。

步骤6 对比 Windows 或 Linux 操作系统下 route 命令的不同用法,记录主要的差异。

4. 实验报告

记录自己的实验过程和实验结果,分析实验中路由表内容的变化及对网络通信的影响。理解利用 route 命令维护静态路由的方法。

5. 思考

Packet Tracer 6.0 中如何在路由器上添加静态路由?

实验 6-2 ICMP 主机和网络不可达差错

1. 实验说明

通过观察路由器转发数据报过程中产生的差错现象,分析捕获的 ICMP 差错报文内容,掌握 ICMP 主机不可达差错报文格式,理解路由表的作用,理解 IP 执行的选路机制及其工作特点。

本实验在模拟环境下进行。如果实验条件具备,也可以在真实环境下完成。

2. 实验环境

Windows 操作系统及网络环境(主机有以太网卡并连接局域网),Packet Tracer 6.0。

3. 实验步骤

步骤1 在 Packet Tracer 中建立如图 6-7 所示的拓扑,并按图中标识设置 IP 地址和主

机的默认网关。

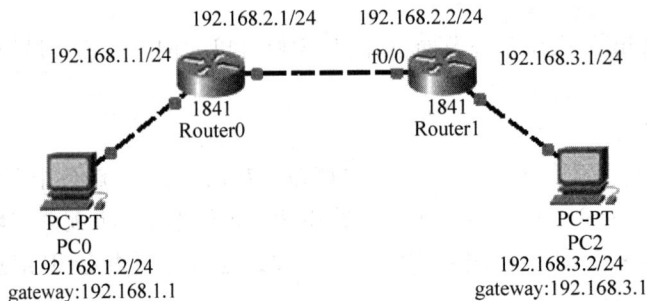

图 6-7 ICMP 主机不可达差错实验

步骤 2 路由器 Router0 配置好接口 IP 的地址后，另配置默认路由如下。

```
Router(config)#ip route 0.0.0.0 0.0.0.0 192.168.2.2
```

即默认路由为下一跳 Router1 的 f0/0 接口地址。

路由器 Router1 上配置好两个接口的 IP 地址，路由设置只配置一条去往 192.168.1.0 的路径。

```
Router(config)#ip route 192.168.1.0 255.255.255.0 192.168.2.1
```

配置好后查看两个路由器的路由表。确认路由器 Router1 上只有去往网络 192.168.1.0 的一条路径，即路由表中就没有其他路径。

步骤 3 先在 PC0 上运行下列命令。

```
PC>ping 192.168.3.2
```

如果配置无误，应该可以看到连通的信息。

步骤 4 切换到 Packet Tracer 的模拟方式，在 PC0 上运行下列命令。

```
PC>ping 192.168.4.2
```

在模拟方式观察数据包发送过程，观察在 Router0 处数据包是否正常转发，在 Router1 处产生的 ICMP 差错报文。

仔细查看各个报文并记录主要的报文内容，注意差错报文的数据部分的内容，包括其中的 ICMP 报文的标识。

步骤 5 在 Packet Tracer 模拟方式下输入下列命令。

```
PC>ping 192.168.3.3
```

观察能否连通，如果不能，是否产生和步骤 4 中命令的同样输出？如果不是，为什么？

4. 实验报告

记录自己的实验过程和实验结果，分析实验中两个路由器路由表内容的设置与实验结果的关系，理解 ICMP 主机不可达差错产生的原因和特点，分析 ICMP 主机不可达差错报文的构成。

5. 思考

如何设计网络实验，以便能观察到 ICMP 端口不可达报文？

实验 6-3 RIP 协议分析

1. 实验说明

通过观察路由器 RIP 协议工作过程，分析捕获的 RIP 报文内容，掌握路由器 RIP 协议报文格式，理解 RIP 协议的工作原理和特点。

本实验在模拟环境下进行。如果实验条件具备，也可以在真实环境下完成。

2. 实验环境

Windows 操作系统及网络环境（主机有以太网卡并连接局域网），Packet Tracer 6.0。

3. 实验步骤

步骤 1 在 Packet Tracer 下建立如图 6-8 所示的实验拓扑结构，并按图示配置好各个接口的 IP 地址。

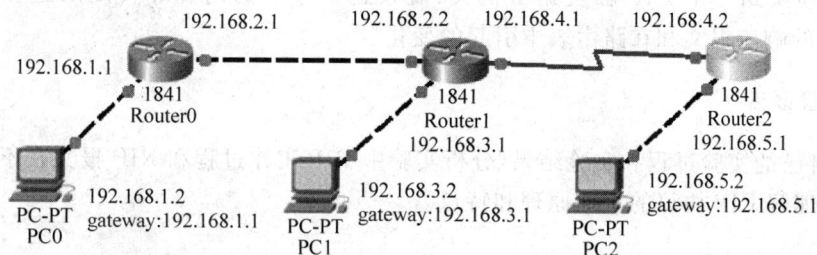

图 6-8 RIP 和 OSPF 协议实验拓扑图

步骤 2 将 Packet Tracer 切换到模拟方式，过滤器可以设置为只观察 RIP 报文。然后在 Router0 上配置 RIP 协议。运行下列命令。

```
R1(config)#router rip
R1(config-router)#network 192.168.1.0
R1(config-router)#network 192.168.2.0
```

注意观察当按下 Enter 键并结束输入命令后，Packet Tracer 捕获到的 RIP 报文。分析第一个和第二个 RIP 报文是何种类型的 RIP 报文，第三个和第四个和前两个有什么不同。

步骤 3 单击 Packet Tracer 的 capture/forward 按钮，手动控制继续捕获报文，观察 Router1 和 PC0 收到报文后的处理。因为 Router0 连接有两个网络，所以在两个接口都会有 RIP 报文发出，注意两次发出的报文的内容的不同，比较 RIP 请求和更新报文的发送出口的不同。

步骤 4 查看 Router0 路由表的变化。

步骤 5 切换 Packet Tracer 到模拟方式，继续在 Router1 上配置 RIP 协议。运行下列命令。

```
R2(config)#router rip
R2(config-router)#network 192.168.2.0
R2(config-router)#network 192.168.3.0
R2(config-router)#network 192.168.4.0
```

可以观察到：8 个 RIP 报文，其中有 3 个 RIP 请求报文首先发出，只有 Router0 给出了响应。观察 Router0 发出的响应报文的内容，理解触发更新的含义。注意其他 5 个 RIP 报文的内容。

在 Router0 和 Router1 上查看路由表的变化。

步骤 6　继续捕获数据，能看到 Router0 在收到 Router1 发出的第二个 RIP 更新报文（注意其中路由信息的内容）后，响应了一个触发更新。在 Router0 和 Router1 上查看路由表的变化。

步骤 7　继续捕获数据，观察 Router0 和 Router1 上路由表的建立。

步骤 8　让 Packet Tracer 自动捕获数据，观察各个路由器工作期间 RIP 信息的更新过程。

步骤 9　Packet Tracer 切换到模拟方式下后，单击，打开路由器 Router1 的 config 选项卡，选择 serial0/0/0，将 port status 的 on 选择框的钩去掉，关闭去往网络 192.168.4.0 通路，这时会捕获到一个 RIP 触发路由报文，观察这个报文的内容和转发的过程。观察在 Router0 上的响应报文和在路由表中引起的变化。

4. 实验报告

记录自己的实验过程和实验结果，分析实验中 RIP 工作过程和 RIP 报文在不同时期的构成内容，理解 RIP 协议的工作原理和特点。

5. 思考

RIP v2 的报文结构和工作过程有何不同？尝试通过实验来观察 RIP v2 的报文结构和工作过程。

实验 6-4　OSPF 协议分析

1. 实验说明

通过观察路由器 OSPF 协议工作过程，分析捕获的 OSPF 报文内容，学习路由器 OSPF 协议报文格式，理解 OSPF 协议的工作原理和特点。

本实验在模拟环境下进行。如果实验条件具备，也可以在真实环境下完成。

2. 实验环境

Windows 操作系统及网络环境（主机有以太网卡并连接局域网），Packet Tracer 6.0。

3. 实验步骤

步骤 1　在 Packet Tracer 下建立如图 6-8 所示的实验拓扑结构，并按图示配置好各个

接口的 IP 地址。如果是在上一个实验的基础上进行本实验,应该先把各个路由器的 RIP
配置清除掉。运行下列命令。

```
R1(config)♯no router rip
```

清除掉原有 RIP 设置后,用下列命令查看路由器的设置确认。

```
R1(config)♯show ip protocol
```

步骤2 将 Packet Tracer 切换到模拟方式,过滤器可以设置为只观察 OSPF 报文。然
后在 Router0 上配置 OSPF 协议。运行下列命令。

```
R1(config)♯router ospf 123
R1(config-router)♯router-id 0.0.0.1
R1(config-router)♯network 192.168.1.0 0.0.0.255 area 0
R1(config-router)♯network 192.168.2.0 0.0.0.255 area 0
```

注意观察当按下 Enter 键并结束输入命令后,Packet Tracer 捕获到的 OSPF 报文。注
意第一个和第二个 OSPF 报文是何种类型的报文。

步骤3 单击 Packet Tracer 的 capture/forward 按钮,手动控制继续捕获报文,观察
Router1 和 PC0 收到报文后的处理。因为 Router0 连接有两个网络,所以在两个接口都会
有 OSPF 报文发出,仔细分析 Router0 发出的报文的各个字段内容,注意其中 NEIGHBOR
COUNT 的值。另外,注意报文的 IP 目的地址为 224.0.0.5,这说明什么?

步骤4 查看 Router0 路由表的变化和 OSPF 信息的变化。分别运行下列命令。

```
R1♯show ip route
R1♯show ip protocol
R1♯show ip ospf neighbor
```

注意路由器 ID 的内容。

步骤5 切换 Packet Tracer 到模拟方式,继续在 Router1 上配置 OSPF 协议。运行下
列命令。

```
R2(config)♯router ospf 123
R2(config-router)♯network 192.168.2.0 0.0.0.255 area 0
R2(config-router)♯network 192.168.3.0 0.0.0.255 area 0
R2(config-router)♯network 192.168.4.0 0.0.0.255 area 0
```

可以观察到:Router1 发出 3 个 OSPF Hello 报文,只有 Router0 给出了响应。观察
Router0 发出的响应报文的内容,注意报文 NEIGHBOR COUNT 的值。

步骤6 用步骤 4 中的命令在 Router0 和 Router1 上查看路由表的变化和 OSPF 邻居
情况。注意邻居信息中关于 DR 的指示信息。

步骤7 单击 Packet Tracer 的 capture/forward 按钮,手动控制继续捕获报文,可以观
察到:Router0 发出了 DD 报文,随后 Router1 也发出了 DD 报文。仔细分析报文内容。

步骤8 单击 Packet Tracer 的 capture/forward 按钮,手动控制继续捕获报文,可以观
察到:Router0 发出了 LSR 报文,随后 Router1 也发出了 LSR 报文。仔细分析报文内容。

步骤 9   继续在 Router2 上配置 OSPF 协议。执行下列命令。

```
R3(config)♯router ospf 123
R3(config-router)♯network 192.168.4.0 0.0.0.255 area 0
R3(config-router)♯network 192.168.5.0 0.0.0.255 area 0
```

步骤 10   让 Packet Tracer 自动捕获数据,观察各个路由器工作期间 OSPF 信息的更新过程。在各个路由器上查看路由表的变化和 OSPF 邻居情况。

步骤 11   待各路由器上的路由表都建立完成,从各个主机上尝试 ping 连通其他主机。

步骤 12   将 Packet Tracer 切换到模拟方式下后,单击,打开路由器 Router2 的 config 选项卡,单击窗口左侧设置里的 serial0/0/0 按钮,然后将 port status 的 on 选择框的钩去掉,使 Router1 和 Router2 之间的连接断路,这时会捕获到 Router1 发出的一个 OSPF LRU 报文,观察这个报文的内容和转发的过程。观察在 Router0 上的响应报文和在路由表中引起的变化。

4. 实验报告

记录自己的实验过程和实验结果,分析实验中 OSPF 工作过程和 OSPF 报文在工作的不同时期的构成内容,理解 OSPF 协议的工作原理和特点。

5. 思考

(1) Router1 和 Router2 都未设置路由器 ID,那么其路由器 ID 是多少?

(2) 实验中还有没有观察到的 OSPF 报文,尝试通过实验来观察其报文结构和工作过程。

实验 6-5   IP 分片和路径 MTU 发现

1. 实验说明

利用 ping 程序提供的命令参数,可以发出有特定长度和不准分片标志的数据报文,根据网络返回的 ICMP 报文来实现路径 MTU 发现。通过本实验,掌握 IP 分片的原理和路径 MTU 发现的机制。

ping 程序命令参数及含义可参看实验 5-1。

2. 实验环境

Windows 操作系统及网络环境(主机有以太网卡并连接 Internet),安装有 Wireshark 1.10。

3. 实验步骤

步骤 1   在 Windows 下打开命令行窗口,选择一个外网的网站进行 ping 测试。如 ping 百度、搜狐门户,记下其网站 IP 地址(如 221.236.12.169),便于后续的实验。

步骤 2   启动 Wireshark,选择本地接口抓包,显示过滤器设置为 IP 地址,为步骤 1 获得的地址。

步骤 3 运行下列命令。

```
C:\> ping - l 2000 221.236.12.169
```

观察命令运行结果,分析捕获到的数据报文中 IP 分片的报文类型和报文内容。注意 IP 首部的分片信息和片偏移。

步骤 4 根据步骤 3 中的 ICMP 报文的长度 1514 字节,选择 1500 为 PMTU 发现的探测数据长度,运行下列命令。

```
C:\> ping - l 1500 - f 221.236.12.169
```

观察命令输出结果和抓包情况。不同的 Windows 版本可能会有不同的结果。如果显示为"需要拆分数据报但是设置 DF",则减小测试数据长度,然后继续测试,如

```
C:\> ping - l 1460 - f 221.236.12.169
```

观察命令输出和抓包结果。

分析捕获到的 ICMP 差错报文的类型和内容。

步骤 5 调整数据长度,继续测试,直到测试数据刚好连通,不产生差错。这时得到的就是报文可以承载的数据长度(但还不是 PMTU,为什么?)。

步骤 6 计算出实验的 PMTU。

4. 实验报告

记录自己的实验过程和实验结果,分析实验获取 PMTU 的工作机制,掌握 IP 分片的工作特点和报文内容,掌握 ICMP 需要分片但设置了不分片位标志差错报文的构成和作用。

第7章

UDP及应用协议分析

UDP 采用无连接的方式来提供通信服务,是传输层协议中最简单的协议。应用进程的每个输出操作都正好产生一个 UDP 数据报,并组装成一份待发送的 IP 数据报,UDP 并不提供任何机制来保证数据传输的可靠性。

UDP 具有较好的通信效能,非常适合对通信开销有一定要求的场合。许多典型的应用协议采用了 UDP 协议来实现,例如,RIP、DHCP、DNS 和 SNMP 协议等。

本章分析 UDP 协议的主要特点和报文格式,介绍基于 UDP 来实现的应用层协议 DNS、DHCP 和 SNMP。

7.1 UDP 协议

7.1.1 UDP 协议的特点

UDP 是一个简单的、面向数据报的传输层协议,无连接协议,简单地把从 TCP/IP 应用层得到的消息打包到数据报中,UDP 数据报只是在应用层的基础数据上添加一个首部后就传递给 IP 层。由于 UDP 没有提供任何类型的内置出错检查或重传能力来提高可靠性,这种方法称为尽最大努力交付(Best-Effort Delivery)。

尽最大努力交付的意义就在于 UDP 不会为交付保证和可靠性机制产生更多的开销。在网络上,越强的能力就意味着必须为收集、管理和交换各种信息提供系统开销,这也必然给通信处理的速度带来影响。在许多网络状况下,特别是在局域网中,UDP 比 TCP 提供更高的运行速度,具有很好的网络传输性能,这是因为 UDP 几乎啥事都不做,仅把数据封装传递,并不跟踪传输行为或交互的完整性。

由于 UDP 的高效率,在实践中 UDP 往往面向交易型应用,即一次交易往往只有一来一回两次报文交换,假如为此而建立连接和拆除连接,开销就相对很大了。广泛使用的 RIP、DHCP、DNS 和 SNMP 等基于 UDP 的应用协议就具有交易通信的特点,这时候使用 UDP 非常有效,因为即使因报文损失重传一次,其开销也比面向连接的传输要小。

许多基于 UDP 的应用程序在高可靠性、低延迟的局域网上运行的非常好,而到了通信网络质量很低的 Internet 环境下有可能根本不能运行。根本原因就在于 UDP 的不可靠,而这些应用程序本身又没有做可靠性处理。因此,在不可靠网络中,基于 UDP 的应用程序必须自己解决可靠性问题,比如报文的丢失、重复、失序和流控的问题。

　　尽管 UDP 不提供数据的可靠传输，但仍然可以选择在每个数据包中包含一个校验和，使得传输层协议易于向高层协议报告抵达目标的数据包是否与其离开发送方时相同，这种简单的处理方式不需处理潜在的复杂细节。尽管 UDP 检验和是可选的，但总是在使用。

　　传输层提供的是端到端的通信，所有的 TCP/IP 传输层协议都在其首部使用源端口地址和目的端口地址来标识发送端和接收端上特定的应用层协议，因此它们能在更高层交换信息。这种协议标识机制通过与大部分高层协议和服务关联的公认端口地址来标识应用程序，同时也允许使用这些协议与服务交换数据的应用进程在通信过程中唯一的相互标识对方，即把传输层的端口号理解为端主机中应用层通信进程的标识。这样即使无连接协议没有创建、管理及终止连接的内部方法，却也确实为发生在应用层的这些行为提供了一种机制。

　　UDP 发送数据时，UDP 软件构造一个数据报，交给 IP 软件便完成工作。接收数据时，UDP 软件先要判断接收数据报的信宿端口是否与当前使用的某端口匹配，如果不匹配，则抛弃该数据报并向信源端发送端口不可达的 ICMP 差错报文；如果端口匹配成功，还需要看相应端口缓冲区是否已满，只有缓冲区中可以存放数据才接收成功并提交给上层协议，否则也要丢弃数据报。

　　为确保通信的效率，基于 UDP 的应用程序还必须关心 IP 数据报的长度。如果 UDP 提交给 IP 的数据长度超过网络的 MTU，那么 IP 层就要对 IP 数据报进行分片。如果需要，源端到目的端之间的每个网络都要进行分片。分片带来的问题在 6.4 节已经作了分析，避免分片是保证 UDP 通信效率的要求。应用程序的每份数据报往往总是限制在小于 512 字节。

7.1.2　UDP 的报文格式

　　UDP 数据报被封装在一个 IP 数据报中，UDP 报文的封装格式如图 7-1 所示。一条 UDP 报文就叫一条用户数据报，封装时直接放入 IP 报文数据区中，IP 首部中协议字段值为 17(0x11)，即表示封装的是 UDP 数据报。

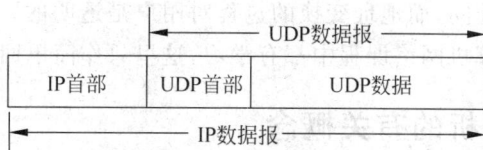

图 7-1　UDP 报文的封装格式

UDP 数据报首部的格式如图 7-2 所示。标准的 UDP 首部长度是 8 字节。

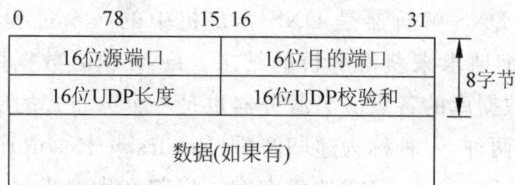

图 7-2　UDP 数据报的首部格式

　　首先是报文收发的端口号。端口号表示发送进程和接收进程。源端口是发送进程的 UDP 端口,如果不需要返回数据,源端口设置为 0。TCP 和 UDP 依据目的端口号分用来自 IP 层的数据。

　　需要注意的是,由于 IP 层已经把 IP 数据报分配给 TCP 或 UDP,因此 TCP 端口号由 TCP 来查看,而 UDP 端口号由 UDP 来查看,TCP 端口号与 UDP 端口号是相互独立的。

　　UDP 长度为 UDP 首部和 UDP 数据的总字节数,也等于 IP 数据报全长减去 IP 首部的长度。这个字段的最小值为 8,即 UDP 数据报只有首部,没有数据部分。

　　UDP 检验和覆盖 UDP 首部和 UDP 数据。UDP 检验和计算方法是把 UDP 数据报(包括伪首部＋首部＋UDP 数据)的若干个 16 位字相加。若 UDP 数据报的长度为奇数字节,则在最后增加填充字节 0;若为偶数字节,则不用加 0。

　　为了计算检验和 UDP 设置了一个 12 字节长的伪首部,包含 4 字节源 IP 地址、4 字节目的 IP 地址、1 字节填充、1 字节协议类型和 2 字节 UDP 长度。这样计算校验和时求和数据就包含了通信双方的 IP 地址和协议类型,从而使得计算得出的校验和具有了一定的区分度。

　　UDP 的检验和是可选的,而 TCP 的检验和是必需的。

　　UDP 检验和是简单的 16 位和。它检测不出交换两个 16 位的差错,这是因为两个 16 位交换后,校验和值仍相等。所以 UDP 无法查出来数据换位的错误。

　　基于 UDP 的应用协议很多,其基本的特点都是为提高通信效率,降低通信开销,或在一个网络内的应用。本章主要以 DNS、DHCP 和 SNMP 来说明基于 UDP 的应用协议和协议分析的方法。更多的应用协议请读者参考其他资料。

7.2　DNS 协议

　　Internet 采用了层次型的命名机制及管理,在 TCP/IP 中就是 DNS 域名系统。DNS 能在用户方便性和网络传输有效性之间建立起途径,使用户可以方便地使用域名来对网络上的不同节点进行有效地访问,而地址变换的过程对用户是透明的。DNS 域名解析的详细工作原理和基本过程在计算机网络课程中都有学习,这里只作简单回顾。

7.2.1　域名解析的有关概念

　　DNS 系统通过域名数据库将用户的名称解析为与此名称相对应的 IP 地址。DNS 系统通常有几个固定的部分:DNS 的分布式数据库系统由域名空间和相关的资源记录构成;DNS 名称服务器是一台维护 DNS 分布式数据库系统的服务器,查询该系统可以答复来自 DNS 客户的查询请求;DNS 解析器是 DNS 客户机中的一个进程,用来帮助客户端访问 DNS 系统,发出名称查询请求来获得解析的结果。DNS 域名数据库是一个树状结构的分布式数据库,支持这个数据库的各级域名服务器也是一个分布式的层次结构的集合。

　　域名解析的方式有两种,一种称为递归解析(Recursive Resolution)或递归查询,另一种称为迭代解析(Iterative Resolution)或迭代查询。递归查询要求域名服务器系统一次性完成全部名字地址变换,即当请求的域名服务器无法完成名称解析时,直接将解析请求转向下一个域名服务器。迭代查询则在每次请求一个服务器解析不能完成时,就返回下一个域名服务器的名字给请求者,由请求者再次构造新的解析请求向下一个服务器请求解析,以此类推,直至找到具有请求者域名的服务器。两者的区别在于,前者将复杂性和负担交给了服务器软件,而后者则交给了本地解析器软件。显然,递归解析方式在名称请求频繁时性能不够好,而迭代解析方式在名字请求不多时性能不好。

类似于 ARP 和 RARP,DNS 也有正向地址解析和反向地址解析的过程。下面主要从协议分析的角度来学习 DNS 的报文结构和工作过程。

应用程序在真正开始通信之前,首先必须从对方主机的域名解析出对方的 IP 地址,这样才能构造相应的 IP 报文,这就是一个域名解析的过程。应用程序将域名交给本地解析器软件,该软件首先在本地缓冲区中查找相应的绑定信息,如果找不到,则本地解析器构造一个询问报文,发往初始域名服务器(通常在主机网络配置时设定)。初始域名服务器根据解析情况回答一个响应报文或者根据解析方式转发解析请求。一旦解析器从本地缓冲区或服务器响应中获得目标机 IP 地址,则交给应用程序,应用程序便可以开始真正的通信过程。

DNS 既可以使用 UDP,也可以使用 TCP 来进行通信。DNS 服务器使用 UDP 或 TCP 的 53 号熟知端口。不过 DNS 主要还是使用 UDP,解析器或是服务端都必须自己处理重传和超时。使用 TCP 的情况仅出现在一些特殊的情形下,例如,报文太长以至于一个 UDP 报文不能容纳,或是在辅助域名服务器的区域传送。

7.2.2　DNS 报文格式分析

DNS 报文包括请求报文和响应报文。请求报文和响应报文的格式是相同的,如图 7-3 所示。DNS 报文的首部由 6 个字段构成,长度为 12 字节。

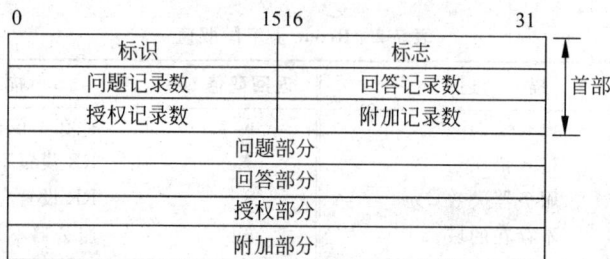

0	1516	31	
标识	标志		首部
问题记录数	回答记录数		
授权记录数	附加记录数		
问题部分			
回答部分			
授权部分			
附加部分			

图 7-3　DNS 报文格式

DNS 报文格式说明如下。

(1) 标识：报文的 ID,长度为 16 位,用于将 DNS 请求和对应的响应关联起来。

(2) 标志：描述 DNS 报文的类别和工作特性,长度为 16 位,划分为如图 7-4 所示的若干子字段。下面对各个子字段进行说明。

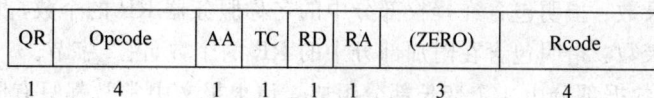

QR	Opcode	AA	TC	RD	RA	(ZERO)	Rcode
1	4	1	1	1	1	3	4

图 7-4　DNS 报文首部中的标志字段

① QR 子字段：用来区别请求和响应，0 表示请求报文，1 表示响应报文，占 1 位。

② Opcode 子字段：用来定义操作类型，4 位，各个取值含义如表 7-1 所示。要了解各个取值的最新变更，可访问 IANA(The Internet Assigned Numbers Authority，互联网数字分配机构)的网站。

表 7-1　Opcode 子字段取值

操 作 取 值	操 作 说 明	操 作 取 值	操 作 说 明
0	标准查询(正向解析)	4	通知
1	反向查询(反向解析)	5	更新
2	服务器状态请求	6~15	可用于分配
3	保留		

③ AA 子字段：表示授权回答，仅在应答时有效，占 1 位。如果置 1，表明应答的名称服务器是定义在提问名称字段中域名的权威服务器。

④ TC 子字段：表示可截断的，仅在应答中有效，占 1 位。如果应答数据太多，不能放在 UDP 数据报的数据部分，将会被截断。置 1，表示应答包含了大量的名称服务器数据，有可能超过 MTU。这种情况下，数据包被截断，UDP 报文只返回前 512 字节应答数据。

⑤ RD 子字段：表示期望递归，占 1 位。置 1，为递归查询；置 0，则为迭代查询。

⑥ RA 子字段：表示可用递归，仅在应答中有效，占 1 位。置 1，表示名称服务器支持递归。

⑦ Rcode 子字段：表示返回码，用于应答，指明是否发生了错误，占 4 位，常用的取值如表 7-2 所示。

表 7-2　Rcode 子字段取值

返回码值	描　　述	返回码值	描　　述
0	没有错误	6	存在不该存在的名称
1	格式错误	7	RR 设置不存在时存在
2	服务器失效	8	RR 设置存在时不存在
3	不存在的域	9	服务器不是权威服务器
4	未实现	10	区域中无该名称
5	查询被拒绝	11~15	可用于赋值

Rcode 子字段支持扩展，通过在 RR(Resource Record，资源记录)中增加特别的类型，可以扩展出 8 位、12 位和 16 位的扩展返回类型，相关内容可参阅 IANA 的网站。

(3) 问题记录数：指明包含在问题部分中的问题数，占 2 字节。

(4) 回答记录数：指明包含在回答部分中的 RR 的个数，占 2 字节。

(5) 授权记录数：指明包含在授权部分中的名称服务器 RR 的个数，占 2 字节。

(6) 附加记录数：指明包含在附加部分中的 RR 的个数，占 2 字节。

DNS 报文的数据部分由 4 个变长部分组成。请求报文中常常都只有问题部分有内容，而其他 3 个部分的资源记录数为 0，因而内容部分为空。这里结合图 7-3 说明各个部分。

(1) DNS 问题部分由一组问题记录组成，问题记录格式为查询名字段、查询类型和查

询类构成。查询名字段可变长,由多个标号序列构成,每个标号前有一个字节指出该标号的
字节长度,然后是域名的某一级名字。

查询类型长 16 位,定义询问希望得到的回答类型,这也就是域名系统资源记录的类型。
最常见的资源记录类型如表 7-3 所示。

表 7-3　资源记录类型部分取值

类　型	取　值	描　述
A	1	用于域名到 IPv4 地址的转换
NS	2	标识区域的授权名字服务器
CNAME	5	主机别名的规范名称
SOA	6	标识授权区域的开始
PTR	12	指向其他域名空间的指针
HINFO	13	主机信息
MINFO	14	邮箱或邮件列表信息
MX	15	邮件交换
TXT	16	任意文本字符串
ANY	255	全记录请求,请求所有的记录

用于 DNS 的资源记录类型很多,这里没有全部列出,需要时可以查阅相关资料。

查询类长 16 位,指明查询的类别。取 1,表示因特网协议(IN)。

(2) 其余 3 部分是应答报文的内容。DNS 应答报文中的回答部分、授权部分和附加部
分都采用相同的资源记录格式,如图 7-5 所示。通常一条资源记录描述一个域名及其相关
的特性信息。

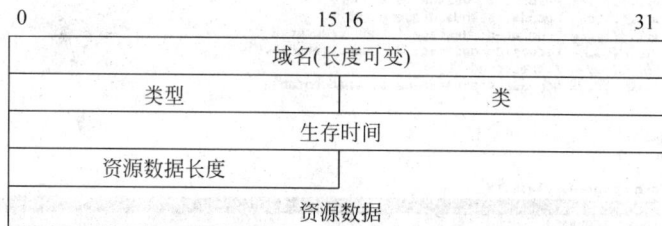

图 7-5　DNS 资源记录格式

① 域名:指出本资源记录所涉及的域名,长度可变。

在响应报文中,回答的域名往往与问题中的域名相同。为了节省响应报文的空间,服务
器对回答的域名采用压缩格式,对相同的域名只存放一个拷贝,其他采用指针表示。

若开始的两个二进制位为“11”,则接下去的 14 位为指针,该指针指向存放在报文中另
一位置的域名字符串;若开始的两个二进制位为“00”,则接下去的 6 位指出紧跟在计数字
节后面的标号的长度。

② 类型:指明资源数据中资源记录的类型,占 16 位,各种类型取值参考表 7-3。

③ 类:指明数据类,对应于查询类,该值为 1,表示因特网协议(IN)。

④ 生存时间:指出本资源记录可被缓冲区保存的时间(以秒计),占 4 字节。如果该字
段的值为 0,资源数据可以被使用一次,但不会被缓冲。

⑤ 资源数据长度：指明资源数据字段的长度，2 字节。虽然这个字段将资源数据的长度有效地限制在 65 535 字节之内，只要大多数 RR 数据的长度小于 512 字节，一般情况下不会对 UDP 传递数据造成影响。

⑥ 资源数据：资源信息本身，长度可变。从某种意义上说，可以称其为包含了资源记录的真正负载，即名称解析的结果。

需要指出的是，整个 DNS 报文是以字节为单位的，无数据填充，因此有可能出现奇数字节的报文长度。

7.2.3 DNS 报文实例

为更直观地了解 DNS 报文，下面分析用 Wireshark 从实际网络上捕获的 DNS 请求和应答报文，分别如图 7-6 和图 7-7 所示。

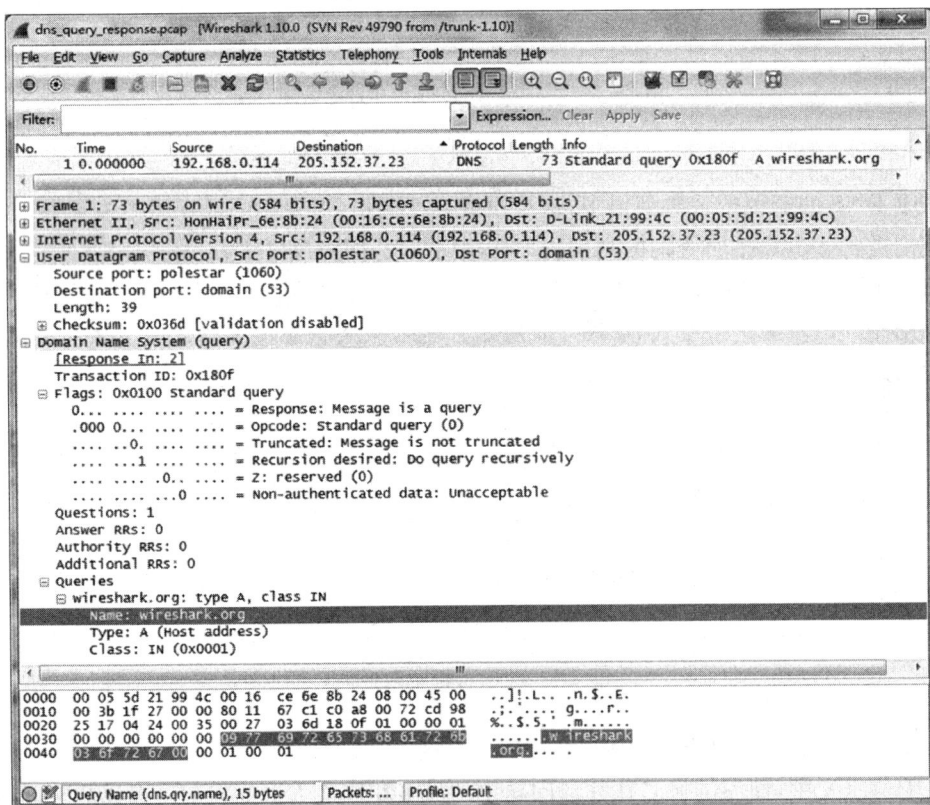

图 7-6　DNS 请求报文实例

从两个报文的解析中均可以看到，DNS 报文封装在 UDP 数据报中。请求方的端口号是自定的，而 DNS 服务器的端口号是 53。DNS 请求和应答报文中都有一个事务 ID（Transaction ID），即标识字段，来把请求和应答关联起来。图中事务 ID 的值为 0x180f。

在图 7-6 的 DNS 请求报文中，可以看到标志（Flags）字段的每一个子字段的取值和含义，表明该报文是一个采用递归解析的标准的 DNS 查询报文。因为是查询报文，返回码没有设置。问题记录数为 1，查询报文没有其他记录，所以其余记录数都为 0。观察问题部分，

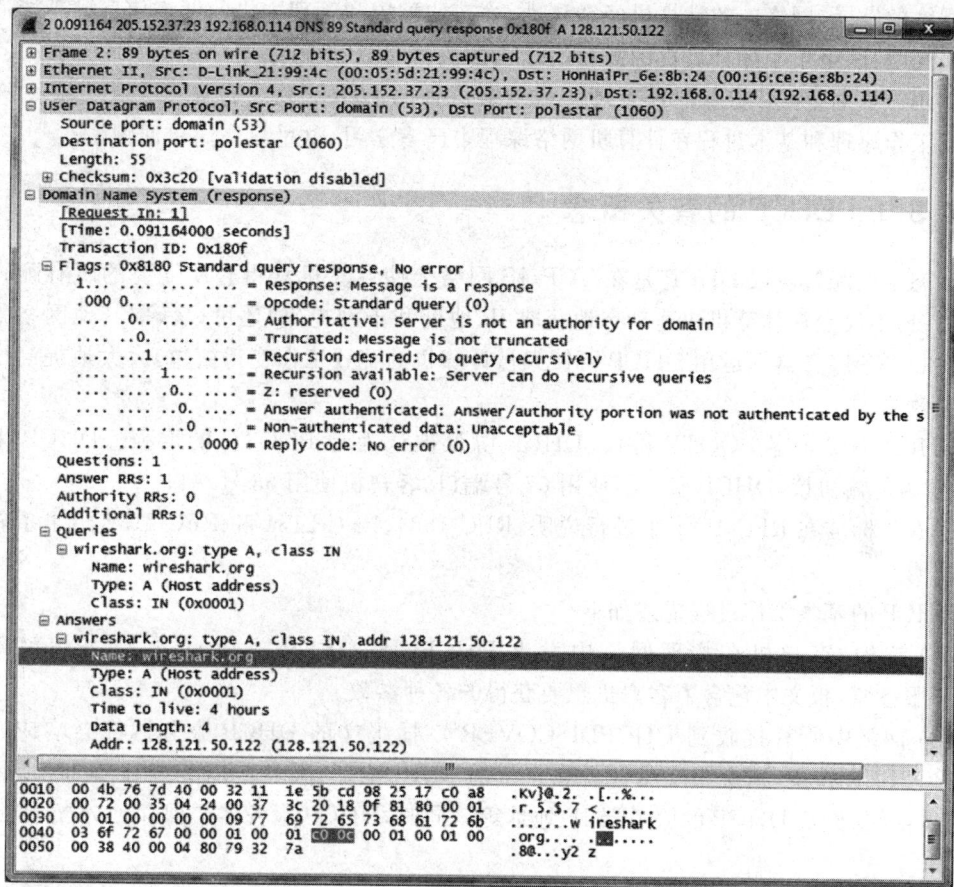

图 7-7　DNS 应答报文实例

可以看到该报文要解析的域名为 wireshark. org，图 7-6 中加亮部分的数据表明了数据在报文中原始格式。注意观察包原始数据，可以看到，要解析的名字在 DNS 报文数据中按每级域名以名字长度加名字字符串的格式存放，例如，"09 77 69 72 65 73 68 61 72 6b"中"09"为"wireshark"的长度，后面 9 个字符为域名。类型为 A，表示查询主机地址。类为 IN，表示 Internet 地址。

图 7-7 为 DNS 应答报文。和请求报文主要的不同是：除了标志中的子字段不同，更主要是增加了回答的资源记录。特别需要注意的是，应答报文中保留有问题部分，因此回答部分里的名字部分采用了压缩方式。观察图 7-7 中加亮的部分，可以看到名字 wireshark. org 在回答报文的原始数据中仅为"c0 0c"两个字节，从其中得到的指针"0x000c"是从 DNS 报文开始计算的偏移值，正好指向问题部分的名字字符串。

7.3　DHCP 协议

最早提出解决从网络上的服务器处获得主机自己的 IP 地址、文件服务器的 IP 地址、可运行的引导文件名等信息的是 BOOTP 协议，其针对的是网络上无盘节点的引导。随着计算机网络的发展,网络中的计算机经常移动,静态的配置和管理主机的网络信息已不能适应要求。同时,网络中实际计算机的数目超过了可获得的 IP 地址数量,即 IP 地址不够的问题日渐突出。这时,采用动态配置管理主机网络信息的 DHCP 就十分必要了。有关 DHCP 的详细工作原理和基本过程在计算机网络课程中已有学习,这里只作简单回顾。

7.3.1　DHCP 的有关概念

动态主机配置协议 DHCP 是在 TCP/IP 网络上使计算机获得它所需要的所有配置信息的协议,不仅允许计算机快速动态地获取 IP 地址和子网掩码,还可以获取其他网络配置信息,如 DNS 服务器。运用 DHCP 可使大量计算机的配置工作变得简单,大大地提高了网络管理效能。

DHCP 协议兼容 BOOTP 协议,DHCP 协议被认为是 BOOTP 的增强。DHCP 采用 UDP 作为传输协议,DHCP 服务器使用 67 号端口,客户机使用 68 号端口。

DHCP 标准在 RFC 1531 中进行说明,RFC 1534、RFC 2131 和 RFC 2132 给出了新的功能说明。

DHCP 的基本工作过程描述如下。

(1) 首先,客户机在物理网络中发出 DHCPDISCOVER 广播报文,以查找可用的 DHCP 服务器,报文中包含了客户机想要获得的各种参数。

(2) 网络中所有接收到 DHCPDISCOVER 广播报文的 DHCP 服务器都会响应一个 DHCPOFFER 报文,这个报文中包含客户机的 MAC 地址、服务器提供的 IP 地址、子网掩码、租赁期间、提供 DHCP 的服务器 IP 地址等。同时,DHCP 服务器会保存已分配 IP 地址的记录。

(3) 客户机能收到每个 DHCPOFFER 报文,但一次只能处理一个,一般处理最先收到的 DHCPOFFER 报文。接着,客户机会再发出 DHCPREQUEST 广播报文,这个请求报文中有事务 ID 和客户选择接收的 DHCP 服务器地址。

(4) DHCP 服务器收到 DHCPREQUEST 报文,判断报文中服务器地址是否与自己的地址相同,如果相同,DHCP 服务器响应 DHCPACK 报文,并在选项字段中增加了 IP 地址使用租期选项;如果不同,则服务器收回作出的分配。

(5) 客户机收到 DHCPACK 报文后,判断 DHCP 服务器分配给自己的 IP 地址是否一致,如果是,则表明客户机成功获得 IP 地址;如果不是,则通知 DHCP 服务器禁用这个 IP 地址,以免引起 IP 地址冲突,然后客户机从步骤(1)重新开始。

(6) 客户机在成功获取 IP 地址后,随时可以向服务器发出 DHCPRELEASE 报文,释放自己的 IP 地址,DHCP 服务器收到 DHCPRELEASE 后,会回收相应的 IP 地址,进行重新分配。

(7) 客户机根据 IP 地址使用租期自动进行租约更新,DHCP 客户机更新租约的过程如下。

① 在客户机租期达到更新时间 T1(即租期的 50%)时,客户机直接向提供租约的 DHCP 服务器发送 DHCPREQUEST 报文,请求更新及延长现有地址的租约。

② 如果 DHCP 服务器收到请求,它发送 DHCPACK 给客户机,更新客户机的租约。

③ 如果客户机无法与提供租约的服务器取得联系,则客户机一直等到租期达到重新绑

定时间 T2(即租期的 87.5%)时,客户机进入到一种重新申请的状态,它向网络上所有的 DHCP 服务器广播 DHCPREQUEST,以更新现有的地址租约。

④ 如有服务器响应客户机的请求,那么客户机使用该服务器提供的地址信息,更新现有的租约。

⑤ 如果租约过期或无法与其他服务器通信,客户机将无法使用现有的地址租约。客户机返回到初始启动状态,利用前面所述的步骤重新获取 IP 地址租约。

使用 DHCP 给网络管理带来的好处:首先是避免了因手工设置 IP 地址及子网掩码所产生的错误,同时也避免了把一个 IP 地址分配给多台工作站所造成的地址冲突,这样使得网络配置更加安全而可靠;其次是通过对 DHCP 服务器的设置,可灵活修改的地址租期,大大地缩短了配置或重新配置网络中工作站所花费的时间,即便是 DHCP 地址租约的更新,亦由客户机与 DHCP 服务器自动完成,无须网络管理员人工干预,降低了管理 IP 地址设置的负担。

7.3.2　DHCP 的报文格式

DHCP 协议从 BOOTP 发展而来并兼容 BOOTP 协议,其在协议的许多特点上都与 BOOTP 是一样的,如使用的端口号乃至报文格式两者几乎完全一样。DHCP 的报文格式如图 7-8 所示。

0	7 8	15 16	23 24	31
操作码	硬件类型	硬件地址长度	跳数	
事务标识				
秒数		标志		
客户IP地址				
你的IP地址				
服务器IP地址				
网关IP地址				
客户主机硬件地址(16字节)				
服务器主机名(64字节)				
引导文件名(128字节)				
选项(可变长度)				

图 7-8　DHCP 报文格式

DHCP 报文各字段的含义如下。

(1) 操作码:表示本次 DHCP 操作的类别,占 1 字节。为 1,表示请求,即客户机发送给服务器的报文;为 2,表示应答,即服务器发回给客户机的报文。

(2) 硬件类型:表示物理网络的类型,占 1 字节。取值 0x01,表示以太网。

(3) 硬件地址长度:物理地址的长度,占 1 字节。对以太网,值为 0x06。

(4) 跳数:指报文经过路由器传送的跳数,占 1 字节。如果报文经过网络上路由器转发,则每站加 1;若是在同一网络内,为 0。

(5) 事务标识:用作请求与应答匹配的依据,是系统生成的随机数,占 4 字节。

(6) 秒数:由客户指定的时间,指客户端开始地址获取和更新进行后的时间(秒),占 2

字节。

(7) 标志：表示服务器的通信方式，占 16 位。最左一位为 1 时，表示服务器将以广播方式传送封包；为 0，则为单播方式；其余位保留，尚未使用。

(8) 客户 IP 地址：是客户端想继续使用之前取得之 IP 地址，则列在这里。

(9) 你的 IP 地址：是从服务器送回的、分配给客户的 IP 地址。

(10) 服务器 IP 地址：是客户端引导过程中使用的 DHCP 服务器 IP 地址。

(11) 网关 IP 地址：指如使用 DHCP 中继，则给出中继代理的地址，否则为 0。

(12) 客户主机硬件地址：存放客户端的物理地址，占 16 字节。对以太网，则只使用前 6 个字节，其余字节为 0。DHCP 服务器存放这个地址并与分配的 IP 地址相关联。

(13) 服务器主机名：服务器名称字符串，占 64 字节。可选字段，以 0x00 结尾。

(14) 引导文件名：是指客户端网络引导的开机程序名称，通常设计为稍后以 TFTP 传送引导文件内容，占 128 字节。可选字段，以 0x00 结尾。

(15) 选项：提供更多的设定信息，如子网掩码、路由器、DNS 等，可携带多个选项。每一选项的格式都是"类别—长度—值"，即 TLV(Tag-Len-Value)格式，完全兼容 BOOTP 并扩充了更多选项。DHCP 定义的选项有近百种，完整的选项信息可以查阅 http://www.iana.org/assignment/bootp-dhcp-parameters。其中，DHCP 消息可利用类别为 53 的选项来设定类型，各消息类型如表 7-4 所示。

表 7-4   DHCP 消息类型(53)

消 息 类 型	取 值	描 述
DHCPDISCOVER	1	客户端发送，用于定位可用服务器
DHCPOFFER	2	服务器发送，响应 DHCPDISCOVER
DHCPREQUEST	3	客户端发送，从特定服务器获取配置参数
DHCPDECLINE	4	客户端发送，指示无效参数
DHCPACK	5	服务器发送，分配网络配置参数
DHCPNAK	6	客户端发送，拒绝配置参数请求
DHCPRELEASE	7	客户端发送，放弃网络配置并取消租用
DHCPINFORM	8	客户端发送，仅请求配置参数

表 7-4 中的 4 个消息类型 1、2、3 和 5，对应着 DHCP 的发现—提供—请求—确认 4 个环节，反映了客户端第一次获得 DHCP 服务的基本的工作过程。

选项中会用到 0x00 来作为填充字节，本身没有其他意义。

7.3.3 DHCP 报文实例

为更直观地了解 DHCP 的工作过程和报文结构，下面对使用 Wireshark 从网络中获取的 DHCP 报文实例进行分析说明。

图 7-9 为 DHCPDISCOVER 报文实例，图中可以观察到客户端发出 DHCP 请求时的报文特点，概括如下。

(1) 报文的源 IP 地址为 0.0.0.0，这是合法的源 IP 地址，但由于这时客户端还没有获得自己的 IP 地址，只能用此地址表示网络中的一个主机；目的主机是广播地址，这是因为

DHCP 请求是在物理网络广播的。

（2）DHCP 报文是封装在 UDP 报文中的，客户端使用 UDP 端口 68，服务器使用 UDP 端口 67，图 7-9 中 Wireshark 把 DHCP 解析为 Bootstrap Protocol，即 BOOTP，因此客户端表示为 bootc，服务器端表示为 boots。

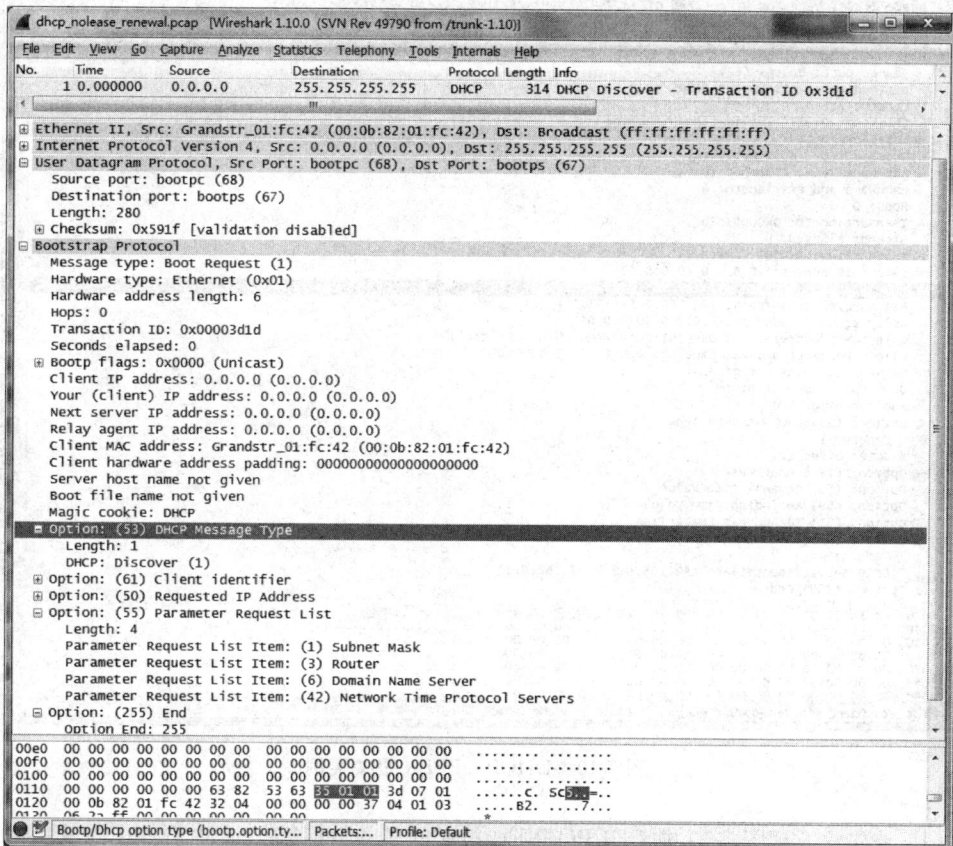

图 7-9　DHCP DISCOVER 报文实例

（3）消息类型解析为 Boot Request(1)，表示为引导请求或 DHCP 请求，这也就是报文的标志字段，表明这是客户端发给服务器端的报文，而报文的具体类型在图中加亮部分的 option(53)DHCP Message Type 处标示，可以看到这里是 DHCP：Discover(1)。

（4）硬件类型为 1，硬件地址长度为 6，这表明物理网络是以太网。

（5）由于这是客户端发出的第一次请求——DHCP 服务器的报文，所以所有有关 IP 地址的域都是 0.0.0.0，需要发现服务器来提供。地址域中只有本机的 MAC 地址有填充。

（6）选项部分有 5 条内容，其中包含选项的结束标志 End(0xff)。需要特别注意的是，所有的选项都是按 TLV 的格式来组织数据的。图中抓包的原始数据加亮部分可以看到内容为"35 01 01"，表示的正是类型为 53 的 DHCP 消息，长度为 1 字节，值为 0x01。其他的各个选项都是同样的格式来组织的。特别要注意的是，在选项 55 参数请求（Parameter Request List）中可以看到客户端向服务器请求的参数内容。

图 7-10 为 DHCPOFFER 报文实例，在此可观察到服务器端发出 DHCP 提供时的报文

特点。需注意观察以下几点。

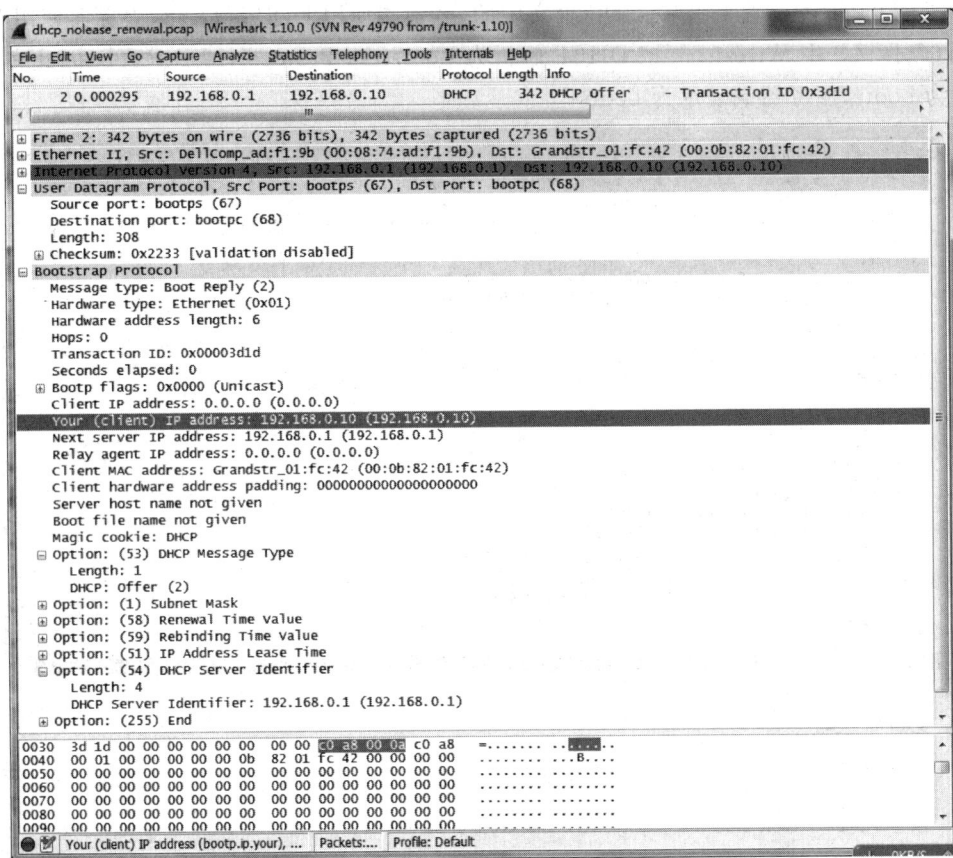

图 7-10 DHCP OFFER 报文实例

（1）首先注意到图 7-10 中 DHCPOFFER 报文的事务 ID 和图 7-9 中 DHCPDISCOVER 的事务 ID 是一样的(0x00003d1d)，表明这是一组关联的 DHCP 操作。

（2）IP 报文是单播的，即 DHCP 服务器向预分配的 IP 地址发出提供报文，尽管这时客户端还没有 IP 地址。

（3）消息类型解析为 Boot Reply(2)，表示为 DHCP 响应，即报文的标志字段仅表明这是服务器端发给客户端的报文，而报文的具体类型在选项 option(53)DHCP Message Type 处标示，可以看到这里是 DHCP: Offer(2)。

（4）DHCP 服务器分配给客户端的 IP 地址在 Your (client) IP address 处给出，这里是 192.168.0.10，DHCP 服务器的地址在 Next server IP address 处，为 192.168.0.1。

（5）接下来在选项中可以看到子网掩码(255.255.255.0)、租期的更新时间、重新绑定时间和租期，还有服务器的 IP 地址。

继续上述的 DHCP 协议工作过程，可以得到图 7-11 的 DHCPREQUEST 报文实例，从图中可以观察到客户端在获得 DHCP 服务器的 OFFER 后发出 DHCP 请求报文的特点。需要特别注意的事项如下。

（1）客户端的 DHCP REQUEST 报文是广播的，源 IP 地址仍然是 0.0.0.0，说明客户端还没有得到自己的 IP 地址。事务 ID 有变化（0x00003d1e），说明这是重新发起的一个对话。

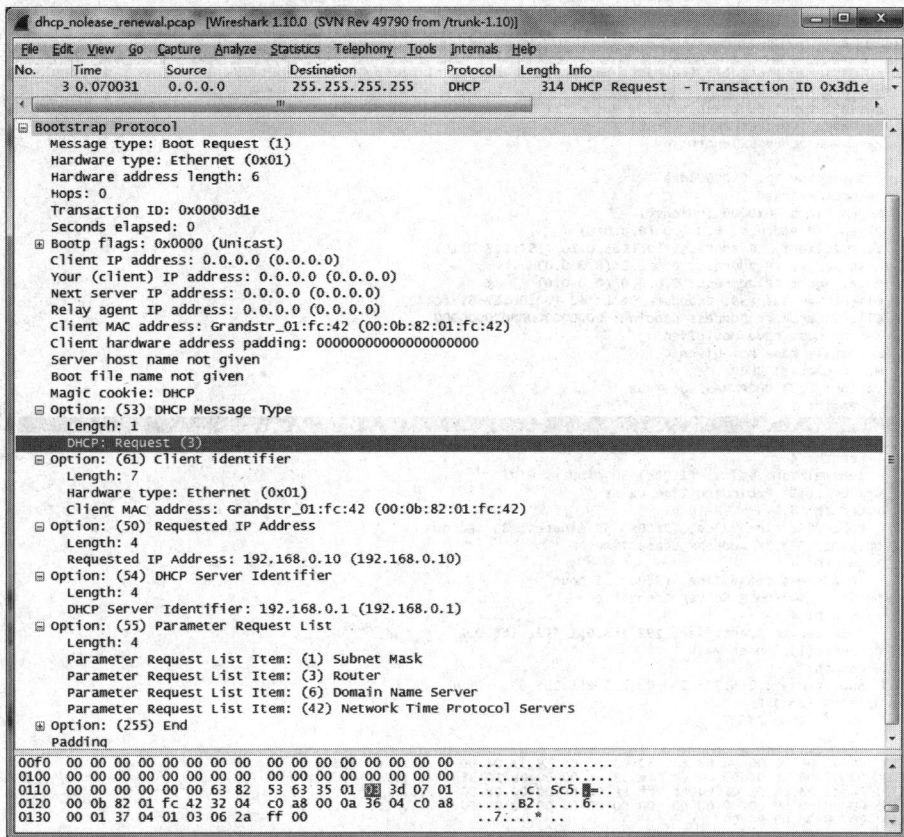

图 7-11　DHCP REQUEST 报文实例

（2）消息类型解析为 Boot Request(1)，表示为 DHCP 请求，表明这是客户端发给服务器端的报文，而报文的具体类型是 DHCP：Request(3)。

（3）选项 option(50)Request IP Address 处给出了客户端希望得到的 IP 地址（192.168.0.10）。

（4）选项 option(54)DHCP Server Identifier 则指出了客户端认定的 DHCP 服务器的 IP 地址（192.168.0.1）。

（5）选项 option(55)的参数请求列表列出了客户端可能从服务器得到的参数类型，但请求报文中是空的，没有值，如子网掩码。

继续考察 DHCP 服务器对上述请求报文返回的确认报文 DHCPACK，如图 7-12 所示。从报文中可观察到以下信息。

（1）DHCP ACK 报文是单播的，源 IP 地址是 DHCP 服务器的 IP 地址 192.168.0.1，目的 IP 地址是 192.168.0.10，正是客户端希望 DHCP 服务器分配给自己的 IP 地址。尽管这时客户端的协议栈还没有完全确认自己的 IP 地址，但在接收这个确认后则获得了自己的 IP 地址和相关设置。

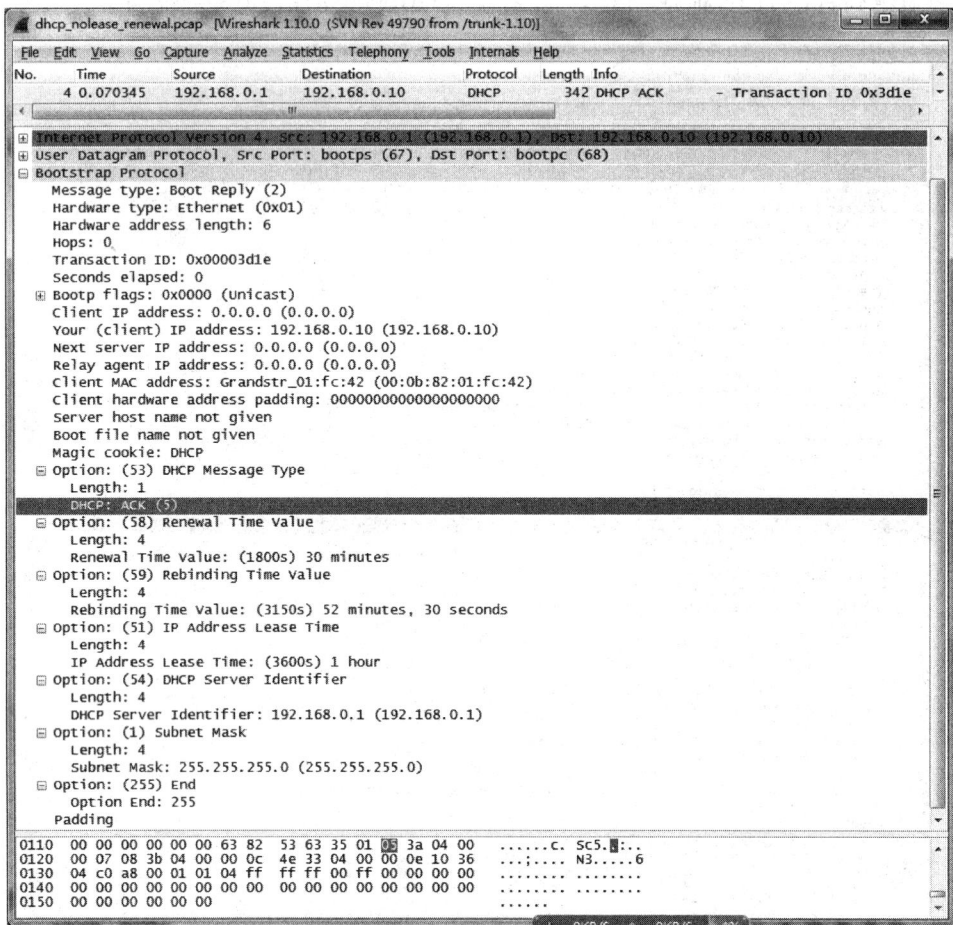

图 7-12　DHCP ACK 报文实例

（2）报文中 Your(client) IP Address 给出了 DHCP 服务器租用给客户的 IP 地址 192.168.0.10。

（3）报文的具体类型是 DHCP：ACK(5)。

（4）选项中与地址租用时间有关的 3 项：option(58)Renewal Time Value 为 30 分钟，即更新租约时间 T1 为租期的 50％时间；option(59)Rebinding Time Value 为 52.5 分钟，即重新绑定时间 T2 为租期的 87.5％时间；option(51)IP Address Lease Time 为 1 小时。

（5）选项中还可看到服务器的 IP 地址和分配给客户的子网掩码。

还有其他类型的 DHCP 报文，这里就不再给出实例了。本章实验部分有关于 DHCP 的内容，请读者在真实网络环境中去捕获分析。

7.4　SNMP 协议

为了统一有效地管理各种异构网络及不同的网络设备，使网络管理标准化，IETF 针对 Internet 网络管理制定了简单网络管理协议（Simple Network Management Protocol，

SNMP)。SNMP的初始版本发布于1988年。由于它采用的数据结构简单,易于实现,所以一推出就得到了广泛的应用和支持,特别是很快地得到了数百家厂商的支持,包括IBM、HP、SUN等大公司和厂商。目前SNMP已成为网络管理领域中事实上的工业标准,并被广泛支持和应用,大多数网络管理系统和平台都是基于SNMP的。

SNMP是最早提出的网络管理协议之一,其前身是简单网关监控协议(Simple Gateway Monitoring Protocol,SGMP),用来对通信线路进行管理。随后,人们对SGMP进行了很大的修改,特别是加入了符合Internet定义的SMI(Structure of Management Information,管理信息结构)和MIB(Management Information Base,管理信息库),改进后的协议就是著名的SNMP。SNMP的目标是管理互联网上众多厂家生产的软硬件平台,因此SNMP受Internet标准网络管理框架的影响也很大。

最初的SNMP版本即SNMP v1有不少缺点,主要表现为两个方面:一是管理功能不完善,效率不高,如难以实现大量的数据传输、不支持管理站与管理站间的通信;二是缺乏有效的安全机制。为了解决这些问题,1993年发布了SNMP v2,通过扩展数据类型、增加协议操作类型等方法增强了管理功能,同时在安全方面也提出了解决方案。但由于其实现较复杂,所以人们只接受了其修改版本SNMP v2c,又称为"基于团体(Community)的SNMP v2",即只接受了其增加的管理功能,而在安全上仍然采用SNMP v1基于团体的认证方式。为弥补安全方面的不足,1998年,IETF推出的SNMP v3综合了前面各个版本的技术,在其基础上定义了一套安全和访问控制机制及远程配置功能,解决了一直困扰SNMP的安全问题,促进了SNMP的发展。最重要的进展就是RMON(Remote Monitor,远程监控)能力的开发,使得网络管理不只是管理单独的设备,而可以监控整个子网。

与SNMP发展有关的RFC文档比较多,最主要的有RFC 1155、RFC 1157、RFC 1212和RFC 1213,定义了SNMP v1;RFC 2578~2580定义了SNMP v2;RFC 2270-RFC 2275定义了SNMP v3。在2002年,IETF最终发布了包括SNMP v1/v2c/v3各个功能模块在内的完整规范RFC 3410~3418,并连同之前的RFC 2576/RFC 2578~2580,一起通过了IESG的认证,成为Internet网络管理的标准规范。

最终的SNMP规范保留了对SNMP v1/SNMP v2c的支持,就是给网络管理员和供应商以充分的选择空间来适应网络的不同环境或应用的具体要求。因此,本节对SNMP协议工作原理的学习仍然以SNMP v1为基础内容,并适当介绍SNMP v2和SNMP v3的内容。

7.4.1　SNMP体系结构

SNMP的体系结构是围绕着以下4个概念和目标进行设计的。

(1)保持管理代理(agent)的软件成本尽可能的低。

(2)最大限度地保持远程管理的功能,以便充分利用Internet的网络资源。

(3)体系结构必须有扩充的余地。

(4)保持SNMP的独立性,不依赖于具体的计算机、网关和网络传输协议。

在后来的改进中,又加入了保证SNMP体系本身安全性的目标。

1. SNMP管理结构及工作机制

简单网络管理协议(SNMP)提供了一个标准化的网络管理框架,使得互联网网络的监

视和控制成为可能。SNMP 是一个简单但可扩展的标准集,采用管理站/代理模式。SNMP
的成功主要在于它的简单性、灵活性和可扩展性。

1) 网络管理模式

网络运行中心对网络及其设备的管理有 3 种方式：本地终端方式、远程 telnet 命令方
式和基于 SNMP 的管理站/代理方式。

(1) 本地终端方式：通过被管设备的 RS-232 接口与网管机相连接,进行相应的监控、
配置、计费、性能和安全等管理的方式。这种方式一般适用于管理单台重要的网络设备,如
路由器等。

(2) 远程 telnet 命令方式。此方式通过计算机网络对已知地址和管理口令的设备进
行远程登录,并进行各种命令操作和管理。这种方式也只适用于对网络中的单台设备进
行管理。但与本地终端方式管理的区别是远程 telnet 命令方式可以异地操作,不必亲临
现场。

(3) 基于 SNMP 的管理站/代理方式。在 SNMP 管理模型中,有 3 个基本组成部分：
管理站(Manager)、代理(Agent)和管理信息库(MIB)。SNMP 的管理模式如图 7-13 所示。

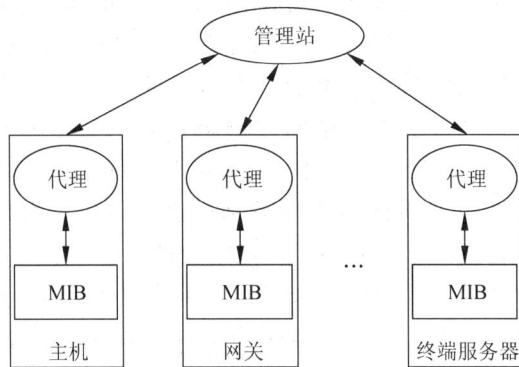

图 7-13　SNMP 网络管理基本模式

管理站也叫管理进程,负责完成各种网络管理功能,通过各设备中的代理实现对网络内
的各种设备、设施和资源的控制。另外,操作人员通过管理进程对全网进行管理。管理进程
可以通过图形用户接口,以易操作的方式显示各种网络信息、网络中各管理代理的配置图
等。有时,管理进程也会对各个代理中数据集中存储,以备事后分析。

被管设备端和管理相关的软件叫做代理程序或代理进程,简称代理,通常由网络设备的
生产商在被管设备中配置实现,这样的设备也叫做可网管的设备。

管理信息库 MIB 是一个概念上的数据库,它是由管理对象组成的,每个代理管理 MIB
中属于本地的管理对象,各代理控制的管理对象共同构成全网的管理信息库。每个代理拥
有自己的本地 MIB,对本地 MIB 的基本操作一是读取 MIB 中各变量值,二是修改 MIB 中
各变量值,这里的变量就是管理对象。

2) SNMP 网络管理结构

基于 TCP/IP 网络管理结构是在图 7-13 的网络管理模型的基础上增加网络管理协议
构成,即由 4 个要素组成：管理站,管理代理,管理信息库及网络管理协议。

管理站是典型的独立设备,是网络管理员到网络管理系统的接口。管理站至少应有：

- 一系列用于数据分析、故障修复等的管理应用程序。
- 网络管理员用来监视和控制网络的接口。
- 把网络管理员的要求翻译成网络中实际监视或控制的能力。
- 从网络中所有被管理设备提取出来的信息库。

另外,管理代理用来响应管理站的信息或操作请求,并以异步方式向管理站提供重要但未经请求的信息。

管理站能使代理执行一定的操作,或者通过修改特定的变量来改变代理中配置的设置。管理站和代理通过网络管理协议联系起来。可以认为 SNMP 就是由两部分组成:一部分是管理信息库结构的定义,另一部分是访问管理信息库的协议规范。

网络中的资源能够通过用对象来表征而实现管理。每一个对象基本上就是一个可以表征为代理某方面特征的变量。对象的集合称为管理信息库 MIB,即网络管理信息存储在MIB 中。作为访问集,MIB 的功能就是为管理站指定代理。这些对象在特定类别的系统中被标准化。管理站通过获取 MIB 对象的值来执行监视功能。

代理的 MIB 不需要包括 Internet 定义的 MIB 的全部内容,而只需要包括与本地设备或设施有关的管理对象。

SNMP 中提供了在管理和代理之间传递信息的操作,即 SNMP 协议支持的服务原语,这些原语用于管理站和代理之间的通信,以便查询和改变管理信息库中的内容。Get 检索数据,Set 改变数据,而 GetNext 提供扫描 MIB 树和连续检索数据的方法,Trap 则提供从代理进程到管理站的异步报告机制。

3) SNMP 收集数据的方法

SNMP 从被管理设备中收集数据有两种方法:一种是只轮询(polling-only)的方法,另一种是基于中断(interrupt-based)的方法。

如果只使用只轮询的方法,那么网络管理工作站总是在控制之下。而这种方法的缺陷在于信息的实时性,尤其是错误的实时性。多久轮询一次,并且在轮询时按照什么样的设备顺序呢?如果轮询间隔太小,那么将产生太多不必要的通信量;如果轮询间隔太大,并且在轮询时顺序不对,那么关于一些大的灾难性的事件的通知又会太慢,这就违背了积极主动的网络管理目的。

当有异常事件发生时,基于中断的方法可以立即通知网络管理工作站(在这里假设该设备还没有崩溃,并且在被管理设备和管理工作站之间仍有一条可用的通信途径)。然而,这种方法也是有缺陷的。首先,产生错误或陷阱需要系统资源。如果自陷必须转发大量的信息,那么被管理设备可能不得不消耗更多的时间和系统资源来产生自陷,从而影响了它执行主要的功能。

而且,如果几个同类型的自陷事件接连发生,那么大量网络带宽可能将被相同的信息所占用。尤其是如果自陷是关于网络拥挤问题的时候,事情就会变得特别糟糕。克服这一缺陷的一种方法就是对于被管理设备来说,应当设置关于什么时候报告问题的阈值(threshold)。但是这种方法可能再一次违背了网络管理的原则,因为设备必须消耗更多的时间和系统资源,才能决定一个自陷是否应该被产生。

以上两种方法的结合:面向自陷的轮询方法(trap-directed polling)可能是执行网络管理最为有效的方法。一般来说,网络管理工作站轮询在被管理设备中的代理来收集数据,并且在控制台上用数字或图形的表示方式来显示这些数据。被管理设备中的代理可以在任何时候向网络管理工作站报告错误情况,如预设阈值越界程度等。代理并不需要等到管理工作站为获得这些错误情况而轮询的时候才会报告,这些错误情况就是 SNMP 自陷(trap)。

在这种结合的方法中,当一个设备产生了一个自陷时,可以使用网络管理工作站来查询该设备(假设它仍然是可到达的),以获得更多的信息。

2．SNMP 协议体系结构

SNMP 协议的基本体系结构是一种非对称的结构,即配置为管理站的管理实体和配置为代理的代理实体在功能和协议支持的操作上是不同的,如图 7-14 所示。

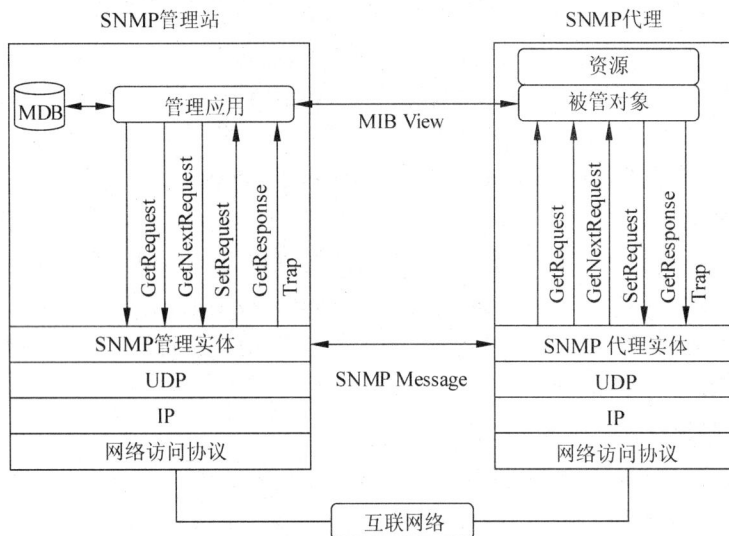

图 7-14　SNMP 基本体系结构

管理站一般由专用设备构成,配置管理实体和一组管理应用程序,提供网络的配置、性能、故障、安全和计费管理,形成网络管理系统。网络管理系统具有与操作员接口的功能。代理是配置代理实体的各类设备,如主机、网桥、路由器或网关等。在代理实体的支持下,响应管理员的操作请求,对系统中各类资源的被管对象进行访问。

管理者和代理之间共享的管理信息,由代理系统中的 MIB 给出,MIB 的类有标准的定义,包括管理信息的种类、标识符、数据类型。各个代理系统中的被管对象即构成该系统的 MIB 实例,该 MIB 是标准的 MIB 的一个具体实现。对于管理站,代理通常只提供本系统 MIB 的一个子集允许其访问,这个子集被称为 MIB View。管理站中配置了一个管理数据库 MDB(Management Data Base),用来存放从各个代理获得的管理信息的值,以便管理应用程序的使用。要注意 MDB 和 MIB 是不同的,MDB 是被管对象值的集合,是实际的数据库;而 MIB 是抽象的、虚拟的数据库。

SNMP 协议是为网络管理服务而定义的应用协议,实现网络管理系统和代理之间的异步请求和响应,对等实体间交换的 SNMP Message 即 SNMP 报文。

SNMP 协议的机制是一种由管理站周期性地发送轮询信息给被管理设备的管理代理,以实时监视和维持网络资源,同时又采用了被管理设备在发生特殊问题时采用异常事件报告网管站的工作方式。这种方式使得 SNMP 成为了一种实现简单、易于维护和非常有效的管理协议。

从图 7-14 中可以看到,由于 SNMP 依赖于 UDP,所以 SNMP 本身也是无连接协议。在管理站和其代理之间不维持连续连接,相反每一次信息交换都是管理站和代理之间的独立行为。SNMP 选择 UDP 协议是因为 UDP 效率高,网络管理本身不会太多增加网络负载,这符合网络管理的基本原则,也是 SNMP 获得广泛应用的原因之一。

图 7-14 还表明了 SNMP 采用 5 种通信原语来完成其工作机制,相应的就有 5 种消息类型。其具体实现如下。

(1) GetRequest 从拥有 SNMP 代理的网络设备中检索信息。

(2) GetResponse 是 SNMP 代理对管理站 GetRequest 消息的响应。可以交换许多信息,如系统的名字、系统自启动后正常运行的时间和系统中的网络接口数等。

(3) GetNextRequest 访问网管代理,并从 MIB 树上检索指定对象的下一个对象实例。

(4) SetRequest 对一个设备中的参数进行远程配置。可以设置设备的名字,在管理上关掉一个端口或清除一个地址解析表中的项。

(5) Trap 是 SNMP 代理发送给管理站的非请求消息。这些消息通知服务器发生了一个特定的事件。

可以看到,SNMP 协议从管理站发给代理的消息有 3 种,用于请求读取(GetRequest,GetNextRequest)或修改(SetRequest)被管对象处的管理信息;从代理发给管理站的信息有 2 种,用于回应管理站对被管对象的信息的查询(GetResponse)或主动向管理站报告代理系统中发生的事件(Trap)。

较少的消息类型是 SNMP 设计的特点,随着 SNMP v2 和 SNMP v3 的推出,SNMP 消息的类型也有增加或变化。

7.4.2 管理信息结构

1. OSI 管理信息结构

采用特殊结构的树来唯一确定一个管理对象是 OSI 的管理模式,而 Internet 也应用了这种管理信息结构。SNMP 中对管理对象的定义和标识都采用 OSI 的管理信息结构(Structure Management Information,SMI)来进行。图 7-15 表示了 ISO 标准的注册对象树中的对象标识。

OSI 管理信息库注册对象树的作用有以下 3 个。

(1) 表示管理和控制关系。从图 7-15 可看出,上层的中间结点是某些组织机构的名字,说明这些机构负责它下面的子树信息的管理和审批。有些中间结点虽然不是组织机构名,但已委托给某个组织机构代管,如 org(3)由 ISO 代管,而 internet(1)由 IAB 代管等。树根没有名字,默认为 ASN.1(Abstract Syntax Notation One,抽象语法表示法 1)的表示。

(2) 提供了结构化的信息组织技术。下层的中间节点代表的子树是与每个网络资源或网络协议相关的信息集合。例如,有关 IP 协议的管理信息都放置在 ip(4)子树中。这样,沿着树层次访问相关信息就很方便。

(3) 提供了对象命名机制。树中每个节点都有一个分层的编号。叶子节点代表实际的

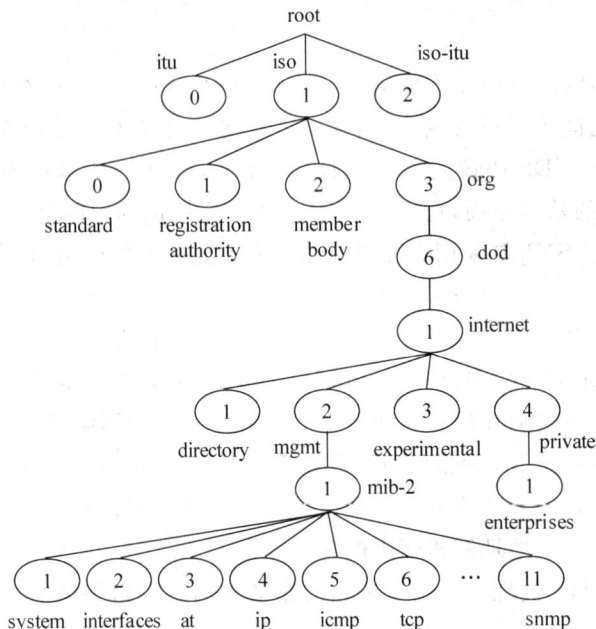

图 7-15　管理信息库中的注册对象树

管理对象,从树根到树叶的编号串联起来,用圆点隔开,就形成了管理对象的全局标识,例如,internet 的标识符是 1.3.6.1,或者写为{iso(1) org(3) dod(6) 1}。

在 iso 节点下面,一个子树用于其他组织,其中一个是 dod(Department of Defense,美国国防部)。RFC 1155 确定一个 dod 下的子树将由 IAB 管理。SMI 在 internet 节点下面定义了 4 个节点。

(1) directory:为将来使用 051 目录(X.500)保留。

(2) mgmt:用于由 IAB 批准的所有管理对象。Mib-2 是 mgmt 的第一个子节点。在 mgmt 子树中包含着由 IAB 批准的管理信息库的定义。到目前为止,已发展了两种版本的 MIB,即 mib-1 和 mib-2。两种版本都在子树中提供相同的对象标识符,因为在任何配置中只能有一种 MIB。目前主要使用 mib-2,其对象标识符为 1.3.6.1.2.1,这也就是 SNMP 协议工作的被管对象标识符子树。

(3) experimental:用来识别在互联网实验中使用的所有管理对象。

(4) private:用于识别单方面定义的对象,或者说为私人企业管理信息准备的。private 子树当前只定义了一个子节点,即 enterprises 节点,子树的该部分允许供应商对其设备进行管理,需要企业向 Internet 管理机构申请(Cisco 公司为 9, HP 公司为 11,3COM 公司为 43)。如某厂代码为 100,其令牌环适配器的对象标识为 25,则其对象标示为 1.3.6.1.4.1.100.25。

将 internet 节点分为 4 个子树,为 SNMP 的实验和改进提供了非常灵活的管理机制,反映出 TCP/IP 协议簇中协议的发展特点,即所有这些协议在最终成为标准化协议之前都经过了大量探索性的使用和调试。

在学习和使用 SMI 定义的 MIB 时,要特别注意以下几点。

(1) 一个管理对象是由对象类型和对象实例构成,图 7-15 所示的 MIB 中 SMI 仅定义了对象类型而没有定义对象实例。对象类型由对象标识符确定,对象实例则是对具有标识的对象具体的表示。例如,两个 3Com 公司的 Hub,它们的对象标识符 Object ID 均为 iso. org. dod. internet. private. enterprises. 43. 1. 8. 5,而 Hub1 的 IP 地址为 172. 16. 46. 2; Hub2 的 IP 地址为 172. 16. 46. 3,则很明显 Hub1 和 Hub2 为两个不同的对象实例。

(2) 管理对象不一定是网络元素(或网络设备)。如 Internet 作为一个组织就有一个对象名"internet",其对象 ID 为 1.3.6.1。当然它只有一个实例。可见管理对象仅意味着一个有标识的对象,不管其是物理的还是抽象的。

(3) 在 MIB 中对象标识符可以用多种形式表示。以 internet ID 为例:

```
internet OBJECT IDENTIFIER: : = { iso org(3) dod(6) 1}
internet OBJECT IDENTIFIER: : = {1 3 6 1}
```

(4) 引用现有的对象描述符来定义其他对象描述符是一种方便记忆的简便方式,如 mgmt 可以简便地描述为{internet 2}来代替{1 3 6 1 2}。

2. SNMP 数据类型

MIB 由一系列对象组成。每个对象属于一定的对象类型,并且有一个具体的值。对象类型的定义是一种语法描述,对象实例是对象类型的具体实现,只有实例才可以绑定到特定的值。

SNMP 的对象是用 ASN.1 定义的,提供统一的网络数据表示,定义了对象的数据类型、允许形式、取值范围以及与其他 MIB 内部对象之间的关系。用 ASN.1 定义的应用数据在传送过程中要按照 BER(Basic Encoding Rule,基本编码规则)变换成比特流。

SNMP 被管对象句法中只包括名称、数据类型、访问权限、状态等项目的定义。SNMP 的被管对象只使用 ASN.1 中的 4 个基本数据类型、2 种结构类型和自定义的 6 种数据类型。其结构如图 7-16 所示。RFC 1155 是 SMI 的具体规范,其中给出了各种被管对象的定义,需要的读者可以阅读参考。

在 ASN.1 中,每一个数据类型都有一个标签(Tag),标签有类型(Class)和值(Number)。数据类型是由标签的类型和值唯一决定的。标签的类型有以下 4 种。

(1) 通用标签:用关键字 UNIVERSAL 表示。带有这种标签的数据类型是由标准定义的,适用于任何应用。

(2) 应用标签:用关键字 APPLICATION 表示,是由某个具体应用定义的类型。

(3) 上下文专用标签:用关键字 CONTEXT-SPECIFIC 表示,与特定的应用程序相关,在文本的一定范围中适用。

(4) 私有标签:用关键字 PRIVATE 表示,是用户定义的类型,任何标准中都没有涉及。

从图 7-16 中可以看出,基于 TCP/IP 的 ASN.1 的数据类型有以下 3 种。

(1) 简单类型(Simple or Primitive):由单一成分构成的基本类型。

(2) 构造类型(Constructor or Structured):由两种以上成分构成的组合类型组成,用来构建表。

(3) 应用类型(Defined or Application):从其他类型中衍生出来的新类型。

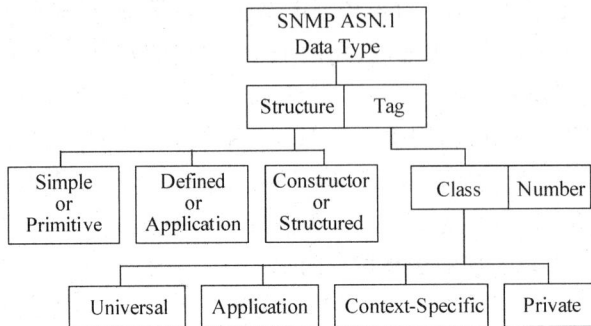

图 7-16　SNMP 被管对象的数据类型

ASN.1 不仅可以定义每个对象,还可以定义整个 MIB 的结构。为了保持对象的简单性,SNMP 仅用了 ASN.1 元素和特性的一个子集。5 种通用类型(标签为 UNIVERSAL)可用于定义 MIB 对象,如表 7-5 所示中给出了 SNMP 使用的通用数据类型及其标签的值,前 4 种是简单类型,最后一种是构造类型。

ASN.1 中的 APPLICATION 类与特定应用相关。具体到 SNMP 应用中,RFC1155 定义了 6 种应用类型,下面分别说明其定义。表 7-5 中标签值是 APPLICATION 的就是应用相关的数据结构。

表 7-5　用于 SNMP 的 ASN.1 数据类型结构

结　　构	数 据 类 型	标 签 值	说　　明
Primitive Types	INTEGER	UNIVERSAL 2	整数
	OCTET STRING	UNIVERSAL 4	零或多个字节的序列
	OBJECT IDENTIFIER	UNIVERSAL 6	对象标识符
	NULL	UNIVERSAL 5	NULL
Defined Types	NetworkAddress		Not used
	IpAddress	APPLICATION 0	点分十进制
	Counter	APPLICATION 1	计数器、非负整数
	Gauge	APPLICATION 2	计量器、非负整数
	TimeTicks	APPLICATION 3	计时器、非负整数
	Opaque	APPLICATION 4	支持任意数据类型
Constructor Types	SEQUENCE	UNIVERSAL16	建立标量对象
	SEQUENCE OF	UNIVERSAL16	建立表对象

(1) NetworkAddress::=CHOICE {internet IpAddress}

该类型使用 CHOICE 结构来定义,可以从各种网络地址中选择一种。目前只定义了IP 地址一种。

(2) IpAddress::=[APPLICATION 0]IMPLICIT OCTET STRING(SIZE(4))

由 IP 协议规定的 32 位 IP 地址,定义为 OCTET STRING 类型。

(3) Counter::=[APPLICATION 1]IMPLICIT INTEGER(0..4 294 967 295)

计数器类型为只能增加、不能减少的非负整数。规定最大值为 $2^{32}-1$(4 294 967 295)。当达到最大值时,又回到 0 重新开始。计数器类型用于定义不断增加的数据类型,如在一个接口上计算接收到的分组数或输出错误的分组数等。

（4）Gauge∷=［APPLICATION 2］INTRGER(0..4 294 967 295)

计量器类型为一个非负整数，其值可增加也可减少。最大值为 $2^{32}-1$。与计数器不同的是，计量器达到最大值后保持该值不变，直到被复位为止。计量器可用于表示存储在缓冲队列中的分组数，如在一个路由器或 Hub 上被激活的接口数量。

（5）TimeTicks∷=［APPLICATION 3］INTEGER(0..4 294 967 295)

计时器类型为一个非负整数。按百分之一秒为单位进行计算，可表示从某个事件开始到目前经过的时间。

（6）Opaque∷=［APPLICATION 4］OCTET STRING

该类型能够传递任意类型数据，通过抽象 ASN.1 语法，支持较宽应用的数据类型，即在上述定义的数据类型的基础上可产生新的数据类型。数据在传输时按 OCTET STRING 编码，管理站和代理能解释这种类型。

通过下面管理对象 ipAddrEntry 的定义，可以对基本 SNMP 的 ASN.1 的数据类型结构有更全面的了解。

ipAddrEntry 是构成 ipAddrTable 的元素，可以理解为表的结构。ipAddrTable 是构造类型，作为表对象，它由标量对象 ipAddrEntry 的若干实例构成。其定义为：

```
ipAddrTable::= SEQUENCE OF ipAddrEntry
```

ipAddrEntry 也是构造类型，但却是由若干其他类型的数据来构成，其定义为：

```
IpAddrEntry::= SEQUENCE{
            ipAdEntAddr IpAddress
            ipAdEnIfIndex INTEGER
            inAdEntNetMask IpAddress
            ipAdEntBcastAddr INTEGER
            ipAdEntReasmMaxSite INTEGER(0..65 535)
            }
```

其中的各个对象的名称（Object Name）、标识符（OBJECT IDENTIFIER）、数据类型说明语法（Object Syntax）分别如下。

- ipAdEntAddr   {ipAddrEntry 1}   IpAddress
- ipAdEnIfIndex   {ipAddrEntry 2}   INTEGER
- inAdEntNetMask   {ipAddrEntry 3}   IPAddress
- ipAdEntBcastAddr   {ipAddrEntry 4}   INTEGER
- ipAdEntReasmMaxSize   {ipAddrEntry 5}   INTEGER
- ipAddrEntry   {ipAddrTable 1}   SEQUENCE
- ipAddrTable   {ip20}   SEQUENCE OF

上述定义可以说明标量对象和表对象之间的关系。ipAddrEntry 的定义里有两种数据类型（ObjectSyntax），即 IpAddress 和 INTEGER，可见建立一个标量对象可由基本数据类型（Primitive）和 Defined 类型混合构成。表中第 6 个对象为 ipAddrEntry，是由前 5 个对象构成的标量对象，数据类型为构造类型（SEQUENCE）。

3. SMI 的定义

管理信息库中包含各种类型的管理对象,如计数器、计量器、标量对象和表对象等。如何来定义 MIB 中的对象呢?

如果为每一类对象定义一种对象类型,这种方法会产生很多对象类型,而且定义的方法可能是各种各样的,这使得 MIB 的实现复杂化。或者定义一种带参数的通用对象类型,然后通过使用不同的参数取值来表示不同种类的对象,其实现仍然很复杂。

SNMP 采用的方法是利用 ASN.1 宏定义表示一个有关类型的集合,然后用这些类型定义管理对象。宏定义给出了一系列相关类型的语法,宏实例定义了具体的类型。具体看有下面不同层次的定义。

- 宏定义:定义了合法的宏实例,规定一系列相关类型的语法。
- 宏实例:通过给宏定义分配参数,从具体的宏定义产生实例,说明一种具体类型。
- 宏实例的值:表示一个具有特定值的实体。

SNMP MIB 的宏定义最初在 RFC 1155 中说明,即 MIB-Ⅰ。后来在 RFC 1212 中得到扩充,包括了更多的信息,用于定义 MIB-Ⅱ 和其他最近 MIB 添加的对象。下面给出 RFC 1212 中 OBJECT-TYPE 宏的定义。

```
OBJECT - TYPE MACRO:: =
BEGIN
 TYPE NOTATION:: = "SYNTAX" type{TYPE ObjectSyntax}
         "ACCESS" Access
         "STATUS" Status
         DescrPart
         RefrePart
         IndexPart
         DefValPart
  VALUE NOTATION:: = value (VALUE ObjectName)
         Access:: = "read - only"|"read - write"|"write - only"|"not - accessible"
         Status:: = "mandatory"|"optional"|"obsolete"|"deprecated"
         DescrPart:: = "DESCRIPTION"value(description DisplayString)empty
         ReferPart:: = "REFERENCE"value(reference DisplayString)|empty
         IndexPart:: = "INDEX""{"IndexTypes"}"
         IndexTypes:: = IndexType|IndexTypes ","IndexType
         IndexType:: = value(indexobject ObjectName)type(indextype)
         DefValpart:: = "DEFVAL""{"value(defvalue ObjectSyntax)"}"|empty
         DisplayString:: = OCTET STRING SIZE(0..255)
   END
```

对其中关键的成分解释如下。

(1) SYNTAX:表示对象类型的抽象语法,在宏实例中,关键字 TYPE 应由 RFC 1155 中定义的 ObjectSyntax 代替,即通用类型和应用类型。

ObjectSyntax::=CHOICE{simple SimpleSyntax,application-wide ApplicationSyntax},这里 SimpleSyntax 是指 5 种通用类型,而 ApplicationSyntax 是指 6 种应用类型。

(2) ACCESS:定义 SNMP 协议访问对象的方式。在具体实现中可以增加或限制访问,选项有只读、读写、只写和不可访问。

（3）STATUS：说明管理对象是当前支持的还是过时的。状态子句中定义了必要的（Mandatory）或可选的（Optional），对象也可规定为过时的（Obsolete），但新标准不支持该类型。最后，如果一个对象被说明为可取消的（Deprecated），则表示当前必须支持这种对象，但在将来的标准中可能被取消。

（4）DescrPart：对象类型语义的文本描述。该子句是可选的。

（5）ReferPart：用文字描述可参考在其他 MIB 模块中定义的对象。该子句是可选的。

（6）IndexPart：用于定义表对象的索引项。

（7）DefValPart：定义对象实例的默认值，代理在创建实例时使用。该子句是可选的。

（8）VALUE NOTATION 规定通过 SNMP 访向该对象时所用的名称。

当用一个具体的值代替宏定义中的变量（或参量）时就产生了宏实例，它表示一个实际的 ASN.1 类型（叫做返回的类型），并且规定了该类型可取值的集合（叫做返回的值）。宏实例（即 ASN.1 类型）的表示是首先写出类型名，后跟宏定义的名字，再后面是宏定义规定的宏体部分。下面给出一个对象定义的例子。

```
tcpMaxConn OBJECT − TYPE
SYNTAX        INTEGER
ACCESS        readonly
STATUS        mandatory
DESCRIPTION   "The limit on the total number of TCP connect the entity can support"
:: = {tcp 4}
```

可见，被管对象 tcpMaxConn（其对象标识符为{tcp 4}）的定义就是对 OBJECT-TYPE MACRO 的参数调用过程。

在 MIB 中，每个对象都有一个唯一的对象标识，这个标识由该对象在树型结构的 MIB 中的位置来定义。但是，SNMP 对一个 MIB 进行访问时，所想访问的是对象的一个特定的实例，而不是对象类型。对表中各个元素的定义或访问就要复杂一些。SMI 支持一种形式的数据结构，即简单的二维标量表，它用来解决对象实例的识别问题。

表的定义涉及 ASN.1 的序列类型 SEQUENCE 和 SEQUENCE OF 的使用及对象类型宏定义中索引部分 IndexPart 的使用。下面通过例子来说明表定义的方法，以下是 RFC 1213 规范的 TCP 连接表的定义部分的主要内容。

```
tcpConnTable OBJECT − TYPE
      SYNTAX SEQUENCE OF TcpConnEntry
      ACCESS not − accessible
      STATUS mandatory
      DESCRIPTION
          "A table containing TCP connection − specific information"
      :: = {tcp 13}
tcpConnEntry OBJECT − TYPE
       SYNTAX TcpConnEntry
       ACCESS not − accessible
       STATUS mandatory
       DESCRIPTION
       "Information about a particular current TCP connection. An object of this type is
transient, in that it ceases to exist when(or soon after)the connection makes the transition the
```

```
state."
INDEX { tcpConnlocalAddress, tcpconnLocalPort,
        tcpConnRemAddress,tcpConnRemPort}
        ::={tcpConnTable 1}
TcpConnEntry::=SEQUENCE{tcpConnState INTEGER,tcpConnLocalAddress IpAddress,
        tcpConnLocalport INTEGER(0..65535), tcpConnRemAddress IpAddress,
        tcpConnRemPort INTEGER(0..65535)}
tcpConnState OBJECT-TYPE
        SYNTAX INTEGER{closed(1),listen(2),SynSent(3),synreceived(4),established(5),
finvait1(6),finwait2(7),closeWait(8),1astAck(9),closing(10),timeWait(11),deleteTCB(12)}
        ACCESS read-write
        STATUS mandatory
        DESCRIPTION
            "The state of this TCP connection"
        ::={tcpConnEntry 1}
```

可以看出，上述定义有以下几个特点。

（1）整个 TCP 连接表（tcpConnTable）是 TCP 连接项（tcpConnEntry）组成的同一类型序列（SEQUENCE OF），而每个 TCP 连接项是 TCP 连接表的一行，一张表由 0 行或多行组成。

（2）TCP 连接项是由 5 个不同类型的标量元素组成的序列（SEQUENCE）。这 5 个标量的类型分别是 INTEGER、IpAddress、INTEGER（0..65 535）、IpAddress 和 INTEGER（0..65 535）。

（3）TCP 连接表的索引用 INDEX 指出，由 4 个元素组成，它们分别为本地地址 tcpConnLocalAddress、本地端口 tcpConnLocalPort、远程地址 tcpConnRemAddress 和远程端口 tcpConnRemPort。

如图 7-17 所示是一个通过 TCP 连接表定义的表实例，它包含 3 行，整个表是对象类型 tcpConnTable 的实例。表的每一行是对象类型 TcpConnEntry 的实例。每一行中的 5 个标量各有 3 个实例，在 RFC 1212 中，这种对象称为列对象，产生表中的一列实例。

tcpConnTable(1.3.6.1.2.1.6.13)

tcpConnState (1.3.6.1.2.1.6 .13.1.1)	tcpConn Local Address (1.3.6.1.2.1.6 .13.1.2)	tcpConn Local Port (1.3.6.1.2.1.6 .13.1.3)	tcpConn Rem Address (1.3.6.1.2.1.6 .13.1.4)	tcpConnRem Port (1.3.6.1.2.1.6 .13.1.5)
5	10.0.0.99	12	9.1.2.3	15
2	0.0.0.0	99	0.0.0.0	0
3	10.0.0.99	14	89.1.1.42	84
	INDEX	INDEX	INDEX	INDEX

图 7-17　TCP 连接表的实例

表中的标量对象称为列对象，有唯一的对象标识符，但每个列对象可以有多个实例。例如，图 7-17 中列对象 tcpConnLocalPort 就有 3 个实例（其值分别为 12、99、14），而这 3 个实例的对象标识符都是（1.3.6.1.2.1.6.13.1.3）。要想区分表中的行，就要把列对象的对象标识符与索引对象的值组合起来,以指定表中列对象的一个实例,即规定标量对象的标识后附上索引对象的值来表示表中的一个对象实例标识符。索引对象按照其出现在表的定义中的顺序列出。一般规律为:若对象标示符是 y,该对象所在的表有 N 个索引对象 i1,i2,…,in,则它的某一行的实例标示如下。

```
y.(i1).(i2)….(in)
```

表 7-6 给出了图 7-17 的 tcpConnTable 例子中的所有实例标识符。

表 7-6 tcpConnTable 中的对象标识符

tcpConnState(1.3.6.1.2.1.6.13.1.1)	tcpConnLocalAddress(1.3.6.1.2.1.6.13.1.2)	tcpConnLocalPort(1.3.6.1.2.1.6.13.1.3)	tcpConnRemAddress(1.3.6.1.2.1.6.13.1.4)	tcpConnRemPort(1.3.6.1.2.1.6.13.1.5)
x.1.10.0.0.99.12.9.1.2.3.15	x.2.10.0.0.99.12.9.1.2.3.15	x.3.10.0.0.99.12.9.1.2.3.15	x.4.10.0.0.99.12.9.1.2.3.15	x.5.10.0.0.99.12.9.1.2.3.15
x.1.0.0.0.99.0.0.0.0	x.2.0.0.0.99.0.0.0.0	x.3.0.0.0.99.0.0.0.0	x.4.0.0.0.99.0.0.0.0	x.5.0.0.0.99.0.0.0.0
x.1.10.0.0.99.14.89.1.1.42.84	x.2.10.0.0.99.14.89.1.1.42.84	x.3.10.0.0.99.14.89.1.1.42.84	x.4.10.0.0.99.14.89.1.1.42.84	x.5.10.0.0.99.14.89.1.1.42.84

表中 x=1.3.6.1.2.1.6.13.1,即 tcpConnEntry 的对象标识符。

将各个作为索引的对象实例的值转换为子标识符时按不同的方式来进行:整数值作为一个子标识符;固定长度的字符串值,则把每个字节(OCTET)编码为一个子标识符;可变长的字符串值,则先把串的实际长度 n 编码为第一个子标识符,然后把每个字节编码为一个子标识符,总共 n+1 个子标识符;对象标识符,如果长度为 n,则先把 n 编码为第一个子标识符,后续该对象标识符的各个子标识符,总共 n+1 个子标识符;IP 地址,则变为 4 个子标识符。

对于表和行对象(如 tcpConnTable 和 tcpConnEntry)没有实例标识符。因为它们不是叶子节点,SNMP 不能访问,在这些对象的 MIB 定义中,其访问特性为"not-accessible"。这类对象叫做概念表和概念行。

由于标量对象只能取一个值,所以从原则上讲,不必区分对象类型的对象实例。然而,为了与列对象一致,SNMP 规定在标量对象标识符之后级联一个 0,表示该对象的实例标识符。

4. 词典顺序

SNMP 定义了两种识别特定的对象实例的技术:顺序访问技术和随机访问技术。随机访问按照对象的实例标识符进行取值;顺序访问技术基于 MIB 中的对象按词典顺序进行取值。一个对象标识符是一个整数序列,该序列反映了其对象在 MIB 中的逻辑位置,同时表示它们按词典顺序出现。只要遍历 MIB 树,就可以排出所有对象的词典顺序。因对象的实例标识也是整数序列,遍历 MIB 树也可得到其词典顺序。

排序的对象和对象实例标识对网络管理是很重要的。因为一个网络管理站不可能确切地知道代理提供的 MIB 的组成,所以管理站通过词典顺序搜索 MIB 树,在不知道对象标识符的情况下访问对象的值。例如,为检索一个表项,管理站可以用 GetNext 操作,按词典顺序得到预定的对象实例。

考查如表 7-7 所示的例子,这是一个简化的 IP 路由表 ipRouteTable(1.3.6.1.2.1.4.21)的例子,只有 3 列对象和 3 条路由,其条目对象为 ipRouteEntry(1.3.6.1.2.1.4.21.1),索引对象为 ipRouteDest。

表 7-7　简化的 IP 路由表例子

ipRouteDest	ipRouteMetric1	ipRouteNextHop
9.1.2.3	3	99.0.0.3
10.0.0.51	5	89.1.1.42
10.0.0.99	5	89.1.1.42

这个路由表的对象及其实例在表 7-8 中按对应的词典顺序给出。

表 7-8　简化的 IP 路由表例子

对象(词典顺序)	对象标识符 OID	下一个对象实例的 OID
ipRouteTable	1.3.6.1.2.1.4.21	1.3.6.1.2.1.4.21.1.1.9.1.2.3
ipRouteEntry	1.3.6.1.2.1.4.21.1	1.3.6.1.2.1.4.21.1.1.9.1.2.3
ipRouteDest	1.3.6.1.2.1.4.21.1.1	1.3.6.1.2.1.4.21.1.1.9.1.2.3
ipRouteDest.9.1.2.3	1.3.6.1.2.1.4.21.1.1.9.1.2.3	1.3.6.1.2.1.4.21.1.1.10.0.0.51
ipRouteDest.10.0.0.51	1.3.6.1.2.1.4.21.1.1.10.0.0.51	1.3.6.1.2.1.4.21.1.1.10.0.0.99
ipRouteDest.10.0.0.99	1.3.6.1.2.1.4.21.1.1.10.0.0.99	1.3.6.1.2.1.4.21.1.3.9.1.2.3
ipRouteMetric1	1.3.6.1.2.1.4.21.1.3	1.3.6.1.2.1.4.21.1.3.9.1.2.3
ipRouteMetric1.9.1.2.3	1.3.6.1.2.1.4.21.1.3.9.1.2.3	1.3.6.1.2.1.4.21.1.3.10.0.0.51
ipRouteMetric1.10.0.0.51	1.3.6.1.2.1.4.21.1.3.10.0.0.51	1.3.6.1.2.1.4.21.1.3.10.0.0.99
ipRouteMetric1.10.0.0.99	1.3.6.1.2.1.4.21.1.3.10.0.0.99	1.3.6.1.2.1.4.21.1.7.9.1.2.3
ipRouteNextHop	1.3.6.1.2.1.4.21.1.7	1.3.6.1.2.1.4.21.1.7.9.1.2.3
ipRouteNextHop.9.1.2.3	1.3.6.1.2.1.4.21.1.7.9.1.2.3	1.3.6.1.2.1.4.21.1.7.10.0.0.51
ipRouteNextHop.10.0.0.51	1.3.6.1.2.1.4.21.1.7.10.0.0.51	1.3.6.1.2.1.4.21.1.7.10.0.0.99
ipRouteNextHop.10.0.0.99	1.3.6.1.2.1.4.21.1.7.10.0.0.99	1.3.6.1.2.1.4.21.1.x

注意,在表 7-8 中,表对象 ipRouteTable、表的条目 ipRouteEntry 和各个列对象(如 ipRouteDest)本身都对应着不止一个实例,其下一个对象实例都只能够是表中能取得实例值的第一个对象,因此 ipRouteTable、ipRouteEntry 和 ipRouteDest 的下一个对象实例的 OID 都是 1.3.6.1.2.1.4.21.1.1.9.1.2.3。

表 7-8 中最后一个对象的下一个对象实例取决于具体网络环境中的 MIB 实现,所以这里不能确定,表示为 x。

5. 基本编码规则

SNMP 采用基本编码规则(BER),在管理和代理之间编码传输管理信息。BER 把 ASN.1 表示的抽象类型值编码为字节串,其结构为类型—长度—值,简称 TLV(Type-Length-Value)编码结构,而且值部分还可以递归地再编码为 TLV 结构,这样就具有了表达复杂结构的能力。其中 Type 占第一个字节,其结构如图 7-18 所示。Class 占 2 位,说明数据的标签类型；Primitive/Construct 占 1 位，说明数据的类型是否构造类型；Tag Number 占 5 位，表示数据的标签值，如果标签的值大于 30，则这 5 位为全 1，标签值表示在后续字节中。不同标签的取值参见表 7-5。

图 7-18 TLV 编码第一字节的结构

Length 用于指出 Value 字段包含的 8 位组，它本身用 8 位组中的 7 位表示数值，最高位为延续符，为 0 表示 8 位组已结束。

例如，8 位串（OCTET STRING）0A1B（十六进制数）表示为 TLV 格式的编码如下。

00000100 00000010 00001010 00011011

其中第一字节指示出数据标签为 UNIVERSAL，简单类型，标签的值为 4，长度为 2，后面的 8 位串为数据。

Internet 的标识符{1 3 6 1}的前两位用数字 43 表示，按{43 6 1}编码，编码如下。

00000110 00000011 00101011 00000110 00000001

第一个 8 位组指出 tag 为 UNIVERSAL 6（OBJECT IDENTIFIER），长度为 3，值为 43，6，1。

SNMP 使用的各类数据的编码规则如下。

- INTEGER：按补码进行编码。
- OCTET STRING：按串中的 8 位组编码。
- OBJECT IDENTIFIER：将每个整数单独编码，除 1.3.6.1 以外。
- IpAddress：直接按 8 位组串进行编码。
- Counter、Gauge、TimeTicks：均按整数编码。
- Opaque 与 OCTET STRING 相同。

更多的编码规则内容可以参考 ASN.1 的相关资料，这里不再赘述。

7.4.3 管理信息库 MIB-Ⅱ

RFC 1213 定义的 MIB-Ⅱ是当前应用的管理信息库标准。它是对 MIB-Ⅰ的扩充，增加了一些对象和组。SNMP 环境中的所有管理对象组织成分层的树结构，包含 11 个功能组和 171 个被管对象。

图 7-15 中已经给出了 MIB-Ⅱ管理信息库在注册对象树中的定义关系,可以看出 MIB-Ⅱ的对象 ID 为 1.3.6.1.2.1。表 7-9 列出了各个功能组名、对象 ID 和每个组的主要描述。系统组所包含的对象用来描述被管理网络设备的最高级特性和通用配置信息。接口组定义网络组成和网络参数中的每个接口。地址转换组是 IP 地址与物理地址的映射表。IP、ICMP、TCP、UDP 和 EGP 组是与各自系统协议相关的对象的组。CMOT(Common Management Information Protocol over TCP/IP,基于 TCP/IP 的公共管理信息协议)是将来用于 OSI 协议的网络管理的,但目前还无定义。传输组设置的目的是为各种传输介质提供详细的管理信息。简单网络管理协议组是与 SNMP 管理有关的通信协议组。

表 7-9　MIB-Ⅱ中的分组

组	OID	描　　述
system	mib-2 1	关于系统的总体信息
interface	mib-2 2	关于系统到子网的各个接口的信息
at	mib-2 3	关于物理地址和网络地址映射的信息
ip	mib-2 4	关于系统中 IP 的实现和运行的信息
icmp	mib-2 5	关于系统中 ICMP 的实现和运行的信息
tcp	mib-2 6	关于系统中 TCP 的实现和运行的信息
udp	mib-2 7	关于系统中 UDP 的实现和运行的信息
egp	mib-2 8	关于系统中 EGP 的实现和运行的信息
cmot	mib-2 9	为 CMOT 协议保留
transmission	mib-2 10	为传输信息保留
snmp	mib-2 11	关于系统中 SNMP 的实现和运行的信息

下面分别详细介绍与基本网络元素(如系统、接口等)物理特性直接相关的以及与 Internet 协议(如 IP、TCP、UDP)管理对象相关的常用功能组。

1. system 组(系统标识)

这是建立在 Internet 标准 MIB 之上的基本组,包括 7 个简单变量,描述系统的名称、物理地点、联系人等信息,如表 7-10 所示。网络管理系统可以向对象发送 get-request 消息,以获取系统基本描述信息。

表 7-10　system 组被管对象

对象名(子标识符)	语　　法	访问方式	功能描述
sysDescr(1)	DisplayString(SIZE(0..255))	RO	关于硬件和操作系统的信息
sysObjectID(2)	OBJECT IDENTIFIER	RO	系统制造商标识
sysUpTime(3)	Timeticks	RO	系统运行时间
sysContact(4)	DisplayStdng(SIZE(0..255))	RW	系统管理人员描述
sysName(5)	DisplayString(SIZE(0..255))	RW	系统的全称域名
sysLocation(6)	DisplayStrang(SIZE(0..255))	RW	系统的物理位置
sysServices(7)	INTEGER(0..127)	RO	系统服务

例如,网络管理系统获得的一个路由器的系统数据如下。

```
Title:System Information :router1.gatech.edu
Name or IP Address:172.16.252.1
System Name:router1.gatech.edu
System Description:Cisco Internetwork Operating System Software
                  IOS(tm)7000 Software(c7000-JS-M),Version11.2(6)
                  Copyright(c)1986-1997 by Csico Syetem,Inc.
System Contact:
System Location:
System Object ID:iso.org.dod.internet.private.enterprises.cisco.ciscoProduct.cisco7000
System Up Time: (315131795) 36 days,11:21:57.95
```

从中可以看到,系统的基本软硬件信息、系统域名和运行时间等。

2. interface 组(接口组)

接口组是关于该实体的物理接口方面的配置信息和发生在每个接口的事件的统计信息。该功能组对所有的系统都是必须实现的。它由两个节点 ifNumber 和 ifTable 构成,interface 组的所有对象如表 7-11 所示。表的访问方式是 NA,表示不可访问,是指表中的标量对象的实例值有多个,因此不能够简单指明访问方式,需要对每个标量对象单独说明。

表 7-11 interface 组被管对象

对象名(子标识符)	语 法	访问方式	功 能 描 述
ifNumber(1)	INTEGER	RO	网络接口的数目
ifTable(2)	SEQUENCE OF	NA	接口表
ifEntry(ifTable.1=x)	SEQUENCE	NA	接口表项
ifIndex(x.1)	INTEGER	RO	接口索引,介于 1 和 ifNumber 之间
ifDescr(x.2)	DisplayString	RO	接口的文字描述
ifType(x.3)	INTEGER	RO	类型
ifMtu(x.4)	INTEGER	RO	接口的 MTU
ifSpeed(x.5)	Gauge	RO	以 b/s 为单位的速率
ifPhysAddress(x.6)	PhysAddress	RO	物理地址
ifAdminStatus(x.7)	INTEGER(1..3)	RW	期望的接口状态:up(1)、down(2)、testing(3)
ifOperStatus(x.8)	INTEGER(1..3)	RO	当前的接口状态:up(1)、down(2)、testing(3)
ifLastChange(x.9)	TimeTicks	RO	接口进入当前运行状态的 sysUpTime 值
ifInOctets(x.10)	Counter	RO	收到的字节总数包括组帧字符
ifInUcastPkts(x.11)	Counter	RO	交付给高层的单播分组数
ifInNUcastPkts(x.12)	Counter	RO	交付给高层的非单播分组数
ifInDiscards(x.13)	Counter	RO	收到的被丢弃的分组数
ifInErrors(x.14)	Counter	RO	收到的由于差错被丢弃的分组数
ifInUnknownProtos(x.15)	Counter	RO	收到的由于未知的协议被丢弃的分组数
ifOutOctets(x.16)	Counter	RO	发送的字节总数包括组帧字符
ifOutUcastPkts(x.17)	Counter	RO	从高层接收到的单播分组数
ifOutNUcastPkts(x.18)	Counter	RO	从高层接收到的非单播分组数

对象名(子标识符)	语　　法	访问方式	功　能　描　述
ifOutDiscards(x.19)	Counter	RO	发出的被丢弃的分组数
ifOutErrors(x.20)	Counter	RO	发出的由于差错被丢弃的分组数
ifOutQLen(x.21)	Gauge	RO	在输出队列中的分组数
ifSpecific(x.22)	OBJECT IDTIFIER	RO	对接口特定媒体类型的 MIB 定义的引用

该组中的变量 ifNumber 是指网络接口数。与每个接口相关的信息由表对象 ifTable 定义,每个接口对应一个表项。该表的索引是 ifIndex,取值为 1 到 ifNumber 之间的数。ifType 是接口类型的定义,常用的接口类型有 54 种,每种接口都有一个标准编码,如 ethernet-csmacd(6)、iso88025-tokenRing(9)。

interface 组有两个关于接口状态的对象。ifAdminStatus 对象为可读可写,使得管理者能为该接口设定理想的操作参数。ifOperStatus 对象是只读的,反映出接口的当前实际工作状态。如果两个对象的值都为 down(2),则该接口已被管理站关闭,如果 ifAdminStatus 的值为 up(1)而 ifOperStatus 的值为 down(2),则表明该接口出现了故障。

对象 ifSpeed 是一个只读计量器,表示接口的速率。例如,ifSpeed 取值 10 000 000 表示 10Mb/s。有些接口速率可根据参数变化,ifSpeed 的值反映了接口当前的数据速率。

接口组中的对象可用于故障管理和性能管理。例如,可以通过检查进出接口的字节数 (ifInUcastPkts 和 ifOutUcastPkts)或队列长度(ifOutQLen)检测拥挤;可以通过接口状态获知工作情况;还可以统计出输入/输出的错误率。

输入错误率 = ifInErrors/(ifInUcastPkts + ifInNUcastPkts)
输出错误率 = ifOutErrors/(ifOutUcastPkts + ifOutNUcastPkts)

最后,该组可以提供接口发送的字节数和分组数,以此作为计费的一种数据依据。

3. at 组(地址转换组)

at 地址转换组只包含一个表 atTable,如图 7-19 所示,提供从网络地址到物理地址的映射关系。具体来说,网络地址 atNetAddress 是指系统在该接口的 IP 地址,物理地址 atPhysAddress 取决于子网的种类。例如,如果接口连接一个局域网,则物理地址是对应该接口的 MAC 地址。

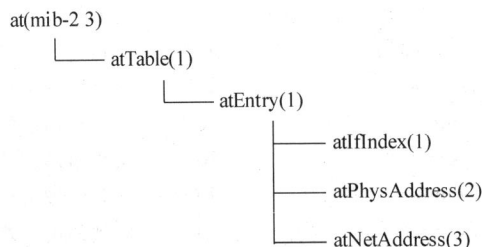

图 7-19　MIB-Ⅱ的 at 组

尽管是所有的系统都要求实现 at 组,但在 MIB-Ⅱ中,地址转换组的对象已被收编到各个网络协议组中,保留地址转换组仅是为了与 MIB-Ⅰ兼容。具体看每个网络协议组(如 IP

组)都包含它们各自的网络地址转换表。例如,对于 IP 组,网络地址转换表就是
ipNetToMediaTable。

4. ip 组

ip 组提供了与 IP 协议有关的各种参数信息,包含的对象如表 7-12 所示。这些对象可
分为 4 类,分别是有关性能和故障监控的标量对象以及 3 个表对象。由于端系统(主机)和
中间系统(路由器)都实现 IP 协议,而这两种系统中包含的 IP 对象又不完全相同,因而有些
对象是任选的,这取决于具体的系统实现。

表 7-12 ip 组被管对象

对象名(子标识符)	语 法	访问方式	功 能 描 述
ipForwarding(1)	INTEGER	RW	IP gateway(1)、IP host(2)
ipDefaultTTL(2)	INTEGER	RW	IP 头中的 Time To Live 字段的值
ipInReceives(3)	Counter	RO	IP 层从下层接收的数据报总数
ipInHdrErrors(4)	Counter	RO	由于 IP 头出错而丢弃的数据报
ipInAddrErrors(5)	Counter	RO	地址出错(无效地址、不支持的地址和非本地主机地址)的数据报
ipForwDatagrams(6)	Counter	RO	已转发的数据报
ipInUnknownProtos(7)	Counter	RO	不支持数据报的协议,因而被丢弃
ipInDiscards(8)	Counter	RO	因缺乏缓冲资源而丢弃的数据报
ipInDelivers(9)	Counter	RO	由 IP 层提交给上层的数据报
ipOutRequests(10)	Counter	RO	由 IP 层交给下层需要发送的数据报,不包括 ipForwDatagrams
ipOutDiscards(11)	Counter	RO	在输出端因缺乏缓冲资源而丢弃的数据报
ipOutNoRoutes(12)	Counter	RO	没有到达目标的路由而丢弃的数据报
ipReasmTimeout(13)	INTEGER	RO	数据段等待重装配的最长时间(秒)
ipReasmReqds(14)	Counter	RO	需要重装配的数据段
ipReasmOKs(15)	Counter	RO	成功重装配的数据段
ipReasmFails(16)	Counter	RO	不能重装配的数据段
ipFragOKs(17)	Counter	RO	分段成功的数据段
ipFragFails(18)	Counter	RO	不能分段的数据段
ipFragCreates(19)	Counter	RO	产生的数据报分段数
ipAddrTable(20)	SEQUENCE OF	NA	IP 地址表
ipRouteTable(21)	SEQUENCE OF	NA	IP 路由表
ipNetToMediaTable(22)	SEQUENCE OF	NA	IP 地址转换表
ipRoutingDiscards(23)	Counter	RO	无效的路由项,包括为释放缓冲空间而丢弃的路由项

ip 组中的第一个表格是 IP 地址表(ipAddrTable),它包含与本地 IP 地址有关的信息,
表 7-13 给出了 ipAddrTable 中各个被管对象的信息。表的每一行对应一个 IP 地址,由
ipAddrEntIfIndex 作为索引项,其值与接口表的 ifIndex 一致。这反映了一个 IP 地址对应
一个网络接口这一事实。

表 7-13　IP 地址表(**ipAddrTable**)被管对象

对象名(子标识符)	语　法	访问方式	功　能　描　述
ipAdEntAddr(1)	IpAddress	RO	IP 地址
ipAdEntIfIndex(2)	INTEGER	RO	对应的接口数:ifIndex
ipAdEntNetMask(3)	IpAddress	RO	IP 地址的子网掩码
ipAdEntBcastAddr(4)	INTEGER(0..1)	RO	IP 广播地址中的最低位的值,通常为 1
ipAdEntReasmMaxSize(5)	INTEGER(0..65535)	RO	重装配的最大 IP 数据报

在配置管理中,可以利用这个表中的信息检查网络接口的配置情况。该表中的对象属性都是只读的,因此 SNMP 不能改变主机的 IP 地址。

ip 组中的第二个表是 IP 路由表(ipRouteTable),它包含关于转发路由的一般信息,如表 7-14 所示。表中的一行对应于一个已知的路由,由目标 IP 地址 ipRouteDest 索引。对于每一个路由,通向下一结点的本地接口由 ipRouteIfIndex 表示,其值与接口表中的 ifIndex 一致。每个路由对应的路由协议由变量 ipRouteProto 指明。

表 7-14　IP 路由表(**ipRouteTable**)被管对象

对象名(子标识符)	语　法	访问方式	功　能　描　述
ipRouteDest(1)	IpAddress	RW	目的 IP 地址。值 0.0.0.0 表示一个默认的表项
ipRouteIfIndex(2)	INTEGER	RW	接口数:ifIndex
ipRouteMetric1(3)	INTEGER	RW	主要的选路度量。这个度量的意义取决于选路协议(ipRouteProto),-1 表示未使用
ipRouteMetric2(4)	INTEGER	RW	可选的选路度量
ipRouteMetric3(5)	INTEGER	RW	可选的选路度量
ipRouteMetric4(6)	INTEGER	RW	可选的选路度量
ipRouteNextHop(7)	IpAddress	RW	下一跳路由器的 IP 地址
ipRouteType(8)	INTEGER	RW	路由类型:1=其他,2=无效路由,3=直接,4=间接
ipRouteProto(9)	INTEGER	RO	选路协议:1=其他,4=ICMP 重定向,8=RIP,13=OSPF,14=BGP 以及其他
ipRouteAge(10)	INTEGER	RW	路由上次更新以来所经历的秒数
ipRouteMask(11)	IpAddress	RW	在和 ipRouteDest 相比较之前掩码要与目的 IP 地址进行逻辑与运算
ipRouteMetric5(12)	INTEGER	RW	其他的选路度量
ipRouteInfo(13)	OBJECT IDENTIFIER	RO	对这种特定选路协议的 MIB 定义的引用

表 7-14 中 ipRouteProto 的取值可以是下列各个值之一:other(1)、local(2)、netmgmt(3)、icmp(4)、egp(5)、ggp(6)、hello(7)、rip(8)、is-is(9)、es-is(10)、ciscoIgrp(11)、bbnSpfIgp(12)、ospf(13)、bgp(14)。

其中有些是制造商专用的协议,例如,ciscoIgrp(CISCO 专用)。如果路由是人工配置的,则 ipRouteProto 表示为 local。

路由表中的信息可用于配置管理。因为这个表中的对象是可读写的,所以可以用 SNMP 设置路由信息。这个表也可以用于故障管理,如果用户不能与远程主机建立连接,可检查路由表中的信息是否有错。

　　IP 地址转换表(ipNetToMediaTable)提供了物理地址和 IP 地址的对应关系。每个接口对应表中的一项。这个表与地址转换组语义相同,如表 7-15 所示。

表 7-15　IP 地址转换表(**ipNetToMediaTable**)被管对象

对象名(子标识符)	语　　法	访问方式	功　能　描　述
ipNetToMediaIfIndex(1)	INTEGER	RW	对应的接口:ifIndex
ipNetToMediaPhysAddress(2)	PhysAddress	RW	物理地址
ipNetToMediaNetAddress(3)	IpAddress	RW	IP 地址
ipNetToMediaType(4)	INTEGER(1..4)	RW	映射的类型:1=其他,2=无效的,3=动态的,4=静态的

　　用 arp 命令获得的 ARP 高速缓存的内容和 ipNetToMediaTable 表中的内容是一致的。

5. icmp 组

　　ICMP 是 IP 的伴随协议。所有实现 IP 协议的节点都必须实现 ICMP 协议。icmp 组包含 ICMP 实现和操作的有关信息,如表 7-16 所示。可以看出,icmp 组的被管对象是有关各种接收或发送的 ICMP 报文的计数器。

表 7-16　icmp 组被管对象

对象名(子标识符)	语　法	访问方式	功　能　描　述
icmpInMsgs(1)	Counter	RO	收到的 ICMP 报文总数(以下为输入报文)
icmpInErrors(2)	Counter	RO	收到的出错 ICMP 报文数
icmpInDestUnreachs(3)	Counter	RO	收到的目的不可送达型 ICMP 报文
icmpInTimeExcds(4)	Counter	RO	收到的超时型 ICMP 报文
icmpInParmProbs(5)	Counter	RO	收到的有参数问题型 ICMP 报文
icmpInSrcQuenchs(6)	Counter	RO	收到的源抑制型 ICMP 报文
icmpInRedirects(7)	Counter	RO	收到的重定向型 ICMP 报文
icmpInEchos(8)	Counter	RO	收到的回声请求型 ICMP 报文
icmpInEchoReps(9)	Counter	RO	收到的回声响应型 ICMP 报文
icmpInTimestamps(10)	Counter	RO	收到的时间戳请求型 ICMP 报文
icmpInTimestampReps(11)	Counter	RO	收到的时间戳响应型 ICMP 报文
icmpInAddrMasks(12)	Counter	RO	收到的地址掩码请求型 ICMP 报文
icmpInAddrMaskReps(13)	Counter	RO	收到的地址掩码响应型 ICMP 报文
icmpOutMsgs(14)	Counter	RO	发出的 ICMP 报文总数(以下为输出报文)
icmpOutErrors(15)	Counter	RO	发出的出错 ICMP 报文数
icmpOutDestUnreachs(16)	Counter	RO	发出的目的不可送达型 ICMP 报文
icmpOutTimeExcds(17)	Counter	RO	发出的超时型 ICMP 报文
icmpOutParmProbs(18)	Counter	RO	发出的有参数问题型 ICMP 报文
icmpOutSrcQuenchs(19)	Counter	RO	发出的源抑制型 ICMP 报文
icmpOutRedirects(20)	Counter	RO	发出的重定向型 ICMP 报文
icmpOutEchos(21)	Counter	RO	发出的回声请求型 ICMP 报文
icmpOutEchoReps(22)	Counter	RO	发出的回声响应型 ICMP 报文
icmpOutTimestamps(23)	Counter	RO	发出的时间戳请求型 ICMP 报文
icmpOutTimestampReps(24)	Counter	RO	发出的时间戳响应型 ICMP 报文
icmpOutAddrMasks(25)	Counter	RO	发出的地址掩码请求型 ICMP 报文
icmpOutAddrMaskReps(26)	Counter	RO	发出的地址掩码响应型 ICMP 报文

对于有附加代码的 ICMP 报文,例如,为区分目的不可达的 15 种报文,需要有代码说明,但 SNMP 没有为此定义专门的计数器。

6. tcp 组

tcp 组包含与 TCP 协议的实现和操作有关的信息,表 7-17 给出了 tcp 组中的被管对象。这一组的前 3 项与重传有关。一个 TCP 实体发送数据段后,便开始等待应答并开始计时。如果超时且没得到应答,则认为数据段丢失了,因此要重新发送。该组对象 tcpRtoAlgorithem 说明计算重传时间的算法,其可取的值如下。

表 7-17　tcp 组被管对象

对象名(子标识符)	语　　法	访问方式	功　能　描　述
tcpRtoAlgorithm(1)	INTEGER	RO	重传时间算法
tcpRtoMin(2)	INTEGER	RO	重传时间最小值
tcpRtoMax(3)	INTEGER	RO	重传时间最大值
tcpMaxConn(4)	INTEGER	RO	可建立的最大连接数
tcpActiveOpens(5)	Counter	RO	主动打开的连接数
tcpPassiveOpens(6)	Counter	RO	被动打开的连接数
tcpAttemptFails(7)	Counter	RO	连接建立失败数
tcpEstabResets(8)	Counter	RO	连接复位数
tcpCurrEstab(9)	Gauge	RO	状态为 established 或 closeWait 的连接数
tcpInSegs(10)	Counter	RO	接收的 TCP 段总数
tcpOutSegs(11)	Counter	RO	发送的 TCP 段总数
tcpRetransSegs(12)	Counter	RO	重传的 TCP 段总数
tcpConnTable(13)	SEQUENCE OF	NA	TCP 连接表
tcpInErrors(14)	Counter	RO	接收的出错 TCP 段数
tcpOutRsts(15)	Counter	RO	发出的含 RST 标志的段数

- other(1):不属于以下 3 种类型的其他算法。
- constant(2):重传超时值为常数。
- rsre(3):这种算法根据通信情况动态地计算超时值,即把估计的周转时间(来回传送一周的时间)乘一个倍数。这种算法是美国军用 TCP 标准 MIL-STD-1778 定义的。
- vanj(4):这是由 Van Jacobson 发明的一种动态算法。这种算法在网络周转时间变化较大时比前一种算法好。

tcp 组的简单对象都是只读的,即 SNMP 只能从协议栈获得 TCP 传输层的工作情况。

tcp 组只包含一个连接表,如表 7-18 所示。对于每个 TCP 连接,都对应表格中的一条记录。每条记录包含 5 个变量:连接状态、本地 IP 地址、本地端口号、远端 IP 地址和远端端口号。

表 7-18　tcp 连接表(tcpConnTable)被管对象

对象名(子标识符)	语　　法	访问方式	功　能　描　述
tcpConnState(1)	INTEGER(1..12)	RW	连接状态:管理进程对此变量可以设置的唯一值为 12(立即终止此连接)

对象名（子标识符）	语　法	访问方式	功　能　描　述
tcpConnLocalAddress(2)	IpAddress	RO	本地 IP 地址，0.0.0.0 代表监听进程愿意在任何接口接受连接
tcpConnLocalPort(3)	INTEGER(1..65 535)	RO	本地端口号
tcpConnRemAddress(4)	IpAddress	RO	远程 IP 地址
tcpConnRemPort(5)	INTEGER(1..65 535)	RO	远程端口号

TCP 的连接状态取自 MIL-STD-1778 标准的 TCP 连接状态图。变量 tcpConnState 可取下列值：closed(1)；listen(2)；synSent(3)；synReceived(4)；established(5)；finWait1(6)；finWait2(7)；closeWait(8)；lastAck(9)；closing(10)；timeWait(11)；deleteTCB(12)。

7. udp 组

udp 组包含的对象都是必要的，提供了关于 UDP 数据报和本地接收端点的详细信息。udp 组的被管对象如表 7-19 所示，除了说明收发 UDP 报文计数情况的 4 个简单对象，还有一个包含 UDP 用户信息的 UDP 表。不过 UDP 表相当简单，只有本地地址和本地端口两项数据。

表 7-19　udp 组被管对象

对象名（子标识符）	语　法	访问方式	功　能　描　述
udpInDatagrams(1)	Counter	RO	接收的数据报总数
udpNoPorts(2)	Counter	RO	接收的端口无应用的数据报总数
udpInErrors(3)	Counter	RO	接收的无法递交的数据报总数
udpOutDatagrams(4)	Counter	RO	发送的数据报总数
udpTable(5)	SEQUENCE OF	NA	UDP 表
udpEntry(udpTable.1=x)	SEQUENCE	NA	UDP 表项
udpLocalAddress(x.1)	IpAddress	RO	UDP 用户的本地 IP 地址
udpLocalPort(x.2)	INTEGER	RO	UDP 用户的本地端口号

8. egp 组

egp 组提供了关于 EGP 路由器发送和接收的 EGP 报文的信息，以及一个关于 EGP 邻居详细信息的 egpNeighTable 表。表 7-20 给出了该组中的对象。

表 7-20　egp 组被管对象

对象名（子标识符）	语　法	访问方式	功　能　描　述
egpInMsgs(1)	Counter	RO	接收的正确 EGP 报文数
egpInErrors(2)	Counter	RO	接收的错误 EGP 报文数
egpOutMsgs(3)	Counter	RO	本地产生的 EGP 报文数
egpOutErrors(4)	Counter	RO	因出错不能发送的 EGP 报文数
egpNeighTable(5)	SEQUENCE OF	NA	邻居表（表内对象略）
egpAs(6)	INTEGERS	RO	本地自治系统编号

MIB-Ⅱ中还定义了 cmot 组、transmission 组和 snmp 组，各个组中包含的信息在此不

再赘述了,需要的读者可以查看相关网络管理的资料。

7.4.4 SNMP 安全机制

SNMP v1 在一开始设计实现时的安全机制比较脆弱,通信不加密,所有通信字符串和数据都以明文形式发送,因此攻击者一旦捕获了网络通信,就可以利用各种嗅探工具直接获取通信字符串。这样的设计简化了协议的实现,尽管不够完善,但对 SNMP 的推广是有利的。SNMP v2 较 SNMP v1 有所改进,但在安全机制上也没有什么突破,直到 SNMP v3 才基本解决了 SNMP 的安全问题。实际的网络产品从方便应用的角度都依据 SNMP 规范,保留了对 SNMP v1 和 SNMP v2c 的支持,就是为了适应网络的不同环境或应用的具体要求。所以这里主要介绍 SNMP v1 的安全机制,以对 SNMP 的安全问题建立基本的认识。

1. SNMP 服务和访问控制

如前所述,一个 SNMP 管理系统由配置了管理实体的管理站和驻留了代理实体的代理组成。在对被管对象访问时,SNMP 规定只能交换简单被管对象的信息,条目和表格对象不能直接访问和交换。SNMP 通过 5 种消息对网络进行管理,从管理站发给代理的消息有 3 种,用于请求读取(GetRequest,GetNextRequest)或修改(SetRequest)被管对象处的管理信息;从代理发给管理站的信息有两种,一种用于对各种 request 进行应答(GetResponse),另一种用于主动向管理站报告代理系统中发生的特殊事件(trap)。

在 SNMP 体系结构中,管理站中的管理实体和代理中的代理实体被称为 SNMP 的应用实体,而实现 SNMP 通信协议对应用实体进行支持的实体被称为协议实体。在实际的管理中,管理站和代理之间可以是一对多、多对一和多对多等关系。由于一个代理可以收到来自不同管理站对被管对象的操作命令,因此,需要进行被管对象的访问控制。为了实现访问控制,需要解决以下 3 个方面的问题。

- 认证服务:将对 MIB 的访问限定在授权的管理站的范围内。
- 访问策略:对不同的管理站给予不同的访问权限。
- 代管服务:在代管系统中,实现托管站的认证服务和访问权限。

2. 团体(community)的概念

SNMP 通过团体(community)的概念来解决上述问题。团体是一个在代理中定义的本地的概念。代理为每组可选的认证、访问控制和代管特性建立一个团体,每个团体被赋予一个在代理内部唯一的团体名,该团体名要提供给团体内的所有的管理站,以便它们在 get 和 set 操作中应用。一个代理可以与多个管理站建立多个团体,同一个管理站也可以出现在不同的团体中。

由于团体是在代理本地定义的,因此不同的代理可能会定义相同的团体名。团体名相同并不意味着团体有什么相似之处,因此,管理站必须将团体与代理联系起来加以应用。

3. 简单的认证服务

认证服务的目的是为保证通信是可信的,即保证收到的消息来自它所声称的消息源。SNMP 规定所有管理站发向代理的消息都包含一个团体名(community),这个名字发挥着口令的作用,尽管这个名字在传输时没有加密。SNMP 只提供这一种简单的认证模式:如果发送者知道这个口令,则认为消息是可信的。

通过这种简单的认证形式,网络管理员可以对监测(get,trap)特别是控制(set)操作进行限制。Community 名被用于启动一个认证过程,而认证过程可以包含加密和解密,以实现更安全的认证。可见,SNMP v1 的安全机制是不安全的,而且团体名以明文形式传递易被窃取,这也正是 SNMP v2 和 SNMP v3 试图改进的主要地方。

4. 访问策略

通过定义团体,代理将有权访问它的 MIB 的管理站进行限定。使用多个团体名,还可以为不同的管理站提供不同的 MIB 访问控制。访问控制包含以下两个方面。

(1) SNMP MIB 视图:MIB 中对象的一个子集。可以为每个团体定义不同的 MIB 视图。视图中的对象子集可以不在 MIB 的一个子树之内。

(2) SNMP 访问模式:为每个团体定义一个团体的访问模式,可以有 READ-ONLY 或 READ-WRITE 两种模式。

MIB 视图和访问模式的结合被称为 SNMP community 轮廓(profile,也称为团体形象),即一个 community 轮廓由代理系统中 MIB 的一个子集加上一个访问模式构成。MIB 视图中的所有对象采用同一个访问模式。例如,如果选择了 READ-ONLY 访问模式,则管理站对视图中的所有对象都只能进行 read-only 操作。

在一个 community 轮廓之内,存在两个独立的访问限制:MIB 对象定义中的访问限制(对象定义中的 ACCESS 子句)和 SNMP 访问模式。这两个访问限制在实际应用中必须相互协调,且它们的协调规则构成访问策略。

可以认为 MIB 对象定义的访问限制具有更高的约束,如 MIB 中定义为 NA(not-accessible,不可访问),则不论团体形象的访问模式是什么,都不能够操作管理对象;MIB 定义为 read-only 的对象,则不论访问模式是否定义为可写,都只有 Get、Trap 这样的读操作可用;MIB 定义中有写操作(read-write 或 write-only),则访问模式若是 READ-ONLY,则 Get、Trap 可用;若是 READ-WRITE,则 Get、Trap 和 SET 均可用。

归结起来,SNMP 访问策略由 SNMP 团体和团体形象构成,其中 SNMP 团体是 SNMP 代理和管理站的集合,SNMP 团体形象是 SNMP 视图和访问模式的结合。

5. 代管服务

community 的概念对支持代管服务也是有用的。在 SNMP 中,代管是指为设备提供管理通信服务的代理。SNMP 要求所有的代理设备和管理站都必须实现 TCP/IP 协议。对于不支持 TCP/IP 的设备(例如,某些网桥、调制解调器、个人计算机和可编程控制器等),不能直接用 SNMP 进行管理。为此,提出了委托代理即代管的概念。一个代管即委托代理设备可以管理若干台非 TCP/IP 设备,并代表这些设备接收管理站的查询。实际上,代管起到了协议转换的作用,代管和管理站之间按 SNMP 协议通信,而与被管理设备之间则按专用的协议通信。

对于每个托管设备,代管系统维护一个对它的访问,以此使代管系统知道哪些 MIB 对象可以被用于管理托管设备和能够用何种模式对其进行访问。

7.4.5 SNMP 报文

由于 SNMP 依赖于 UDP,所以 SNMP 本身也是无连接协议。在管理站和其代理之间不维持连续连接,相反每一次信息交换都是管理站和代理之间的独立行为。

SNMP 选择 UDP 协议是因为 UDP 效率高,网络管理不会太多增加网络负载。但由于 UDP 不是很可靠,所以 SNMP 报文容易丢失。为此,对 SNMP 实现的建议是对每个管理信息要装配成单独的数据报且独立发送,而且报文较短,不超过 484 字节。

1. SNMP 报文格式

在 SNMP 管理中,管理站和代理之间交换的管理信息构成了 SNMP 报文。报文由 3 部分组成,即版本号、团体名和协议数据单元(PDU)。图 7-20 为 SNMP 报文的封装和各种 PDU 的构成。

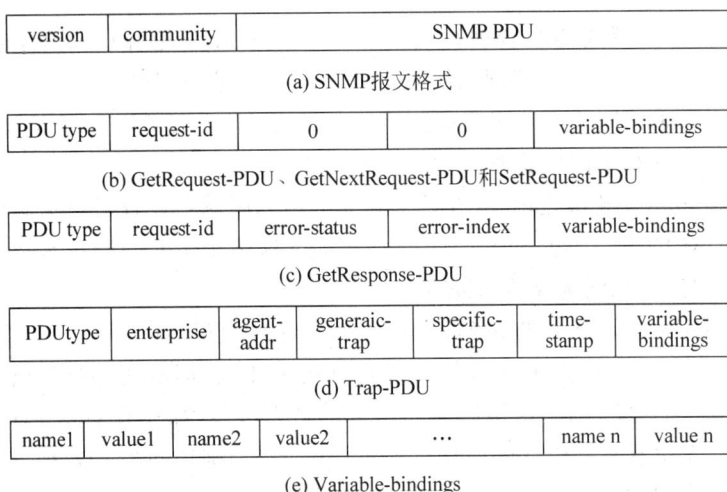

version	community	SNMP PDU

(a) SNMP报文格式

PDU type	request-id	0	0	variable-bindings

(b) GetRequest-PDU、GetNextRequest-PDU和SetRequest-PDU

PDU type	request-id	error-status	error-index	variable-bindings

(c) GetResponse-PDU

PDUtype	enterprise	agent-addr	generaic-trap	specific-trap	time-stamp	variable-bindings

(d) Trap-PDU

name1	value1	name2	value2	...	name n	value n

(e) Variable-bindings

图 7-20   SNMP 报文和 PDU 格式

从图 7-20(a)中可以看到,SNMP PDU 加上团体名、版本号充当的头部构成了应用层的协议数据单元,也就是 SNMP 报文。在其前面再加上 UDP 的头部就构成传输层的协议数据单元。

SNMP Get 和 Set 在主机的 161 端口被接收,而 Trap 是在 162 端口被接收。SNMP v1 协议的最大长度为 484 个字节。SNMP 有 5 种管理操作,但只有 3 种 PDU 格式。其中 GetRequest PDU、GetNextRequest PDU 同 SetRequest PDU 有一样的格式,它们的错误状态和错误索引域总是被设置为 0,如图 7-20(b)所示。这个约定减少了 SNMP 实体必须处理的不同 PDU 格式的数目。

代理的应答报文格式只有一种 GetResponse PDU,这样的设计也减少了 PDU 的种类。从图 7-20(c)中也可以看到,其 PDU 格式和 Get、Set 操作的 PDU 格式对应,以返回相应的响应信息。

图 7-20(d)给出了 Trap PDU 中要指明的发生自陷的被管对象的有关信息。各类

SNMP报文和PDU字段的含义如表7-21所示。

表 7-21 SNMP 报文和 PDU 字段

字 段	数 据 类 型	描 述
vension	INTEGER	SNMP 版本
community	OCTET STRING	团体名
PDU type	INTEGER	PDU 类型: GetRequest(0), GetNextRequest(1), GetResponse(2), SetRequest(3), trap(4)
request-id	INTEGER	为每个请求提供一个唯一的 ID
error-status	INTEGER	代理返回的错误
error-index	INTEGER	指出列表中的哪个变量引起了错误
variable-bindings	ObjectName, ObjectSyntax	一系列变量名及其对应值的清单
enterprise	OBJECT IDENTIFIER	产生自陷的对象的类型
agent-addr	IpAddress	产生自陷的对象的地址
generic-trap	INTEGER	一般自陷类型
specific-trap	INTEGER	特定的自陷代码
time-stamp	TimeTicks	在网络实体初始化和自陷产生之间的时间,即 sysUpTime 的值

GetResponse-PDU 中的 SNMP 差错状态(error-status)非 0 时,表示代理在完成管理站的请求时发生的错误,其可能的取值和含义如表 7-22 所示。差错索引(error-index)是一个整数偏移量,指明当前差错发生时,差错发生在哪个参数。

表 7-22 SNMP 差错状态

差错状态	名 称	描 述
0	noError	没有错误
1	tooBig	代理进程无法把响应的数据放在一个报文中发送
2	noSuchName	操作一个不存在的变量
3	badValue	set 操作的值或语义有错误
4	readOnly	管理进程试图修改一个只读变量
5	genErr	其他错误

SNMP 的自陷(trap)报文中用字段 generic-trap(一般自陷)来指明自陷的类型,基本的自陷类型定义如表 7-23 所示。

表 7-23 SNMP 自陷类型

trap 类型	名 称	描 述
0	coldStart	代理配置更改,实体重新初始化
1	warmStart	代理进程重新初始化,正常重启
2	linkDown	接口链路失效,由变量绑定表的第一项标识接口表的索引变量和值
3	linkUp	接口链路启动,由变量绑定表的第一项标识接口表的索引变量和值
4	authenticationFailure	从管理站收到一个未通过认证的报文
5	egpNeighborLoss	相邻的外部路由器失效
6	enterpriseSpecific	由设备制造商自定义的陷入

2. SNMP 报文的发送和接收

当一个 SNMP 实体执行动作,以传送 5 个 PDU 类型之一到另一个 SNMP 实体时,一般都要按下述过程来操作(以 SNMP v1 为例)。

(1) 用相应的 SNMP 版本中定义的 ASN.1 的格式构造 PDU。

(2) 把该 PDU 连同源和目的地址(IP 地址和端口号)、团体名一起传送给认证服务,返回认证后的结果。

(3) 协议实体根据上面的结果和版本号、团体名构造 SNMP 报文。

(4) 使用基本编码规则,给新的 ASN.1 对象编码,并传递给传输实体发送出去。

当 SNMP 协议实体接收到报文时,应执行下述过程。

(1) 按照 BER 编码恢复 ASN.1 报文。

(2) 对报文进行版本号验证和认证检查。如果通过分析和验证,则分离出 PDU;若认证失败,认证服务发出一个自陷报文并抛弃该报文。

(3) 对 PDU 进行语法检查。若合法,则根据团体名选择 SNMP 访问策略,对 PDU 进行相应的处理;否则,丢弃该 PDU。

7.4.6 SNMP 操作

所有的 SNMP 操作都涉及对对象实例的访问。在一个对象标识树中,只有叶结点对象可以被访问,也就是说,只有标量对象可以被访问。但是在 SNMP 中,将一些相同类型的操作(Get,Set,Trap)可以组合到一条报文中去。因此,如果管理站想要得到特定代理的某个组中所有标量对象的值,它可以只发送一条报文来获得多个对象的取值,然后得到一个列出了所有值的响应。为此,所有的 SNMP PDU 都包括一个 variable-bindings 域,即变量绑定域,这个域由一系列对象实例标识符的序列及相应的对象值组成。这项技术能够极大地减少网络管理的通信负担。

在 SNMP 操作中,管理站到代理用 Get、GetNext 和 Set 操作,而代理到管理站的操作是 Get 和 Trap。图 7-21 描述了这 5 种操作,从图中可以看到,管理站和代理之间的信息交换除了 Trap 外,都以一问一答式的交互方式进行。下面讨论各种命令的执行过程及其在网络管理中的应用。

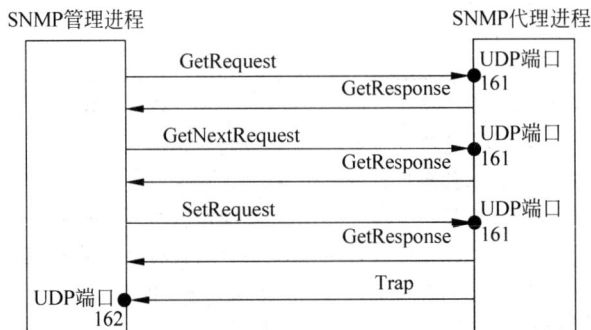

图 7-21 SNMP 的 5 种操作

1. 检索简单对象

检索简单的标量对象值可以使用 Get 操作,如果变量绑定表中包含多个变量,一次还可以检索多个标量对象的值,接收 GetRequest 的 SNMP 实体以请求标识相同的 GetResponse 响应。要注意的是 GetResponse 操作的原子性:如果所有请求的对象值均可以得到,则给予应答;反之,只要有一个对象的值得不到,则可能返回下列错误条件之一(如表 7-22 所示)。

- noSuchName:表示变量绑定表中的一个对象无法与 MIB 中的任何对象标识符匹配,或者要检索的对象是一个子树或表,没有对象实例生成。
- tooBig:表示响应实体可提供所有要检索的值,若其变量太多,将导致一个响应 PDU 装不下。
- genErr:表示在响应实体一个对象的值也不能提供时,变量绑定表中不返回任何值。

例如,若网络管理站要从代理中检索 UDP 组中所有简单对象(参见表 7-19)的取值,管理站可以发送一个 GetRequest PDU,并在检索命令中直接指明对象实体的标识符。

GetRequest(udpInDatagrams.0,udpNoPorts.0,udpInErrors.0,udpOutDatagrams.0)

如果代理中该团体的 MIB 视域支持所有对象,则会给 4 个对象返回一个 GetResponse PDU。

GetResponse(udpInDatagrams.0 = 17 346,udpNoPorts.0 = 2552,udpInErrors.0 = 0,udpOutDatagrams.0 = 17 090)

其中 17 346、2552、0、17 090 分别为 4 个对象实例的取值。

GetNextRequest 的作用与 GetRequest 基本相同,其 PDU 格式也相同。唯一的区别是 GetRequest 检索变量名所指的对象实例,而 GetNextRequest 检索变量名所指的是"下一个"对象实例。根据对象标识树的词典顺序,对于标量对象,对象标识符所指的下一实例就是对象的值。如采用下面 GetNextRequest 的命令,将得到和上例一样的结果:

GetNextRequest(udpInDatagrams,udpNoPorts,udpInErrors,udpOutDatagrams)

MIB 中没有实现的对象,在检索时,SNMP 将得到对象标识符所指的"下一个"对象实例的值。

例如,如果代理不支持管理站对 udpNoPorts 的访问,则响应将不同。如发出同样的命令:GetNextRequest(udpInDatagrams,udpNoPorts,udpInErrors,udpOutDatagrams),而得到的响应可能如下。

GetResponse(udpInDatagrams.0 = 17 346,udpInErrors.0 = 0,udpInErrors.0 = 0,udpoutDatagrams.0 = 17 090)

这是因为变量名 udpNoPorts 和 udpInErrors 的下一个对象实例都是 udpInErrors.0 = 0。可见当代理收到一个 GetNext 请求时,如果能检索到所有的对象实例,则返回请求的每一个值;另一方面,如果有一个值不可或不能提供,则返回该实例的下一个值。

2．检索未知对象

GetNext 命令检索变量名指示的下一个对象实例，但是并不要求变量名是对象标识符或者是实例标识符。UdpInDatagrams 是简单对象，它的实例标识符是 udpInDatagmms.0，而 udpInDatagmms.2 并不表示任何对象。在上面的例子中，若发出 GetNextRequest（udpInDatagmms.2），将得到的响应是 GetResponse（udpNoPorts.0＝2552），表明代理没有检查标识符 udpInDatagrams.2 的有效性，而是直接查找下一个有效的标识符，得到 udpInDatagrams.0 后返回它的下一个对象实例。

3．检索表对象

SNMP 只允许提取 MIB 树中叶子对象的值，不能只通过一个表或一个条目对象的名称（标识符）来 GetNext，获取整个表或整行的对象值。借助表的索引值，可有效地表示出表中标量对象的实例标识符，进而可以搜索表对象，这已在 7.4.2 节里作过介绍（参见表 7-6 和表 7-8）。

例如，对表 7-11 表示的接口组，若发出下面的命令，可检索 ifNumber 的值。

```
GetRequest(1.3.6.1.2.1.2.1.0)
```

结果若为 GetResponse（2），这样知道系统中有两个接口。如果进一步想要知道每个接口的数据速率，可以用下面的命令检索 if 表中的第 5 个元素。

```
GetRequest(1.3.6.1.2.1.2.2.1.5.1)
```

最后的 1 就是索引项 ifIndex 的值，反映了第一个接口的速率。得到的响应若是 GetResponse（10000000），则说明第一个接口的数据速率是 10Mb/s。若要得到第二个接口的速率，可用如下命令。

```
GetNextRequest(1.3.6.1.2.1.2.2.1.5.1)
```

假定得到的是 GetResponse（56000），则说明第二个接口的数据速率为 56Kb/s。

若管理站希望能检索整个表，但又不知其中的内容和表中的行数，则可连续使用 GetNext 命令，代理将按词典顺序返回 MIB 中的下个对象值，从而获得表行的值。当到达表的末行时，代理仍然会按此返回对象值，但却会取得表外的对象值。管理站可以通过响应列表中对象的名称与请求不匹配而得出表已到达了末端的信息。

4．对象值的更新和表的删除

Set 命令用于设置或更新变量的值。其 PDU 格式与 Get 相同，但是在变量绑定表中必须包含要设置的变量名和变量值。对于 Set 命令的应答也是 GetResponse，并且操作也具有原子性，即要么更新列表中的所有变量，要么一个也不更新。其错误状态中指明出错的原因也类似于 Get（tooBig，noSuchname 和 genErr）。然而若有一个变量的名字和要设置的值在类型、长度或实际值方面不匹配，则返回错误条件 badValue。

假如 Set 命令指定的对象标识符不存在，对于命令如何执行，RFC 1212 有如下 3 种解释。

（1）代理可以拒绝这个命令，返回错误状态 noSuchName。

（2）代理可以接受这个命令，并企图生成一个新的对象实例，但是发现被赋予的值不适当，因而返回错误状态 badValue。

（3）若是对表的更新操作，代理也可以按命令生成一个新的表行。

在具体实现中，3 种情况都是有可能的。

如果要删除表中的一行，则可以把一个对象的值设置为 invalid，如

```
SetRequest( ipRouteType.7.3.5.3 = invalid)
```

这种删除是物理的还是逻辑的，要由具体实现决定。在 MIB-Ⅱ 中，只有两种表是可删除的：ipRouteTable 中包含的 ipRouteType，还有就是 ipNetToMediaTable 中包含的 ipNetToMediaType，均可取值为 invalid。

5. 自陷操作

自陷是由代理向管理站发出的异步事件报告，不需要应答报文。SNMP PDU 中的字段指明发生自陷的具体信息，参见表 7-23。

7.4.7 SNMP 报文实例

为更直观地了解 SNMP 的工作过程和报文结构，下面对用 Wireshark 从网络中获取的 SNMP 报文实例进行分析说明。

图 7-22 所示为在局域网中的两个节点间使用 GetNextRequest 操作，在检索 MIB 中的第一个对象实例时管理进程所发出的 SNMP 报文。

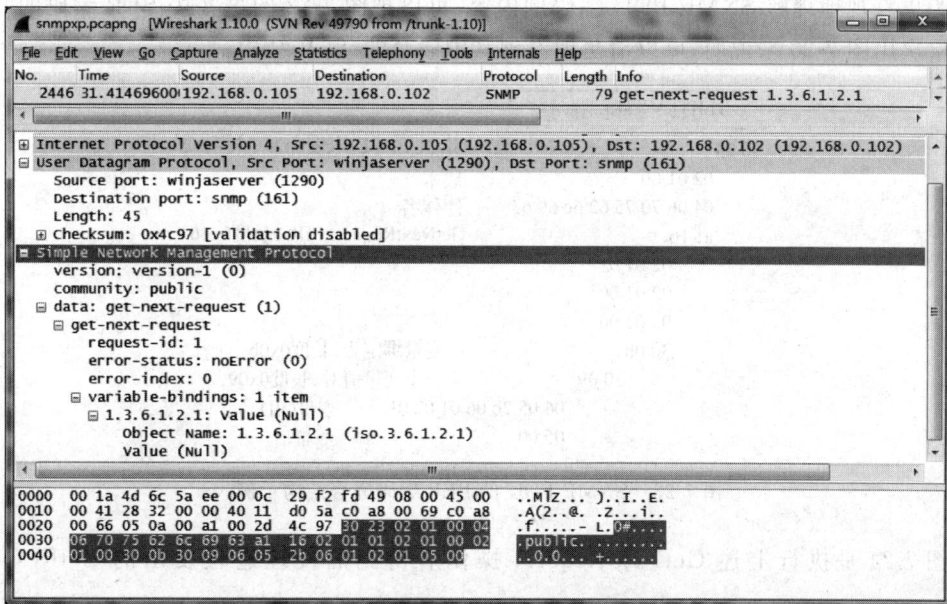

图 7-22 SNMP GetNextRequest 报文实例

从图 7-22 中可以看到如下内容。

(1) SNMP 报文封装在 UDP 报文中,管理进程使用本地端口(UDP 端口 1290),代理进程使用的是周知端口,即 UDP 端口 161。

(2) 整个 SNMP 报文在图中已经高亮显示,在包原始数据窗格中可以计算出高亮的部分即 SNMP 报文的实际长度为 37 字节。由于整个 SNMP 报文的编码均按照 BER 编码,所以可以看到报文的第一个字节为 0x30,表示数据的类型为 SEQUENCE 构造类型,tag 值为 UNIVERSAL 16(参见表 7-5 和图 7-18)。第二个字节为整个编码的数据部分长度,这里是 0x23,即 35 字节。报文中的各个部分都采用 BER 编码方式并层层嵌套,查看时请注意。

(3) 版本号取值为 0,表示采用的是 SNMP v1。注意,包原始数据编码为 3 个字节,为 0x02、0x01 和 0x00。

(4) 团体名称 community 的值为 public,这是通常 SNMP 默认的团体名。在实际应用中,可以根据需要修改,只要管理和代理一致即可。

(5) 接下来的内容是 SNMP PDU 的内容,首先是类型字节,图 7-22 中为 0xa1,表示这是一个 CONTEXT SPECIFIC 类型的构造,其中的 tag 值部分为 1,指示出这是一个 GetNextRequest PDU。SNMP PDU 的数据长度为 0x16。

(6) 请求标识 request-id 这里是 1。

(7) 数据部分中,error-status 和 error-index 因为是发出的请求,所以值均为 0。

(8) 变量绑定表 variable-bindings 的类型为 SEQUENCE,所以编码中类型字段的值为 0x30,同时每一个变量—值对又是一个 SEQUENCE,本例中只有检索的一个对象 OID 1.3.6.1.2.1 和值。可以看到,正如在 7.4.2 节讲到的,1.3.6.1 编码为 43.6.1,对象的值是 NULL(tag 为 UNIVERSAL 5)。

为更直观地理解 SNMP PDU 编码的内容,可以把图 7-22 的报文按 BER 编码的 TLV 嵌套层次用图 7-23 来说明,可以清楚地看到其中嵌套的 TLV 结构。

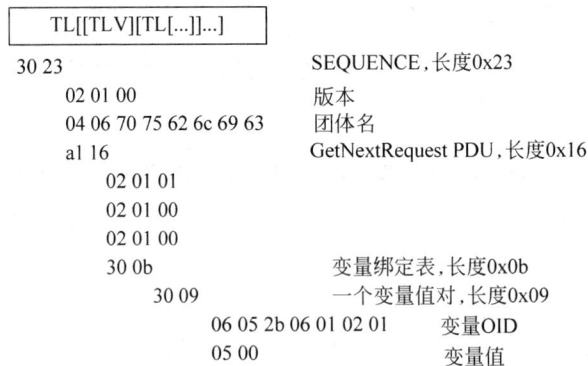

```
TL[[TLV][TL[...]]...]

30 23                              SEQUENCE,长度0x23
    02 01 00                       版本
    04 06 70 75 62 6c 69 63         团体名
    a1 16                          GetNextRequest PDU,长度0x16
        02 01 01
        02 01 00
        02 01 00
        30 0b                      变量绑定表,长度0x0b
            30 09                  一个变量值对,长度0x09
                06 05 2b 06 01 02 01    变量OID
                05 00              变量值
```

图 7-23　SNMP PDU 的 BER 编码嵌套结构示例

图 7-24 是执行上述 GetNextRequest 操作后得到的代理进程发出的 GetResponse 报文。

从图 7-24 中可以看到如下内容。

(1) SNMP 报文的源端口为 UDP 端口 161,报文按照 BER 编码格式,第一个字节是 0x30,指示出编码类型为 SEQUENCE。接下来为长度域,使用 0x81 和 0xa5 两个字节表

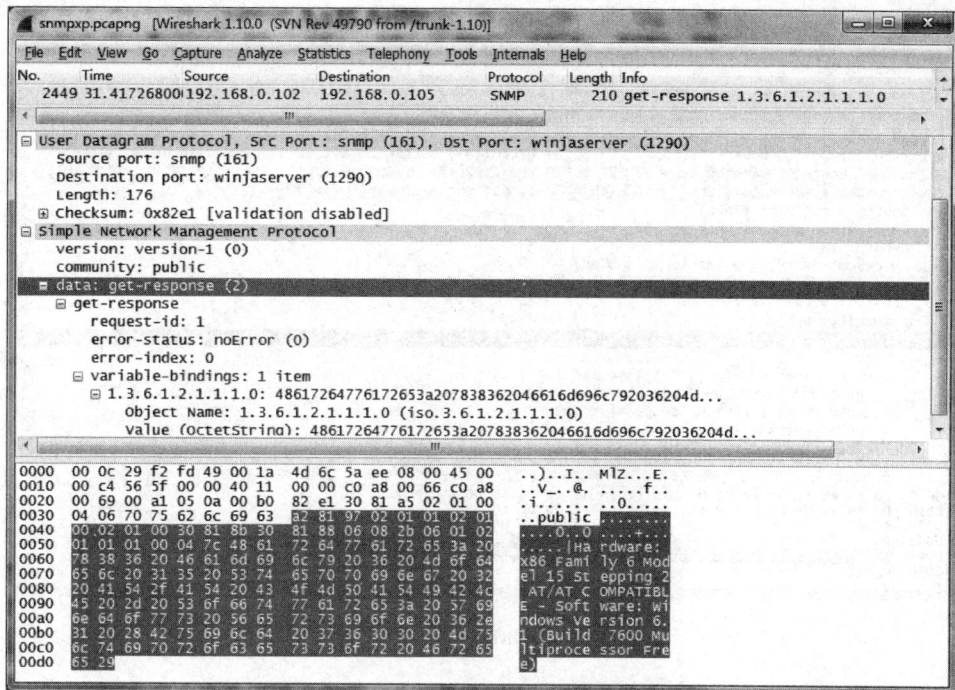

图 7-24 SNMP GetRsponse 报文实例

示,这是因为数据长度超过了 128 字节,BER 编码用长度域的第一个字节说明其后表示长度的字节数,这里的是 1,所以报文的数据部分长度为 0xa5,即 165 个字节。更多 BER 编码规则可以参考有关资料。

(2) SNMP PDU 在图 7-24 中已经高亮显示,第一个字节为 0xa2,表明这是一个 GetResponse PDU。

(3) request-id 的值是 1,这说明该 SNMP PDU 是与图 7-22 中 PDU 对应的响应报文。

(4) 返回的 PDU 没有差错,因此 error-status 和 error-index 的值均为 0。

GetNextRequest 操作检索 MIB 中的第一个对象实例的 OID 是 1.3.6.1.2.1.1.1.0,返回在变量绑定表中的值是代理所在节点计算机的系统描述(system. sysDescr),其内容为 8 位的字符串,描述了节点系统的软硬件信息。

图 7-25 是使用 net-snmp 工具构造 SNMP Trap 操作时从网络中捕获的 Trap 报文实例。可以看到如下内容。

(1) UDP 报文的目的端口为 UDP 端口 162,即 snmptrap。

(2) 报文依然是按照 BER 编码格式,第一个字节是 0x30,指示出编码类型为 SEQUENCE。接下来为长度域,值为 0x26。

(3) SNMP PDU 在图 7-25 中已经高亮显示,第一个字节为 0xa4,表明这是一个 Trap PDU。

(4) enterprise 字段处是 OID:.1.3.6.1.4.1.1(internet. private. enterprise. 1),这是实验时自己指定的 OID。

(5) agent-addr 是发送 Trap 的代理地址 192.168.0.102。

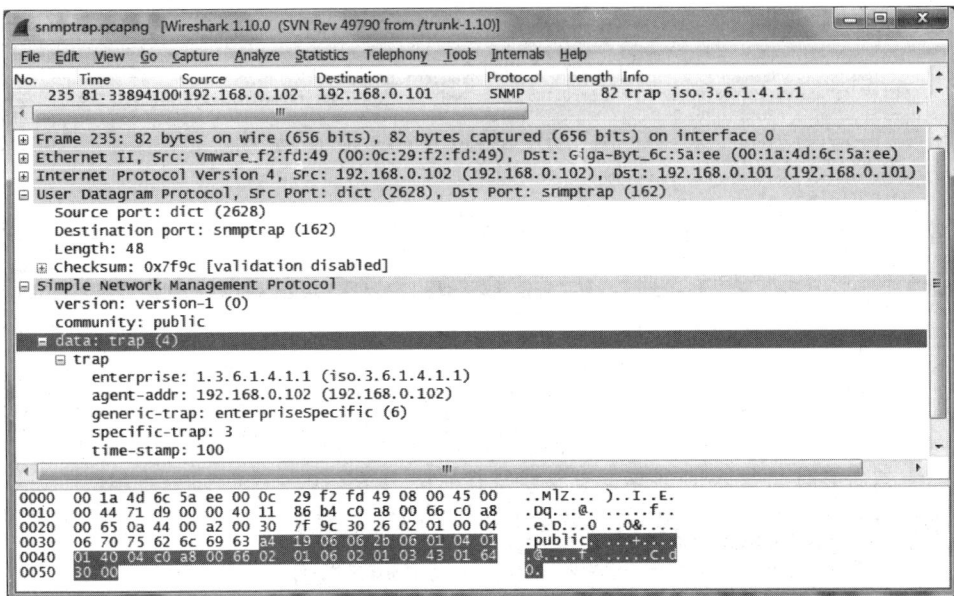

图 7-25　SNMP Trap 报文实例

（6）generic-trap 类型为 6（enterpriseSpecific），specific trap 类型为 3，这都是实验时自行指定的类型。

（7）time-stamp 的值为 100，这是发送 Trap 时代理打上的时间戳。

7.5　小结

（1）UDP 是传输层协议中最简单的协议，提供不可靠、无连接的通信服务。由于无连接降低了内部报文处理的开销，并不需要控制和管理报文流量，因此 UDP 具有较好的通信效能。许多典型应用协议采用了 UDP 协议来实现，如 RIP、DHCP、DNS 和 SNMP 等。

（2）为保持简单性，UDP 的首部简短且简单，通过 IP 首部的协议标识符，可选的校验和值，以及用于表示收发双方应用进程或协议进程的源端口号和目的端口号组成。UDP 计算检验和时加入了一个 12 字节长的伪首部，从而使得校验和具有了一定的区分度。

（3）DNS 提供了人类方便阅读的域名对应到机器可阅读的 IP 地址的方法，因而域名系统是使今天的 Internet 成为可能的关键名称—地址解析技术。DNS 数据库由一组资源记录 RR 组成，这些数据库由 Internet 上分布在各地的很大数量的名称服务器来维护。

（4）DNS 客户端通过解析器与名称解析服务器交互。DNS 服务器回答查询，或者查询其他名称服务器，直到得到查询结果为止，这是递归查询方式；如果返回的是可以完成查询的其他名称服务器，这就是迭代查询。

（5）DNS 协议封装在 UDP 数据报中传输，使用 UDP 端口 53。DNS 数据报文结构嵌入了类型信息，它标识所携带的 RR 的类型，并描述记录的内容和有效性。

（6）动态主机配置协议 DHCP 是在 TCP/IP 网络上使客户机获得配置信息的协议，它基于 BOOTP 协议，并在 BOOTP 协议的基础上添加了自动分配可用网络地址等功能。

DHCP使得在网络中对计算机地址的管理变得很容易。DHCP既支持动态地址分配,也支持手工或静态地址分配。

(7) DHCP客户端启动时发起DHCP发现过程,DHCP服务器提供地址配置响应,经过请求和确认阶段后完成网络参数配置。在租用的中期,客户端会发起租用更新过程。

(8) DHCP封装在UDP报文中,BOOTP/DHCP客户端的UDP端口号为68,BOOTP/DHCP服务器的UDP端口号为67。

(9) DHCP能携带多种多样的配置信息,支持各种消息类型选项,对DHCP给定的消息类型只有消息类型53是强制性的。

(10) 简单网络管理协议SNMP是IETF针对Internet网络管理制定的协议,目前广泛地运用于TCP/IP网络中,完成网络管理的任务。SNMP管理模式采用管理站/代理方式,其管理结构由管理站、管理代理、管理信息库和网络管理协议4个要素组成。SNMP收集数据采用轮询和中断相结合的方法。

(11) SNMP协议工作在应用层并基于UDP,其基本体系结构是一种非对称的结构,即配置为管理站的管理实体和配置为代理的代理实体在功能和协议支持的操作上是不同的。

(12) SNMP采用OSI的管理信息结构SMI来定义和标识管理对象,即采用ISO标准的注册对象树中的对象标识。SNMP中使用的是MIB-II子树。SNMP采用ASN.1宏定义表示一个有关类型的集合的方法来定义对象类和对象。一个管理对象由对象类型和对象实例构成,用对象标识符及其实例来表示。SNMP的被管对象使用ASN.1中的4个基本数据类型、2种结构类型和自定义的6种数据类型。每一种数据类型有相应的ASN.1标签。SNMP采用BER编码方法,将数据转换成TLV编码格式。

(13) 管理信息库MIB-II中的简单对象(标量对象)和表对象的定义是不同的,在描述对象的实例标识符时也有所不同,表不能用简单的实例标识来引用,需要和索引字段结合才能引用到表当中的实例。字典顺序在检索对象的实例值时十分有用。

(14) SNMP v1的安全机制很简单,采用SNMP团体名来进行身份认证,通过SNMP团体形象(SNMP MIB视图、SNMP访问模式)来实现访问控制。

(15) 对应于5种SNMP操作,SNMP报文也有5种,即从管理站发给代理的3种消息,包括请求读取(GetRequest,GetNextRequest)或修改(SetRequest)被管对象处的管理信息;从代理发给管理站的两种信息有用于回应管理站对被管对象的信息的查询(GetResponse)或主动向管理站报告代理系统中发生的事件(Trap)。

(16) 利用GetRequest操作,可以方便地检索简单对象,对未知对象或表对象则更多地是利用MIB-II中被管对象的字典顺序,采用GetNextRequest方法来检索。

7.6 习题

1. 说明为什么对采用UDP的应用协议要限制其报文长度在一个较小的值,查阅资料了解常见应用协议(如RIP、DNS、DHCP、SNMP)的报文长度限制。

2. UDP的校验和是怎么计算的?说明为什么UDP在计算校验和的时候要加入一个伪首部。

3. 客户机如何知道DNS服务器的IP地址?客户机向DNS服务器发送什么类型的

查询?

4. 查资料学习 BOOTP 的工作过程和报文格式,并与 DHCP 进行比较。

5. RFC 3118 对 DHCP 消息引入身份验证,允许客户端和服务器拒绝无效的信息来源。请从协议工作的角度分析未经授权的 DHCP 服务器或客户会引起怎样的网络安全问题,怎样确保只有经过身份验证的客户端和服务器才能够授权访问网络。

6. 查阅资料,进一步学习 ASN.1,尝试用 ASN.1 表示一个协议数据单元(如 IEEE 802.3 的帧)。

7. 什么是标量对象?什么是表对象?标量对象和表对象的实例如何标识?为什么不能访问表对象和行对象?

8. 如何利用 GetNext 操作,列出一张路由表的完整信息?

实验

实验 7-1　DNS 协议分析

1. 实验说明

(1) 在真实网络环境中捕获 DNS 数据报文,分析报文的内容,掌握 DNS 报文的构成和 DNS 名称解析的工作过程。

(2) 了解 Nslookup 程序的用法。

Nslookup 是各种操作系统中都提供的对通用名称服务器的查找命令,可用以判定网络中的 DNS 服务器能否正确的实现域名解析。程序可以支持对所有种类 DNS 信息的访问,这些信息或者来自当前的默认服务器,或者通过将名称或者 IP 地址作为参数提供给其他名称服务器查询后得到。Nslookup 还是一个基本的 DNS 服务器测试和诊断工具。

不同操作系统中,Nslookup 的实现和命令用法略有差异,下面只给出 Windows 系统中 Nslookup 的基本用法,在其他系统中使用时可以查阅联机帮助或其他资料。

Nslookup 有两种使用模式,分别简要说明如下。

1) 非交互模式

即在 cmd 命令中直接输入命令,返回对应的数据。命令基本格式如下。

```
nslookup [ - option] [hostname] [server]
```

其中的参数-option 也叫子命令,用于将一个或多个 Nslookup 子命令指定为命令行选项;hostname 为要查找的主机名字,如果未指定其他服务器,就使用当前默认 DNS 名称服务器来查找 hostname 的信息。Server 用于指定将该服务器作为 DNS 名称服务器使用。如果省略,则将使用默认的 DNS 名称服务器。

Nslookup 子命令即选项,每个选项均由连字符(-)后紧跟命令名组成,有时是等号(=)后跟一个数值。

2) 交互模式

仅仅在命令行输入 nslookup,随即进入交互命令行,退出输入 exit。如

```
> nslookup
Default Server: sc - idns - cache.net
Address: 218.6.200.
>
```

此时可以在提示符后输入"help"或"?",查看各个子命令的详细用法。例如,要在域名空间中查找不同的数据类型(资源记录)常用的设置如下。

```
> set type
> set q[uerytype]
```

2. 实验环境

Windows 操作系统及网络环境(主机有以太网卡并连接 Internet),安装有 Wireshark 1.10。

3. 实验步骤

(1) DNS 报文捕获分析。

步骤 1　确认本机可以连接到 Internet,即 DNS 服务是有效的。运行如下命令。

```
C:\> ipconfig /all
```

记录网络接口信息中的 DNS 服务器地址。

步骤 2　启动 Wireshark 在本地接口抓包,显示过滤器设置为 dns,即只查看 DNS 报文。然后在 Windows 下打开浏览器窗口,在地址栏任意输入一个外网的网站域名后,按 Enter 键或启动连接。观察捕获到的 DNS 报文,通常会捕获到标准的查询和响应报文。

查看分析 DNS 报文的详细内容。注意 UDP 报文的端口信息和首部内容。

步骤 3　输入不能连接的网址域名,查看分析捕获到的 DNS 报文。

(2) Nslookup 程序的使用和 DNS 报文分析。

步骤 1　重新启动 Wireshark 在本地接口抓包,显示过滤器设置为 dns,即只查看 DNS 报文。在 Windows 系统的 cmd 窗口分别运行如下命令。

```
C:\> nslookup - q = a www.nju.edu.cn
C:\> nslookup - q = mx www.nju.edu.cn
```

观察命令输出和捕获到的数据包,注意,此时使用的是系统设置的默认 DNS 服务器。

步骤 2　指定 DNS 服务器进行名称解析,输入如下命令。

```
C:\> nslookup - q = a www.nju.edu.cn dns.nju.edu.cn
```

观察命令输出和捕获到的数据包。

步骤 3　分析反向解析的报文内容。在 Nslookup 程序中分别用默认 DNS 服务器和指定的 DNS 服务器进行反向解析。这里假设在步骤 1 操作中得到的 www.nju.edu.cn 的 IP 地址为 202.119.32.7,则分别输入如下命令。

```
C:\> nslookup - q = ptr 202.119.32.7
C:\> nslookup - q = ptr 202.119.32.7 dns.nju.edu.cn
```

观察命令输出和捕获到的数据包。

步骤 4 采用交互方式运行 Nslookup,重复进行上述步骤,熟悉交互方式下程序的使用。可以按下列命令顺序来操作。

```
> set q = a
> www.nju.edu.cn
> set q = mx
> www.nju.edu.cn
> www.nju.edu.cn dns.nju.edu.cn
> set q = ptr
> 202.119.32.7
> 202.119.32.7 dns.nju.edu.cn
```

理解命令作用,观察命令输出和捕获的数据包。

4. 实验报告

记录自己的实验过程和实验结果,分析实验获取的 DNS 报文,掌握各种类型的 DNS 报文的内容特点,掌握 DNS 名称解析工作过程。

5. 思考

采用 UDP 和 TCP 来实现 DNS,对名字解析有什么不同?

实验 7-2 DHCP 协议分析

1. 实验说明

在真实网络环境中捕获 DHCP 数据报文,分析报文的内容,掌握 DHCP 报文的构成和 DHCP 的工作过程。

2. 实验环境

Windows 操作系统及网络环境(主机有以太网卡并连接局域网或 Internet),安装有 Wireshark 1.10。

3. 实验步骤

步骤 1 在 Windows 网络和共享中心里查看网络配置,先确认实验主机的网络接口配置是 DHCP 方式,即"开始"|"控制面板"|"网络和 Internet"|"网络和共享中心"|"本地连接"|"属性"|"Internet 协议版本 4"的属性为"自动获得 IP 地址",然后运行 ipconfig 命令,查看本机 IP 地址信息。

步骤 2 启动 Wireshark 在本地接口抓包,显示过滤器设置为 bootp,即只捕获 DHCP 报文。然后运行如下命令。

```
C:\> ipconfig /release
```

观察命令输出和捕获的数据包。

步骤 3 继续 Wireshark 抓包,运行如下命令。

```
C:\> ipconfig /renew
```

观察命令输出和捕获的数据包,注意观察抓到的 4 个类型的 DHCP 报文的链路层地址和 IP 地址中广播和单播的差异,使用的 UDP 端口号以及各个报文的事务 ID,各个字段特别是选项的内容。

步骤 4 再次运行如下命令。

```
C:\> ipconfig /renew
```

观察命令输出和捕获的数据包。注意观察本次的 DHCP 请求和确认报文的内容和上一次的不同之处。

4. 实验报告

记录自己的实验过程和实验结果,分析实验获取的 DHCP 报文,掌握各种类型的 DHCP 报文的内容特点,理解 DHCP 协议的基本工作过程。

5. 思考

(1) DHCP 的操作码只有两种取值,如何区分 DHCP 报文的多种类型(观察到的至少 5 种以上)的不同作用?

(2) DHCP 采用 UDP 来实现有什么好处?

实验 7-3 SNMP 协议分析

1. 实验说明

利用 Packet Tracer 和 Wireshark 分别在模拟和真实环境中查看并分析 SNMP 协议报文格式和内容,熟悉 MIB Browser 和 snmputil 工具的用法,掌握 SNMP 各种操作和 PDU 的构成,进一步巩固对网络管理原理和方法的理解和掌握。

2. 实验环境

Windows 操作系统及联网环境(主机有以太网卡并连接局域网),安装有 Packet Tracer 6.0 和 Wireshark 1.10;MG-SOFT MIB Browser Professional Edition 和 snmputil 工具软件。

3. 实验步骤

(1) 利用 MIB Browser 和 Wireshark 捕获并分析 SNMP 报文。

步骤 1 配置 Windows SNMP 服务管理站和代理。

在 Windows 下安装并配置 SNMP 服务的过程如下。

打开"控制面板"|"添加/删除程序",选择"添加/删除 Win
"Windows 组件"中选择"管理和监视工具",单击下面的"详细信息
监视工具"的对话框中选择"简单网络管理协议 SNMP",确定后单击

安装 SNMP 服务器了。

安装成功后,打开"控制面板"|"管理工具"|"服务",能看见 SNMP 服务已经启动,双击"SNMP service",就可以对其属性进行配置。通常情况下使用系统默认的配置即可,默认情况下团体名为 public。

在实验的连网计算机上分别进行上述设置。

步骤 2　安装 MG-SOFT MIB Browser Professional Edition,这样就可以方便地进行 SNMP 操作和观察操作结果。可以同时在管理站和代理计算机上都安装 MIB Browser 并启动软件。

步骤 3　启动 Wireshark。在管理站或代理计算机的 Windows 中启动 Wireshark,选定本地网络接口并启动抓包,设置显示过滤器为 snmp。

步骤 4　在 MIB Browser 中进行 SNMP 操作,产生 SNMP 报文的网络通信信息。首先在 MIB Browser 主窗口中 Remote SNMP agent 下拉框处输入或选择代理的 IP 地址(实例为 192.168.0.101),然后单击菜单 SNMP|Contact(也可按 Ctrl+a 组合键),与代理建立联系,操作界面如图 7-26 所示。

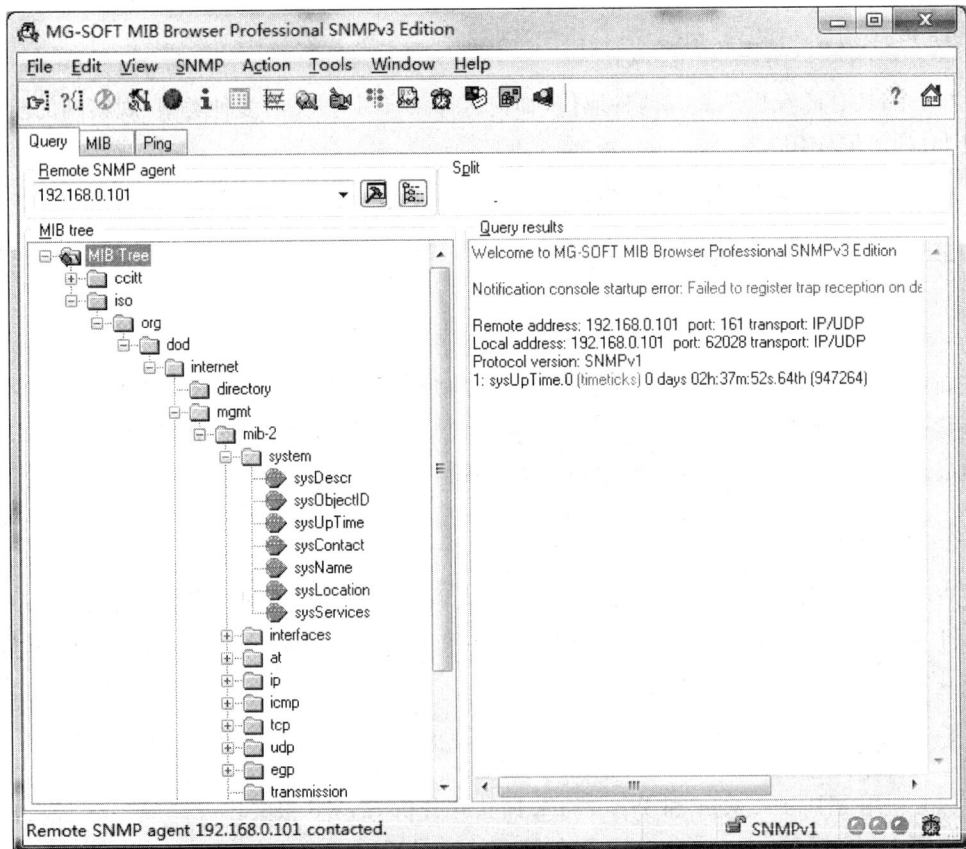

图 7-26　MG-SOFT MIB Browser 工作界面

此时,在 Wireshark 中已经捕获到一次 SNMP 通信,分析通信过程的 SNMP 查询和应答报文的内容,理解 MIB Browser 的工作特点。

再在 MIB Browser 选择菜单 Tools|Scan Agent For MIBs,获得代理支持的 MIB 对象清单,这时就可以对 MIB-Ⅱ中的各个注册对象进行 SNMP 操作了。

步骤 5 右击图 7-26 中左侧 MIB tree 窗格中的被管对象 sysName,在弹出的快捷菜单中可以看到,有 Get、Get Next、Set 和 Walk 等操作,单击,选择 Get 操作,会在 MIB Browser 工作窗口的 Qurey Results 中看到查询的结果。这时 Wireshark 会捕获到一次 Get 和 GetResponse 对话的 SNMP 报文。

步骤 6 右击图 7-26 中左侧 MIB tree 窗格中的被管对象 sysName,在弹出的快捷菜单中单击,选择 GetNext 操作,观察输出结果,分析 Wireshark 捕获到的 GetNext 和 GetResponse SNMP 报文。

步骤 7 类似地对被管对象 sysName 选择 Set 操作,会弹出 Set 对话框,如图 7-27 所示,在其中 Value to Set 栏填入要修改的 sysName 为任意字符(如 JN),单击 按钮,在弹出的对话框中设置团体名称为 public,然后单击 按钮,发出 Set 操作,观察程序执行情况。

在 Wireshark 中会捕获到连续的 Set 报文,但代理并没有应答,这时 MIB Browser 会提示 Request timed out。观察并分析捕获到的 SNMP Set 报文。

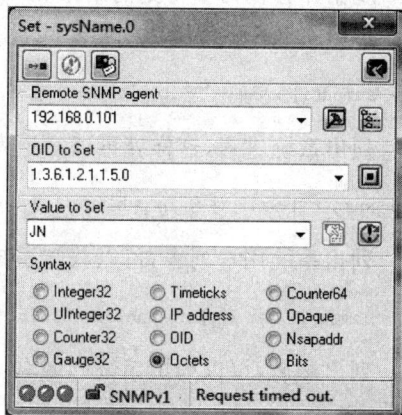

图 7-27 MIB Browser 中的 Set 操作

步骤 8 对 ip 组的被管对象 ipNetToMeadiaTable 选择 Walk 操作,会把整个表中的标量对象逐一地访问到并返回 Qurey Results 窗口中,在 Wireshark 中会捕获到连续的 GetNext 报文和 GetResponse 响应。

观察分析报文特点并理解 SNMP 访问 MIB 中表的方法。

(2) 利用 snmputil 和 Wireshark 捕获并分析 SNMP 报文。

步骤 1 在实验机(管理站或代理均可)上启动 Wireshark,选定本地网络接口并启动抓包,设置显示过滤器为 snmp。

步骤 2 在配置好 SNMP 协议的 Windows 系统中启动命令行方式,然后就可以运行 snmputil。snmputil.exe 是一个命令行下的软件,语法格式如下。

```
snmputil [get|getnext|walk] agent community oid [oid ...]
```

或

```
snmputil trap
```

依次按下列内容运行命令,观察并分析命令得到的结果和 Wireshark 中捕获到的相应的数据包。

```
Snmputil get localhost public .1.3.6.1.2.1.2.1.0
```

命令中 OID 即 interfaces.ifNumber.0。

```
Snmputil getnext localhost public .1.3.6.1.2.1.2.1.0
```

使用 getnext 命令参数就可以获取一个设备中的所有变量值及 OID,而不需要事先知道它们的准确 OID 值。

步骤3　使用 snmputil 的 walk 指令,显示出本地机器几乎所有的变量,直到最后出现"End of MIB subtree":

```
C:> snmputil walk localhost public .1.3
```

观察并分析命令得到的结果和 Wireshark 中捕获到的相应数据包。

步骤4　了解其他命令用法的含义。

```
snmputil walk 对方 ip public .1.3.6.1.2.1.25.4.2.1.2
```

列出系统进程,这样就可以知道系统运行的软件,例如,有没有装杀毒软件。

```
snmputil walk 对方 ip public .1.3.6.1.4.1.77.1.2.25.1.1
```

列出系统用户列表,可以获知系统的用户列表。

```
snmputil get 对方 ip public .1.3.6.1.4.1.77.1.4.1.0
```

列出域名,可以列出系统的域名。若入侵者得到了主机名,可以根据此设置探测的密码字典。

```
snmputil walk 对方 ip public .1.3.6.1.2.1.25.6.3.1.2
```

列出安装的软件,可以查看系统安装的软件版本是什么、是否安装防火墙等信息,可以据此判断可能有的系统漏洞。

(3) 在 Cisco Packet Tracer 中观察 SNMP 报文。

步骤1　启动 Packet Tracer,按图 7-28 所示建立一个简单的网络,也可以打开以前建立的网络拓扑来进行实验。

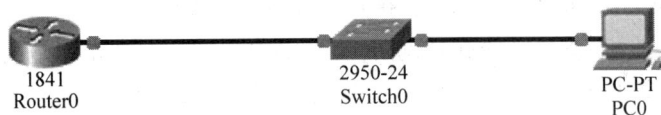

图 7-28　SNMP 实验拓扑

步骤2　首先配置路由器 SNMP,启用 SNMP 协议,设置团体名称为"suchen"。

```
Router > en
Router # conf t
Router(config) # hostname R0
R0(config) # int f0/0
R0(config - if) # ip addr 192.168.0.1 255.255.255.0
R0(config - if) # no shut
R0(config) # snmp - server community suchen RW
R0(config) # ^Z
```

步骤3　接着配置交换机,打开管理 vlan(interface vlan1),然后为交换机配置管理地址(ip address 192.168.0.2 255.255.255.0),同样地配置 SNMP。

```
Switch>en
Switch#conf t
Switch(config)#int vlan1
Switch(config-if)#ip addr 192.168.0.2 255.255.255.0
Switch(config)#snmp-server community suchen RW
Switch(config)#^Z
```

步骤4 PC0 充当管理站,可以不配置 SNMP。只配置 IP 地址(192.168.0.10/24)和默认网关(192.168.0.1)。配置好后需确认网络连通正确。

步骤5 打开 PC0 的 Desktop 选项卡,双击选择其中的 MIB Browser。在弹出的窗口中可以看到 Address 栏,在其中输入路由器的地址 192.168.0.1,操作界面如图 7-29 所示。单击 Advanced 按钮,弹出对话框。确认其中的 IP 地址为代理的地址(192.168.0.1),端口为 161,设置其中的 Read Community 和 Write Community,这里都输入团体名 suchen,然后单击 OK 按钮,保存。

步骤6 利用 Get 操作查看路由器信息。首先在图 7-29 窗口左边的 SNMP MIBs 中双击对应的 MIB 对象名称,逐级展开 MIB 注册对象树。这时 MIB Browser 的其他栏目会有对应的显示,如 OID 等会相应变化。

这时,如果要查看被管对象的值,可以在 Operations 下拉框处选择对应的操作,如 Get,然后单击 Go 按钮,执行操作。图 7-29 显示了使用 Get 操作获得 sysName(.1.3.6.1.2.1.1.5.0)的情况,可以看到,在 Result Table 里返回的路由器系统名字为 R0。这正是步骤 2 设置的路由器名称。

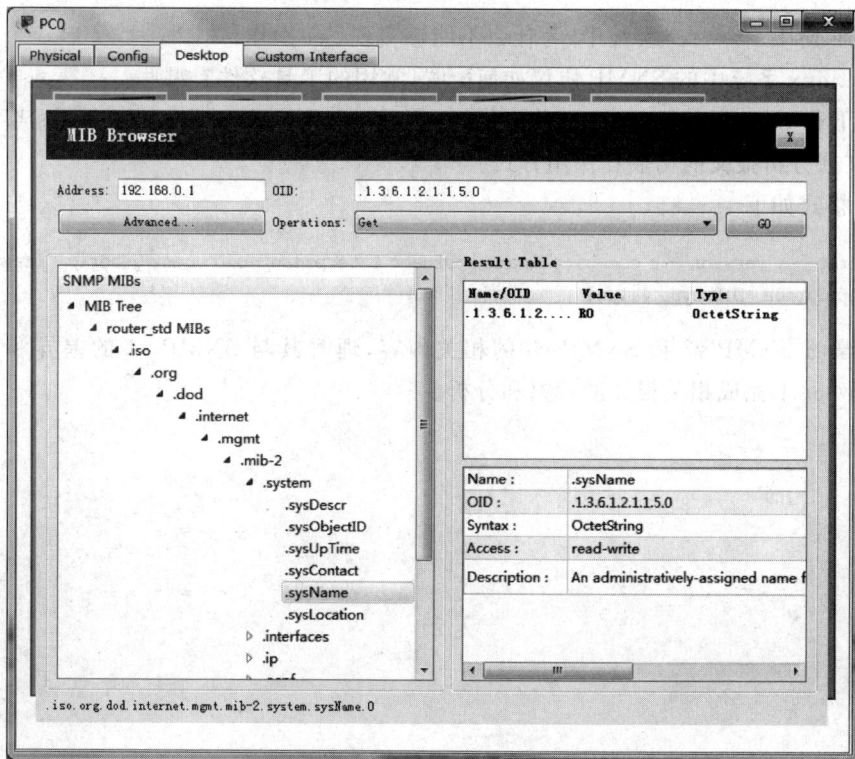

图 7-29 Packet Tracer 中 MIB Browser 界面

进一步通过连续地执行 Get 操作来查看路由器 R0 的路由表。

切换到 Cisco Packet Tracer 的模拟方式,查看通信过程中的各个 PDU 的构成和收发过程。

步骤 7 通过 Set 操作来修改路由器的名字。

在 Operations 下拉框处选择 Set 操作,这时会弹出 Set 对话框,确认 OID 后选择数据类型,sysName 的语法规定为字符串,所以这里选择 OctetString,然后输入要修改的新名称,这里输入"ROUTER0",单击 OK 按钮,回到主操作界面。单击 Go 按钮,执行 Set 操作修改 sysName(.1.3.6.1.2.1.1.5.0)。路由器响应这个 Set 操作,则看到在 Result Table 里返回的路由器系统名字为 ROUTER0。

借助 Cisco Packet Tracer 的模拟方式,查看通信过程中的 SetPDU 和路由器返回的 GetResponse PDU 的构成和收发过程。

Packet Tracer 中的命令相较于实际的 Cisco 设备要少,因此要完成更进一步的实验,如 Trap 操作,需要借助高仿真的 GNS3 等工具。

4. 实验报告

记录自己的实验过程和实验结果,分析实验中获取的 SNMP 报文,掌握各种类型的 SNMP 报文的内容特点,理解 SNMP 协议的基本工作过程,熟悉 SNMP 报文采用的 BER 编码。

5. 思考与练习

(1) 在 MIB Browser 实验中,为什么不能够实现 Set 操作?

(2) Linux 系统中的 SNMP 协议如何配置,常用的工具软件有哪些?

(3) 下载 net-snmp 工具,通过其提供的 snmptrap 命令实现手工产生 traps 事件,捕获 Trap 报文并分析报文的构成和作用方式。

命令格式如下。

```
Snmptrap - v version - c commuity - name hostname enterprise - oid agent generic - trap specific
- trap uptime [OID type value]
```

(4) 学习 SNMP v2 和 SNMP v3 的相关内容,理解其与 SNMP v1 的差异和改进,在 MIB Browser 上完成相关报文的观察和分析。

第8章

TCP及应用协议分析

传输控制协议(Transmission Control Protocol,TCP)提供一种面向连接的、可靠的字节流服务。面向连接意味着两个使用 TCP 的应用(通常是一个客户和一个服务器)在彼此交换数据之前必须先建立一个 TCP 连接,同时 TCP 通过差错与流量控制确保在不可靠的网络中完成数据的正确传输。对于传输大量数据以及要求可靠交付的应用程序来说,TCP是首选的传输方法。

本章首先回顾 TCP 协议的基本特性和报文格式,然后介绍基于 TCP 的常用应用协议Telnet、HTTP 和 FTP。

8.1　传输控制协议

TCP 将需要传输的数据分组,这种分组称为 TCP 报文段或段(segment)。和 UDP 中应用程序产生的数据报长度将保持不变完全不同,TCP 段不定长,被封装在 IP 数据报中传输。IP 数据报不能保证数据的按序到达,还可能造成数据的丢失或毁坏,这些问题经过TCP 协议的处理后,对上层提供的是可靠的无差错的服务。具体地来说,TCP 通过下列方式来提供可靠性。

(1) 在 TCP 传输开始时,TCP 主机使用握手过程建立相互间的逻辑连接,同时 TCP 使用序列号来跟踪标识传输的数据量及任何乱序的数据包。

(2) 当 TCP 发出一个段后,它启动一个定时器,等待目的端确认收到这个报文段。如果不能及时地收到一个确认,将重发这个报文段。

(3) 当 TCP 收到发自 TCP 连接另一端的数据,它将发送一个确认。通过确认和序列号跟踪,确保数据成功地抵达目标。

(4) TCP 将保持它首部和数据的检验和。这是一个端到端的检验和,目的是检测数据在传输过程中的任何变化。如果收到段的检验和有差错,TCP 将丢弃这个报文段和不确认收到此报文段(希望发送端超时并重发)。

(5) IP 数据报的到达可能会失序或发生重复,因此 TCP 报文段的到达也可能会失序或重复,TCP 通过对收到的数据进行重新排序,丢弃重复的数据,将收到的数据以正确的顺序交给应用层。

(6) TCP 提供流量控制。TCP 连接的每一方都有固定大小的缓冲空间。TCP 的接收端只允许另一端发送接收端缓冲区所能接纳的数据,这将防止较快主机致使较慢主机的缓冲区溢出。

　　TCP将数据按字节编号,然后以连续字节流方式传输数据,不在字节流中插入记录标识符,这称为字节流服务(byte stream service)。如果一方的应用程序先传20字节,又传30字节,再传50字节,连接的另一方将无法了解发送方每次发送了多少字节。接收方可以分5次接收这100个字节,每次接收20字节。TCP通信中,一端将字节流放到TCP连接上,同样的字节流最终将出现在TCP连接的另一端,而不管中间经历什么样的通信过程。

　　另外,TCP对字节流的内容不作任何解释,即TCP不关心字节流中的消息内容和消息边界,一旦接收到数据后,由上层应用程序解释字节流,读取包含其中的消息。TCP不知道传输的数据字节流是二进制数据,还是ASCII字符或者其他类型的数据。这种对字节流的处理方式与UNIX操作系统对文件的处理方式很相似。

8.1.1　TCP段格式

　　TCP段数据被封装在一个IP数据报中,由TCP段首部和TCP数据部分组成。TCP段首部由20字节的定长部分和0～40字节的变长部分构成。TCP段格式中各个字段的含义和作用如图8-1所示,各个字段的长度在图中已标明。

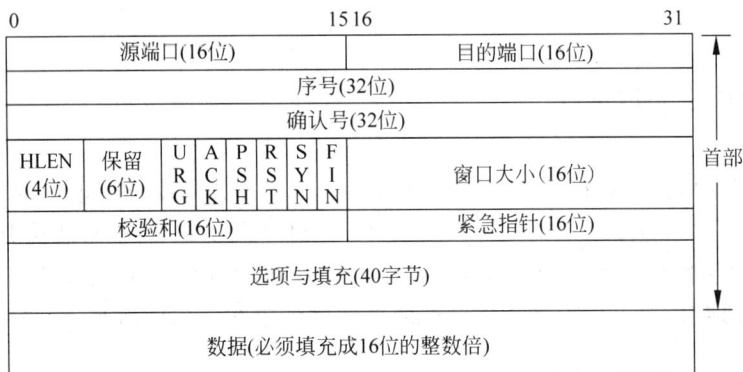

0	15 16	31	
源端口(16位)	目的端口(16位)		
序号(32位)			首部
确认号(32位)			
HLEN(4位)	保留(6位)	URG ACK PSH RST SYN FIN	窗口大小(16位)	
校验和(16位)	紧急指针(16位)		
选项与填充(40字节)			
数据(必须填充成16位的整数倍)			

图 8-1　TCP段首部格式

　　TCP段首部的各个字段含义如下。

　　(1) 每个TCP段都包含源端口号和目的端口号,用于寻找发送端和接收端应用进程。这两个值加上IP首部中的源端IP地址和目的端IP地址,可唯一确定一个TCP连接。

　　一个IP地址和一个端口号也称为一个Socket,在第1章网络编程接口里已有说明。客户端IP地址和端口号、服务器IP地址和端口号这样的四元组可唯一确定互联网络中每个TCP连接的双方。

　　(2) 序号用来标识从TCP发送端向TCP接收端发送的数据字节流,它表示在这个报文段中的第一个数据字节。TCP用序号对每个字节进行计数。序号是32位的无符号数,序号到达$2^{32}-1$后又从0开始。

　　当建立一个新的连接时,SYN标志变1。序号字段包含由这个主机选择的该连接的初始序号ISN(Initial Sequence Number)。该主机要发送数据的第一个字节序号为这个ISN加1,因为SYN标志消耗了一个序号(类似地,FIN标志也要占用一个序号)。

（3）确认序号包含发送确认的一端所期望收到的下一个序号。确认序号是上次已成功收到数据字节序号加1。只有ACK标志为1时,确认序号字段才有效。

需要注意的是,发送ACK无需任何代价,因为32位的确认序号字段和ACK标志一样,总是TCP首部的一部分。因此,一旦一个TCP连接建立起来,序号字段总是被设置,ACK标志也总是被设置为1。TCP连接的每一端都必须保持每个方向上的传输数据序号。

（4）首部长度（HELN）给出首部中32位字的数目。和IP首部中首部长度字段完全一样,这个字段占4位,取值范围在5~15。因此,TCP最多有60字节的首部,没有任选字段的普通的长度是20字节。

（5）在TCP首部中有6个标志位,它们中的多个可同时被设置为1,各个标志置1的含义如下。

- URG：紧急指针（urgent pointer）有效。
- ACK：确认序号有效。
- PSH：接收方应该尽快地将这个报文段交给应用层。
- RST：重建连接。
- SYN：同步序号用来发起一个连接。
- FIN：发送端完成发送任务。

（6）窗口大小是一个16位字段,用来标明TCP连接的一方还可以接收的字节数,起始于确认序号字段指明的值,用以为TCP提供流量控制。因而窗口大小最大为65 535字节。窗口刻度选项允许这个值按比例变化,以提供更大的窗口。

（7）TCP检验和覆盖了整个的TCP报文段,即包括TCP段首部和TCP数据,但计算时要加上如图8-2所示的一个伪首部。校验和是一个强制性的字段,由发送端计算和存储,并由接收端进行验证。

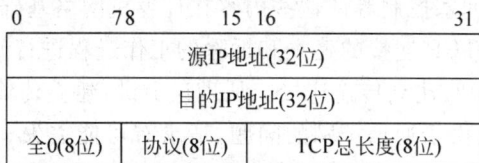

0	78	15 16	31
源IP地址(32位)			
目的IP地址(32位)			
全0(8位)	协议(8位)	TCP总长度(8位)	

图 8-2　TCP伪首部格式

和UDP一样,TCP伪首部的信息来自IP数据报的首部,协议字段指明当前协议为TCP(6)。TCP段的发送端和接收端在计算校验和时都会加上伪首部信息。若接收端验证校验和是正确的,则说明数据到达了正确主机上正确协议的正确端口。

（8）紧急指针只有在URG标志置1时才有效。紧急指针是一个正的偏移量,和序号字段中的值相加表示紧急数据最后一个字节的序号。TCP的紧急方式是发送端向另一端发送紧急数据的一种方式。

（9）选项为变长部分,选项格式如图8-3所示。

选项结束标志为单字节选项,代码为0,用于表示选项结束。

无操作选项为单字节选项,代码为1,用于选项的填充,实现32位对齐。

最大段大小（MSS）选项为多字节选项,代码为2,长度为4字节,最后两个字节用于标识本机能够接收的段的最大字节数。MSS值范围为0到65 535。为防止IP分片,在TCP

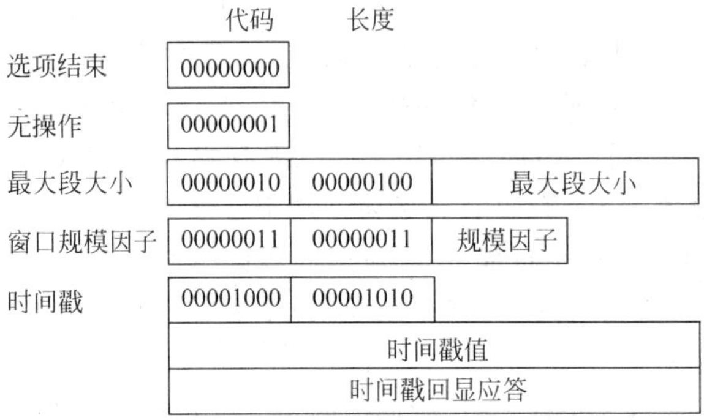

图 8-3　TCP 选项格式

连接建立时,连接双方会互相通告期望接收的 MSS 选项(MSS 选项只能出现在 SYN 报文段中)。如果一方不接受对方的 MSS,则 MSS 设定为默认值 536。

窗口规模因子选项为多字节选项,代码为 3,长度为 3 字节。在 TCP 段的首部存在 16 位的窗口大小字段,但在高吞吐和低延迟的网络中,65 535 字节的窗口仍然嫌小。通过在选项中采用窗口规模因子,可以增加窗口的大小。

时间戳选项为多字节选项,代码为 8,长度为 10 字节。时间戳值字段由发送端在发送数据段时填写,接收端收到后,在确认数据段中将收到的时间戳值填入时间戳回显应答字段,发送端根据该时间戳值和当前时间戳,可以计算出数据段的往返时间。

8.1.2　TCP 连接的建立和拆除

TCP 为实现数据的可靠传输设计了不少工作机制,包括 TCP 连接的建立和拆除、超时与重传机制、流量控制和拥塞控制等。这些内容在计算机网络基础课程中都已学习,本节仅为方便学习协议分析,对 TCP 连接的建立和拆除的工作过程进行回顾。

TCP 需要在应用进程间建立传输连接。从理论上讲,建立传输连接只需要一个请求和一个响应就可以了。但是由于通信子网的问题,请求有可能丢失。为了解决请求的丢失问题,常用的办法是超时重传。客户发出连接请求时,启动一个定时器,一旦定时器超时,客户将被迫再次发起连接请求,但这又可能导致重复连接。

TCP 解决重复连接的办法为采用三次握手方法。

三次握手方法要求对所有报文进行编号,TCP 采用的方法是给每个字节一个 32 位的序号,每次建立连接时都产生一个新的初始序号。

建立连接前,服务器端首先被动打开其服务端口并对端口进行监听。当客户端要和服务器建立连接时,发起一个主动打开端口的请求。然后进入三次握手过程。

第一次握手:由要建立连接的客户向服务器发出连接请求段,该段首部的同步标志 SYN 被置为 1,并在首部中填入本次连接的客户端的初始段序号 SEQ(如 SEQ=16400)。

第二次握手:服务器收到请求后,发回连接确认(SYN+ACK),该段首部中的同步标志 SYN 被置为 1,表示认可连接;首部中的确认标志 ACK 被置为 1,表示对所接收的段的确认;与 ACK 标志相配合的是准备接收的下一序号(ACK16401),该段还给出了自己的初始序号(如 SEQ=1300)。对请求段的确认完成了一个方向上的连接。

第三次握手：客户向服务器发出确认段，段首部中的确认标志 ACK 被置为 1，表示对所接收的段的确认；与 ACK 标志相配合的准备接收的下一序号被设置为收到的段序号加1(ACK 1301)，完成了另一个方向上的连接。

这时，TCP 连接便建立起来，接下来双方都可以向对方发送数据。当通信完成，连接双方都可以发起拆除连接操作。

为防止简单地拆除连接可能会造成的数据丢失，TCP 采用与三次握手类似的方法，即一方发出断开连接请求后，并不马上拆除连接，而是等待对方的确认，对方收到断开连接请求后，发送确认报文，这时拆除的只是单方向上连接（半连接）。等对方发送完数据后，再通过发送断开连接请求来断开另一个方向上的半连接。

本章的内容中基于 TCP 的应用协议如 Telnet、FTP 和 HTTP 里都可以观察到 TCP 连接的建立和拆除过程，8.2 节中将给出捕获的报文实例。

8.2 Telnet 远程登录

远程登录是 Internet 上最为广泛的应用之一，今天已经有多种多样的远程登录工具或软件在使用，例如，Telnet、Rlogin、SSH(Secure Shell)和 PuTTY 等。Telnet 作为网络上最早的远程登录工具，提供标准的远程访问操作，最典型的基于 Telnet 的应用就是 BBS 电子公告板。所以，通过学习了解 Telnet 协议工作机制来理解远程访问仍然具有代表意义。

8.2.1 Telnet 工作机制

一个本地用户像远地用户一样，在远地机建立一个用户账号，并通过 TCP/IP 进入该远地账号，访问远地机资源，这就是远程登录。Telnet 远程登录的使用主要有两种情况：一是用户在远程主机上有自己的账号(account)，即用户拥有注册的用户名和口令；二是许多Internet 主机为用户提供了某种形式的公共 Telnet 信息资源，这种资源对于每一个 Telnet用户都是开放的。

Telnet 通过 TCP/IP 进入远地账号，访问远地机资源，服务器使用熟知端口号 23，客户端使用动态端口号。Telnet 远程登录采用客户-服务器模式，图 8-4 显示的是 Telnet 典型连接的工作原理图。

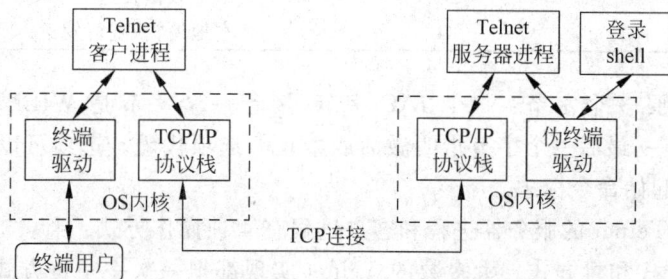

图 8-4 Telnet 工作原理

Telnet 具有包容异种计算机和异种操作系统的能力，它工作在任何主机或终端之间。为此 Telnet 采用专门的一种标准的键盘定义方式，称为网络虚拟终端（Network Virtual

Terminal,NVT),采用的字符集称为 NVT ASCII。Telnet 命令使用的 NVT 部分字符集如表 8-1 所示。

表 8-1　NVT 部分控制字符

命　令	编　码	含　　义	命　令	编　码	含　　义
IAC	255	解释后面的字节为命令	AO	245	异常中止输出
DONT	254	拒绝执行指定选项	IP	244	中断进程
DO	253	允许开放指定选项	BRK	243	中断
WONT	252	拒绝执行指定选项	DM	242	数据标记
WILL	254	同意执行指定选项	NOP	241	无操作
SB	250	子选项开始	SE	240	子选项结束
GA	249	继续进行	EOR	239	记录结束符
EL	248	删除行	ABORT	238	异常中止进程
EC	247	转义字符	SUSP	237	挂起当前进程
AYT	246	测试对方是否在运行	EOF	236	文件结束符

Internet 协议族的许多协议都使用这种字符集,如 FTP、SMTP、Finger 等都使用 NVT ASCII 来描述客户命令和服务器响应。

Telnet 在建立登录关系时,首先进行选项协商,就是说 Telnet 连接的一方可以提出某些选项,另一方或同意或反对,在协商基础上双方对选项选择达成一致。选项协商用于配置本地和远程主机间的工作模式。

Telnet 部分选项如表 8-2 所示,用于配置沟通客户与服务器的 TCP 连接。

表 8-2　Telnet 部分选项

类　　型	取　值	描　　　述
传输二进制	0	将传输改为 8 位二进制字节回应
回显	1	允许一端回显它收到的数据
抑制 GA	3	不在数据后发 Go Ahead 信号
状态	5	请求远地系统选项的状态
时间标志	6	请求时间标志插入返回流
终端类型	24	交换终端类型信息
记录末	25	结束数据发送
行模式	34	本地编辑,整行发送

选项协商需要 3 个字节:一个 IAC 字节,接着一个字节是 WILL、DO、WONT 和 DONT 这四者之一,最后一个字节指明激活或禁止的选项代码。选项可以包含子选项,SB 是子选项协商的起始命令标志。

对于大多数 Telnet 的服务器进程和客户进程有 4 种操作方式:半双工、一次一个字符方式、一次一行方式和行方式。大多数的 Telnet 实现都把一次一字符方式作为默认方式,这需要激活服务器的抑制 GA(SUPPRESS GO AHEAD)选项,可以通过由客户进程发送 DO SUPPRESS GO AHEAD(请求激活服务器进程的选项)请求完成,也可以通过服务器进程给客户进程发送 WILL SUPPRESS GO AHEAD(服务器进程激活选项)请求来完成。服务器进程通常还会跟着发送 WILL ECHO,以使回显功能有效。

在数据传输过程中,现在的 Telnet 往往都会采用行方式。这里不再给出详细的工作过程分析,需要的读者请参考相关书籍。

8.2.2 Telnet 报文实例

下面利用 Wireshark 在网络中捕获的 Telnet 报文实例,对 TCP 连接过程和 Telnet 协议工作的过程进行简要分析说明。

图 8-5 所示为登录到本书实验所用 Telnet 服务器时捕获的 TCP 报文。Wireshark 的显示过滤器已经设置为"tcp. port＝＝23",即只显示 Telnet 应用相关的报文。

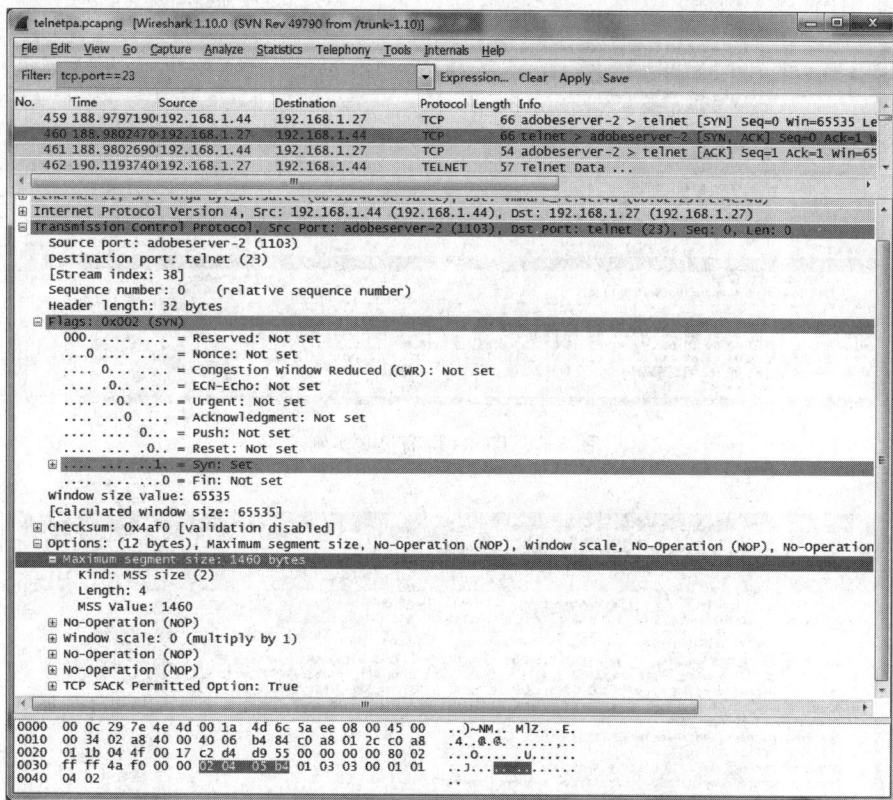

图 8-5 Telnet 登录前的 TCP 连接报文实例

观察 Wireshark 包列表窗格,可以看到在 Telnet 开始工作前,先捕获到 3 个 TCP 报文段,这就是建立 TCP 连接的三次握手。

包解析窗格中解析了第一个握手报文段。目标端口为 23,即 Telnet 服务器端口,源端口为动态端口。标志位仅 SYN 置 1 表示这是 TCP 连接请求。注意选项部分的内容和格式,高亮部分的 MSS 为 1460 字节,原始数据里是 TLV 格式的数据。

在 TCP 连接建立后即开始 Telnet 协商,图 8-6 所示为发出的第一个 Telnet 协商。

图 8-6 中高亮的部分为 Telnet 协商部分,为"IAC 命令码 选项码"格式,图中为"IAC DO AO"表示要开始协商认证模式。之后 Telnet 客户会向服务器发回"IAC WILL AO"的响应,然后便开始继续协商通信设置参数,直至完成协商开始数据传输。图 8-7 为完成协商

后 Telnet 服务器传给客户端的数据,这是服务器的名称和系统提示信息。

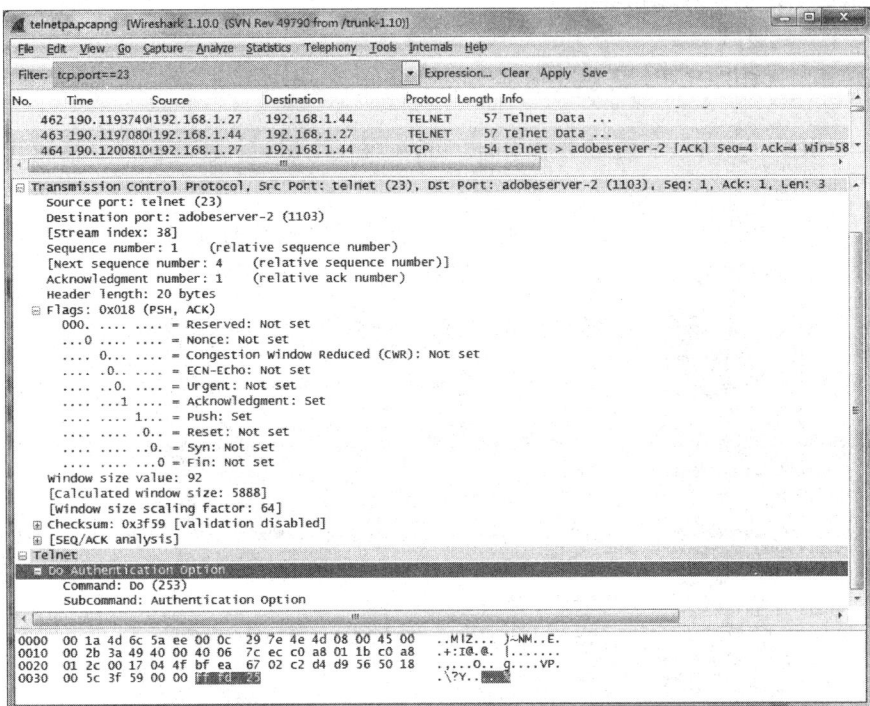

图 8-6　Telnet 协商报文实例

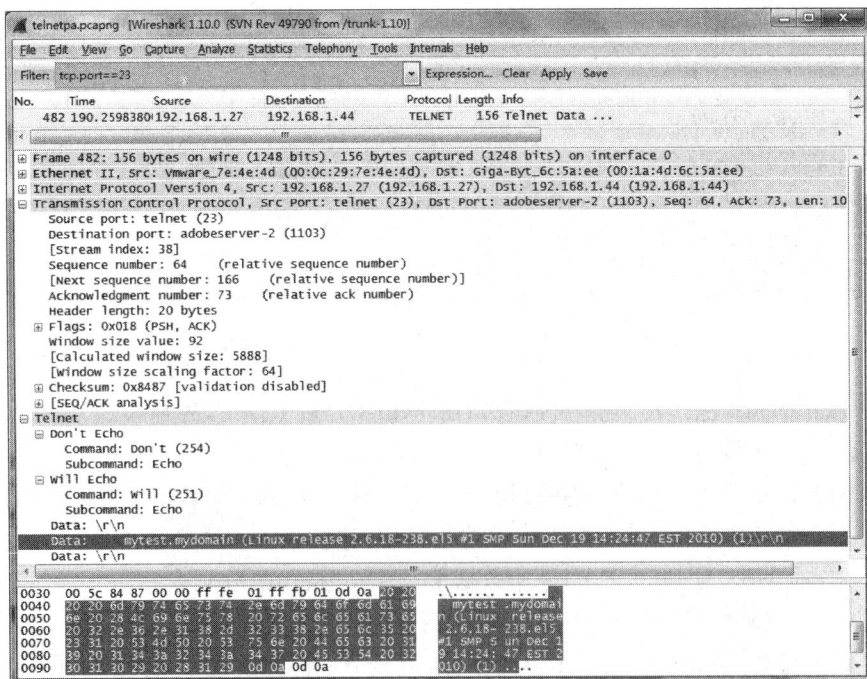

图 8-7　Telnet 数据报文实例

限于篇幅,这里没有给出 Telnet 完整工作的通信报文。本章实验 8-1 为 Telnet 实验,请读者通过实验对 Telnet 服务的一个完整过程进行观察和分析,以充分了解其工作原理。

8.3　HTTP 协议

超文本传输协议 HTTP(HyperText Transfer Protocol)主要用于从 WWW 服务器传输超文本到本地浏览器。HTTP 协议是作为一种请求/回答协议来实现的。客户请求从 Web 服务器上传输某一页,Web 服务器则以那一页来应答。

HTTP 1.0 实际的通讯不提供持续连接,当 HTTP 服务器回答了客户的请求之后,就撤销 TCP 连接,直到客户发布下一个请求时再次连接,这会造成一些性能上的缺陷。例如,访问一个包含有许多图像的网页文件的整个过程包含了多次请求和响应,每次请求和响应都需要建立一个单独的连接,每次连接只是传输一个文档和图像,上一次和下一次请求完全分离。这样即使图像文件都很小,但是客户端和服务器端每次建立和关闭连接将产生较多的开销,并且将降低服务器和客户机的通信性能。当一个网页文件中包含 Applet、JavaScript 文件、CSS 文件等内容时,也会出现类似的情况。因此现在已经较少使用 HTTP 1.0。

目前更多地使用的是符合 RFC 2616 规范的 HTTP 1.1。HTTP 1.1 支持持续连接,即在一个 TCP 连接上可以传送多个 HTTP 请求和响应,减少了建立和关闭连接的消耗和延迟。一个包含有多个图像的网页文件的多个请求和应答可以在一个连接中传输,但每个单独的网页文件的请求和应答仍然需要使用各自的连接。

本节从协议分析的角度介绍 HTTP 协议,着重介绍协议的基本报文格式,对 HTTP 1.1 的新特性就不做进一步的分析,有需要的读者可以查阅相关资料。

8.3.1　HTTP 协议特点和报文格式

HTTP 协议基于 TCP 协议,工作在应用层。HTTP 采用请求/响应的握手方式来完成 HTTP 定义的事务处理基本过程。

在客户与服务器建立 TCP 连接后,一个客户将一个 HTTP 请求发送给 HTTP 服务器(通常在 TCP 的 80 号端口),HTTP 服务器接受这个请求,并给客户发送一个合适的回答。这个过程中 HTTP 协议要求客户必须传送的信息只是请求方法和路径。

HTTP 实际使用的请求方法只有数种,因而服务器程序规模小且简单,与其他协议,如 FTP,相比时间开销小、速度快,可以有效地处理大量请求,从而得到了广泛的使用。因此,HTTP 最大的特点是其简单性。HTTP 协议对事物处理没有状态记忆,是无状态的协议,这种无状态性使客户与服务器连接通信运行速度快,服务器应答也快。

HTTP 信息采用 RFC 822 的普通信息格式,如图 8-8 所示。信息包含请求行/状态行(start-line)、信息首部(message-header)、空行(null)和信息体(message-body)。

下面分别说明报文的各个内容。

1. 请求行/状态行

请求行/状态行指示本报文的请求类型或响应的状态等信息。客户端发出的是请求报

请求行/状态行
信息首部
空行
信息体(长度可变)

图 8-8　HTTP 报文格式

文,此处就是请求行;服务器端发出的是响应报文,此处就是状态行。

(1) 在客户端发出的请求报文中指明请求类型(方法)、URI(Uniform Resource Identifier,统一资源标识符)、HTTP 版本号。请求行格式如图 8-9 所示。

方法	空格	URI	空格	HTTP版本

图 8-9　HTTP 请求行格式

常用的 HTTP 请求的方法和基本作用如表 8-3 所示。

表 8-3　HTTP v1.1 方法

方法	描　　述
GET	获取请求的 URL 指定的页面信息文档
HEAD	获取请求的 URL 相关的报头(元数据)信息
POST	向指定资源提交数据进行处理请求(如提交表单或者上传文件)
OPTION	允许客户端查看服务器性能相关的选项或要求
PUT	从客户端向服务器传送的数据取代指定的文档的内容
DELETE	请求服务器删除指定的页面
TRACE	回显服务器收到的请求,主要用于测试或诊断
CONNECT	HTTP 1.1 协议中预留给能将连接改为管道方式的代理服务器

各种方法中,GET、HEAD、POST 方法是使用最频繁的方法,因而被大多数服务器支持。下面对其用法做进一步说明。

- GET 方法的目的是取回由 URL 指定的资源。若对象是文件,则 GET 取的是文件内容;若对象是程序或描述,则 GET 取的是该程序执行的结果,或该描述的输出;若对象是数据库查询,则 GET 取的是查询的结果。GET 允许通过使用 IF 语句来增加附加的灵活性,即条件 GET。当在 IF 语句中的条件得到满足时,数据便被传输。如果 Web 页在最近没有被更新,HTTP 客户便可以使用 Web 页在缓冲区的拷贝。这样可以充分利用网络带宽。
- HEAD 方法要求服务器查找某对象的元信息而不是对象本身,仅要求服务器返回关于文档的信息,而非文档本身。例如,用户想知道对象的大小、对象的最后一次修改的时间等。HEAD 方法和 GET 方法的工作非常类似,只是信息体不被返回到客户处。
- POST 方法从客户向服务器传送数据,用来请求 HTTP 服务器,将包含在请求体中的数据当作 HTTP 服务器一个新的记录来接收。这种方法可被用来将消息发给一个新闻组,或向 HTTP 服务器提交一个 HTML 表格,或者将一个记录附加到

HTTP 服务器上驻留的一个数据库上去。POST 请求可能会导致新的资源的建立或已有资源的修改。

其他方法的进一步的含义和工作特点请参考相关资料。

请求行中还有统一资源标识符 URI,它是 URL(Uniform Resource Locator,统一资源定位符)和 URN(Uniform Resource Name,统一资源命名)的组合。URI 是以一种抽象的、高层次概念定义统一资源标识,而 URL 和 URN 则是具体的资源标识的方式。URL 和 URN 都是一种 URI。URL 也称为 Web 地址,即俗称"网址"。URL 的完整格式由以下基本部分组成:

协议 + "://" + 主机域名(IP 地址) + ":"端口号 + 目录路径 + 文件名

URL 类包含的定位该资源的信息不能是相对的,而 URI 实例的路径则可以绝对表示,也可以是相对路径表示的。

(2) 在服务器发出的响应报文中,指明 HTTP 版本号和服务器执行请求的状态信息。响应信息中的状态信息由协议版本号、数字式的状态码以及对应的状态短语组成。状态行格式如图 8-10 所示。

| HTTP版本 | 空格 | 状态码 | 空格 | 状态短语 |

图 8-10　HTTP 状态行格式

状态码是 3 位十进制数的状态编码,主要由 RFC 2616 规范定义并得到 RFC 2518、RFC 2817、RFC 2295、RFC 2774 和 RFC 4918 等规范扩展。表 8-4 给出了主要的 HTTP 1.1 状态码及定义。

不同取值范围的状态码有基本的用途划分。100~199:信息,表示请求已接收,继续处理;200~299:成功,表示请求已被成功接收、理解、接受;300~399:重定向,要完成请求必须进行更进一步的操作;400~499:客户端错误,请求有语法错误或请求无法实现;500~599:服务器端错误,服务器未能实现合法的请求。

状态短语是对状态码的文字解释,表 8-4 中给出了定义说明,详细的说明请查阅 RFC 文档或相关资料。

表 8-4　HTTP v1.1 状态码

状态码	定　义	状态码	定　义	状态码	定　义
1xx	信息	206	部分内容	400	坏的请求
100	继续	3xx	重定向	401	非授权
101	切换协议	300	多重选择	402	需要付费
2xx	成功	301	永久移走	403	禁止
200	OK	302	已找到	404	未找到
201	创建	303	参见其他	405	方法不允许
202	接受	304	未修改	406	不可接受
203	非权威信息	305	用户代理	407	要求代理认证
204	无内容	307	临时重定向	408	请求超时
205	重置内容	4xx	客户端错误	409	冲突

续表

状态码	定　义	状态码	定　义	状态码	定　义
410	已丢失	415	不支持的媒体类型	501	未实现
411	要求长度	416	请求范围不能满足	502	坏的网关
412	前提条件失效	417	期望值失效	503	服务不可用
413	请求实体太大	5xx	服务器错误	504	网关超时
414	请求的 URI 太长	500	内部服务器错误	505	HTTP 版本不支持

2. 信息首部

用于在客户端和服务器之间交换附加信息。HTTP 信息首部有一般首部、请求首部、响应首部和实体首部 4 类。信息首部每行都用一个"首部名：值"这样的形式来表示，首部名和首部值用冒号分割。

（1）一般首部也称为通用头，是请求和响应中都可以出现的、用于描述报文的一般信息。通用头的扩展，要求通信双方都支持相应的扩展。如果存在不支持的通用头，一般将会作为实体首部来处理。部分常用的通用头域如下。

- Cache-control：高速缓存指示，指定请求和响应遵循的缓存机制。
- Connection：指定与请求响应连接有关的选项。
- Date：报文构建日期。
- MIME-version：发送端使用的 MIME 版本。
- Pramga：用于包含特定执行指令，可能被应用于请求/响应链中任何接收者。
- Transfer-Encoding：指示了消息主体的编码转换。
- Upgrade：允许客户端指定它支持什么样的附加传输协议。

（2）请求首部也称为请求头，只用于请求报文。请求头定义客户端的配置和客户端所期望的文档格式，允许客户端传递请求的附加信息和客户端自己的附加信息给服务器。这些头域作为请求的修饰符。常用的请求头有以下几种。

- Accept：客户端可以接受的数据类型。
- Accept-charset：客户端浏览器可以处理的字符集。
- Accept-encoding：客户端可以处理的数据编码机制。
- Accept-language：客户端浏览器可以接受的语言种类。
- Authorization：认证消息，包括用户名和口令。
- Cookie：包含 cookie，是最重要的请求头信息。
- From：提供客户端用户的 E-mail 地址。
- Host：客户端指定的请求初始 URL，说明了接受请求服务器的主机名和端口号。
- If-Match：条件方法，验证实体的一个或多个是否就是服务器当前实体。
- If-Modified-Since：条件方法，根据请求变量在此头域里指定的时间之后有没有改变而执行不同的操作。
- Range：客户端请求正文的范围，以字节为单位。
- Referer：允许客户指定某资源的 URI，客户端从此资源获得的请求 URI 的地址。
- User-agent：客户端软件类型。

　　还有其他一些请求头,这里没有全部列出,需要的读者可以查阅有关 RFC 文档。特别的部分请求头在实际应用中虽然在使用,但目前却不一定已经进入网络标准,如 Client-IP(提供客户端机器的 IP 地址)。

　　(3) 响应首部也称为响应头,只用于响应报文,用来向客户端提供服务器的配置信息和关于请求的信息。常用的头域有以下几种。

- Accept-range：给出服务器接受客户请求的范围;
- Age：文档的使用期限;
- Etag：提供了请求对应变量(variant)的当前实体标签,使用不同 URL 发布的同一个资源其 Etag 值是一样的;
- Location：对于一个已经移动的资源,用于重定向请求者到另一个位置;
- Retry-After：用于一个 503(服务不可得)响应,向请求端指明服务不可得的时长;
- Public：给出服务器所支持的方法列表;
- Server：指出服务器程序类型和版本号。

　　(4) 实体首部也称为正文头,给出文档主体数据的信息。实体头部主要出现在响应中,POST 和 PUT 类型的请求也会使用实体头部。常见的实体首部如下。

- Allow：请求的 URI(Request-URI)指定资源所支持的几种方法;
- Content-encoding：实体的编码机制;
- Content-language：定义实体的语言类型;
- Content-length：按十进制或八位字节数指明了发给接收者的实体主体的大小,即指定包含于请求或响应中的数据的字节长度;
- Content-range：实体头域与部分实体主体一起发送,用于指明部分实体主体在完整实体主体里哪一部分被采用;
- Content-type：指明发给接收者的实体主体的媒体类型;
- Expires：给出实体的有效期;
- Last-modified：给出实体上次被修改的日期和时间;
- Extention-header：允许客户端定义新的。

　　各类首部中支持的信息类型较多,上面也只对部分内容进行了简要说明,需要时可以查阅 RFC 相关文档或资料。

3. 空行

　　即一个回车和换行,用于分隔信息首部和信息体。

4. 信息体

　　信息体也称为实体,是用来传递与请求或响应相关的实体的。在客户的请求报文中,信息体存放 POST、PUT 等请求向服务器传送的数据;在服务器发出的响应报文中,信息体存放服务器返回的客户所请求的页面,内容均使用 MIME(Multipurpose Internet Mail Extensions,多用途互联网邮件扩展类型)进行编码。

　　具体看实体是一个经过编码的字节流,其编码方式由 Content-Encoding 或 Content-Type 定义,其长度由 Content-Length 或 Content-Range 给出。

传输编码(Transfer-Encoding)主要是用来增强保密性或让支持这种编码的接收者能正确接收。使用传输编码时,信息体是经过编码的实体;未使用传输编码时,信息体就是实体本身。

8.3.2　HTTP 报文实例

为了更好地理解 HTTP 协议的工作特点,下面通过使用 Wireshark 捕获的报文进行说明。

图 8-11 和图 8-12 是使用浏览器访问 www.espn.com 时捕获的 HTTP 请求和响应报文。客户端需要先和服务器的 TCP80 端口建立起 TCP 连接,这在图 8-11 中包列表窗格中编号 3~5 的包里可以看到。

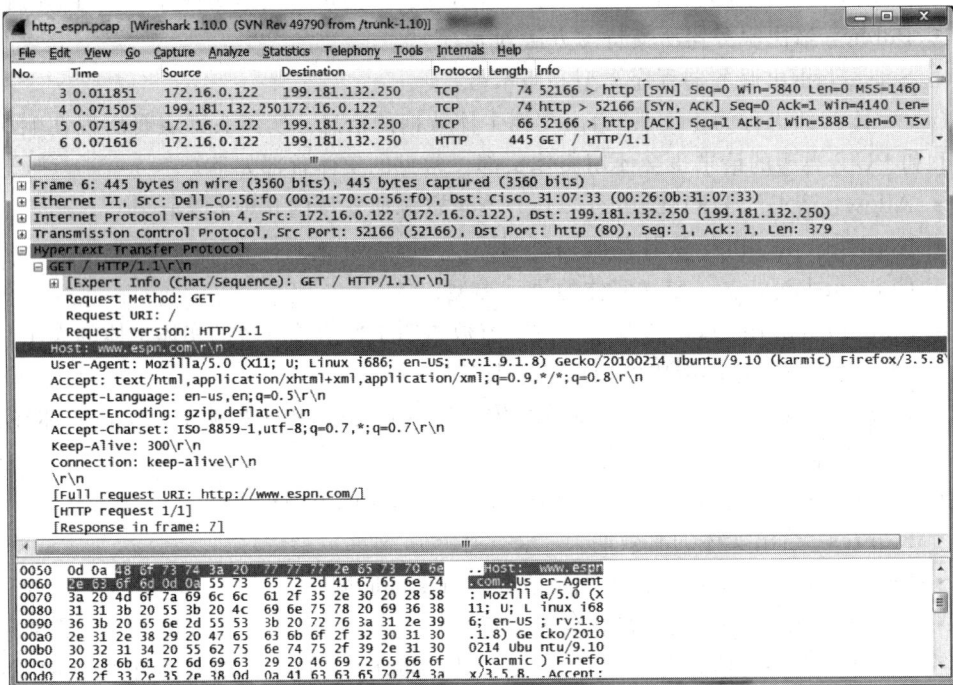

图 8-11　HTTP 请求报文实例

随后客户端发出 HTTP 请求报文。报文的请求行表明方法是 GET,请求的 URI 为服务器"/",这是因为如果 URL 中没有给出访问资源的绝对路径,那么当它作为请求 URI 时,必须以"/"的形式给出,即表示服务器根目录。HTTP 版本为 HTTP/1.1。注意报文的各个组成部分之间用"\r\n"即回车换行来分隔。

接下来的 Host 给出了接受请求的服务器的主机名为 www.espn.com 以及其他的请求首部信息,请求报文最后是一个空行"\r\n",其后没有信息体。

图 8-12 的响应报文首先是状态行,可以看到状态码(status code)的值是 301,表明这是一个重定向的响应,说明信息为"永久移动"(Moved Permanently),从报文中可以看到,对 www.espn.com 的访问将被重定向到新的 URL 上,这个地址是 http://espn.go.com。接下来的响应首部说明了响应的 HTTP 服务的特点,如时间、服务器类型(Apache)、响应的

内容类别(text/html)及字符集等。

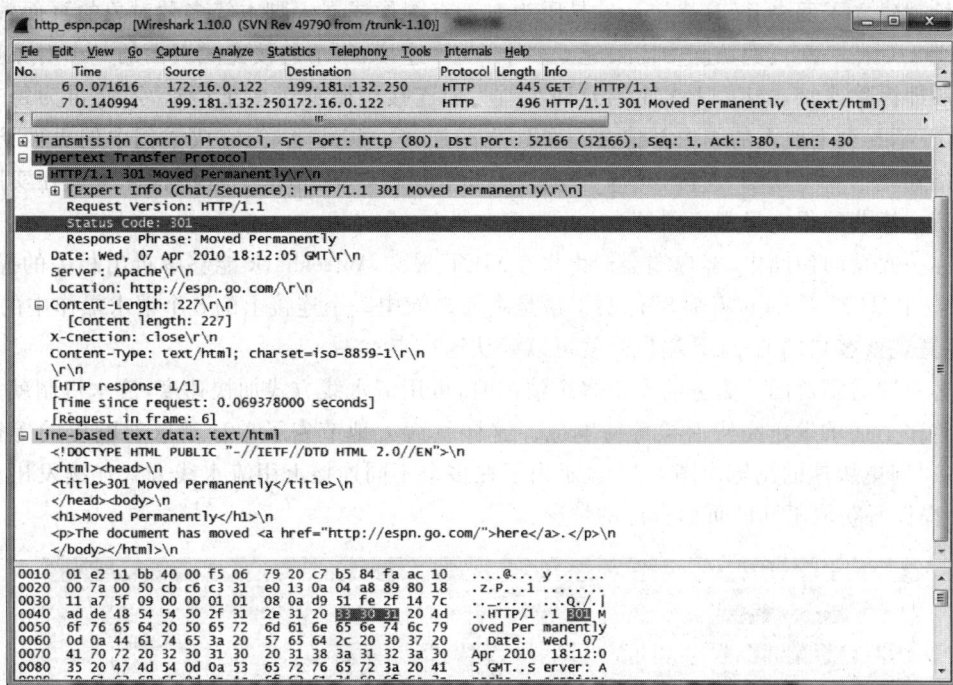

图 8-12　HTTP 响应报文实例

一个空行之后就是信息体,即报文中最后部分为返回的 HTML 页面内容。

下面通过访问一个复杂一些的网站页面来进一步分析 HTTP 协议工作的特点。在浏览器地址栏输入清华大学网站地址 www.tsinghua.edu.cn,用 Wireshark 捕获通信数据并过滤显示相关的 HTTP 数据包,如图 8-13 所示。

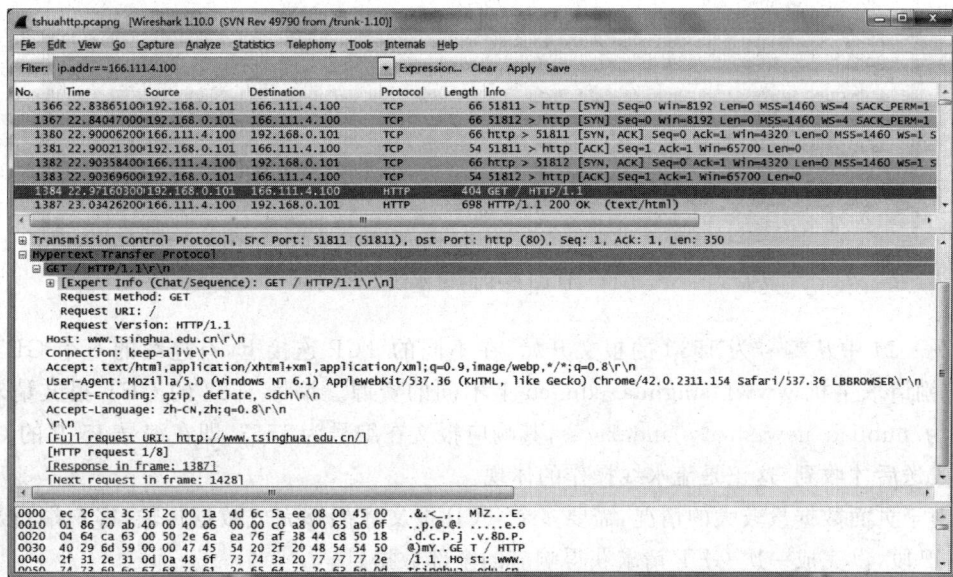

图 8-13　访问较复杂的网页的实例

从图 8-13 可以清楚地看到,客户端(192.168.0.101)和服务器(166.111.4.100)在通信一开始就建立了两个 TCP 连接。这是因为对于有图像或嵌入脚本等多种对象的页面数据,HTTP 1.0 在一次页面访问中需要建立多个 TCP 连接,每个连接完成页面的一个对象数据传送后即拆除连接。HTTP 1.1 则允许在同一个连接中服务于多重请求,不必再为每一个在一个 Web 页上嵌入的图像都建立一个独立的连接。实际上,为完成本例中的页面访问,客户端建立了 6 个 TCP 连接,在每个连接中都有多个 GET 请求。这些特性可以在实际网络通信中捕获的报文里观察到。

在一次页面访问中,客户端会产生多个 GET 报文,Wireshark 能够解析出相关的操作。图 8-13 中"HTTP request 1/8"标明了这是页面访问中一个连接上的 8 个请求操作中的第 1 个,注意观察客户端的 TCP 端口号就可以确认这一点。

客户端需要对同一服务器发出多个请求时,可用流水线方式加快速度,流水机制就是指连续将多个请求发送完毕后再等待响应。这样就大大地节省了单独请求对响应的等待时间,可得到更快速的浏览。图 8-14 显示出了在多个不同连接上用流水线方式连续发出多个GET 操作所获取不同的页面资源的情况。

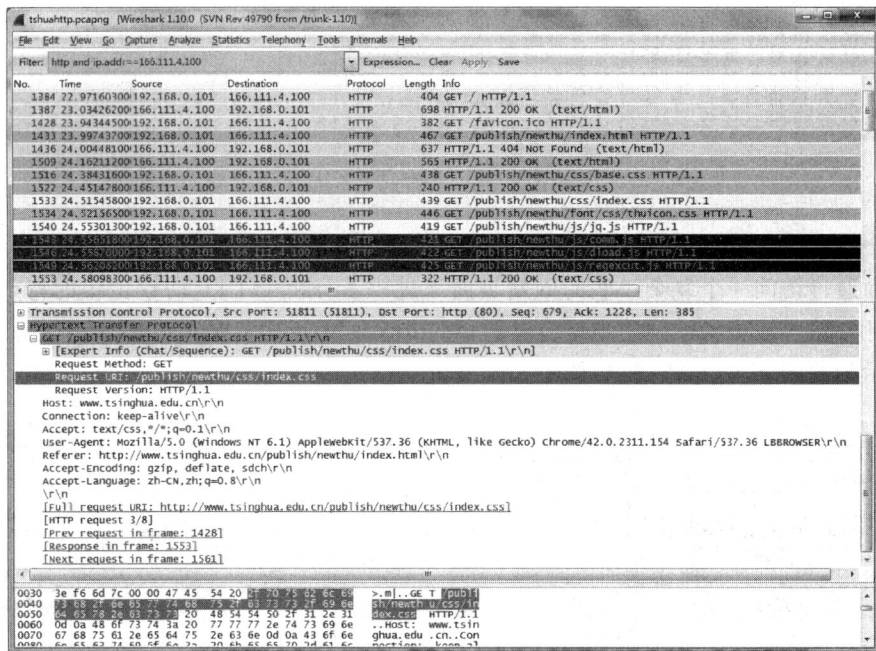

图 8-14   HTTP 中的流水线方式实例

图 8-14 中从编号为 1533 的报文开始,在不同的 TCP 连接上,有连续的 6 个 GET 操作,分别请求主机 www.tsinghua.edu.cn 上不同的资源。编号 1533 的 GET 报文请求的 URI 为/publish/newtsh/css/index.css,其响应报文在编号为 1553,即在编号 1549 的 GET 报文发送后才收到,这正是流水线操作的体现。

对于页面数据量较大的情况,需要多个 TCP 报文才能够完成数据传输,客户端重新组装 TCP 段,以完成一次 GET 请求获得响应的全部数据。

限于篇幅,本节未把 HTTP 通信过程的各种类型报文一一列出,对各种首部类型及其作用也难以逐一列举,请读者结合本章的实验 8-2 观察分析相关报文。

8.4 FTP 协议

通过网络传递文件是一个基本的网络应用。文件传输协议 FTP 提供在网络上的主机之间共享计算机程序或数据,向用户屏蔽不同主机中各文件存储系统的细节,以基于 TCP 采用面向连接的方式在客户和服务器之间提供可靠和高效的数据传输。需要注意的是,FTP 把一个完整的文件从一个系统中复制到另一个系统中,这与 NFS(Network File System,网络文件系统)不同。RFC 959 给出了 FTP 的正式规范。

8.4.1 FTP 协议的工作原理

FTP 工作在 TCP/IP 模型的应用层,采用 TCP 面向连接为文件数据的传输提供了可靠的保证。

1. FTP 的工作过程

FTP 采用客户机-服务器模式,客户端需要安装 FTP 客户程序,服务器端需要启用 FTP 服务,FTP 基本的工作过程如图 8-15 所示。

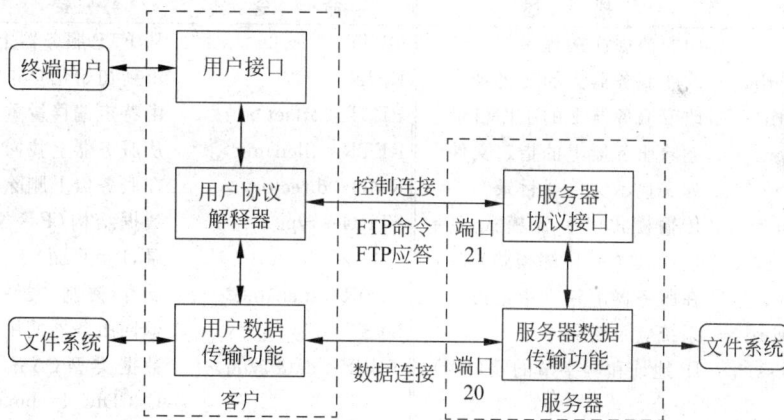

图 8-15 FTP 工作过程

FTP 客户与服务器之间要建立双重连接。一个是控制连接,使用 TCP 端口 21,用来传输控制信息,采用 NVT ASCII 格式;一个是数据连接,使用 TCP 端口 20,用于传递文件数据。文件数据格式可以是 ASCII 码文件和 EBCDIC 文件,也可以是二进制文件。文件采用的数据结构可以是字节流、记录格式或页格式。

图 8-15 中客户端的用户协议解释器和服务器端的协议接口分别负责完成对用户控制命令的解释或响应,并且根据需要来激活文件传输功能。用户接口的功能是为用户所需提供各种交互界面,如菜单和行命令等,并把它们转换成控制连接上发送的 FTP 命令。

FTP 建立双重连接的原因在于 FTP 是一个交互式会话系统。客户端每次调用 FTP,便与服务器建立一个会话,会话以控制连接来维持。控制连接负责传输控制信息,例如,用户名和口令,改变远程目录的命令,取文件或放回文件的命令,直至退出 FTP。当客户端请求传送文件时,客户端还要通过控制连接来定义文件类型、数据结构和传输方式。客户每提出一个文件传输请求,服务器与客户建立一个数据连接,进行实际的数据(比如文件)传输。一旦数据传输结束,数据连接随即撤销,但控制连接依然存在,客户可以继续发出命令。此时客户可以撤销控制连接(close 命令),也可以退出 FTP 会话(quit 命令)。

　　FTP 的文件传输模式有流模式、块模式和压缩模式,主要使用的是流模式。流模式即数据以字节流的形式传送,若数据结构采用的是字节流,则用文件结束符(EOF)指示;若是记录结构,则用两字节序列(EOR,EOF)指示。

2. FTP 控制用的命令和响应

　　FTP 控制连接采用和 Telnet 协议相同的机制,通过命令和响应交互来完成,命令和响应以 NVT ASCII 码形式传送,每条命令和响应都是一个短行,每行都以一个回车换行(CR/LF)对来作为结束符。

　　FTP 命令主要用于控制连接,与 Telnet 命令包括中断进程、Telnet 的同步信号、查询服务器、带选项的 Telnet 命令等相同。每个命令以 3 个或 4 个 NVT ASCII 字符开始,后面带有选项参数和一个回车换行(CR,LF)对来标识命令结束。表 8-5 给出了常用的命令。

表 8-5　常用 FTP 命令

命 令	描 述	命 令	描 述
ABOR	中断数据连接程序	QUIT	从 FTP 服务器上退出登录
CDUP < dir path >	改变服务器上的父目录	REIN	重新初始化登录状态连接
CWD < dir path >	改变服务器上的工作目录	REST < offset >	由特定偏移量重启文件传递
DELE < filename >	删除服务器上的指定文件	RETR < filename >	从服务器上找回(复制)文件
LIST < name >	列表显示文件或目录	RMD < directory >	在服务器上删除指定目录
MODE < mode >	传输模式(S=流模式,B=块模式,C=压缩模式)	STRU < type >	数据结构(F=文件,R=记录,P=页面)
MKD < directory >	在服务器上建立指定目录	STOR < filename >	储存(复制)文件到服务器上
PASS < password >	系统登录密码	SYST	返回服务器使用的操作系统
PORT < address >	IP 地址和两字节的端口 ID	TYPE < data type >	数据类型(A = ASCII,E = EBCDIC,I=binary)
PWD	显示当前工作目录	USER < username >	系统登录的用户名

　　FTP 响应都是 NVT ASCII 码形式的 3 位数字,每行以回车换行结尾。3 位应答码中的每一位都有特定的含义,前两位的含义如表 8-6 所示。

表 8-6　FTP 应答码第 1 位和第 2 位含义

应 答	说 明	应 答	说 明
0 **	未定义	* 0 *	语法错
1 **	肯定预备	* 1 *	信息
2 **	肯定完成,可以发送新命令	* 2 *	连接
3 **	肯定中介,期待下一命令	* 3 *	鉴别和记账
4 **	暂态否定完成	* 4 *	未指明
5 **	永久性否定完成	* 5 *	文件系统状态

响应码的第 3 位说明附加的含义。FTP 常见的应答码在表 8-7 列出,需要时可以参考相关资料获得更详细的说明。用 Wireshark 等抓包工具捕获到的报文中,程序也会给出相应的注释。

表 8-7　FTP 应答码

应答码	说　　明	应答码	说　　明
120	服务器准备就绪的时间(分钟数)	250	文件行为完成
125	打开数据连接开始传输	257	路径名建立
150	打开连接	331	要求密码
200	成功	332	要求账号
202	命令没有执行	350	文件行为暂停
211	系统状态回复	421	服务关闭
212	目录状态回复	425	无法打开数据连接
213	文件状态回复	426	结束连接
214	帮助信息回复	450	文件不可用
215	系统类型回复	451	遇到本地错误
220	服务就绪	452	磁盘空间不足
221	退出网络	500	无效命令
225	打开数据连接	501	错误参数
226	结束数据连接	502	命令没有执行
227	进入被动模式(IP 地址、ID 端口)	503	错误指令序列
230	登录因特网	504	无效命令参数

3. 匿名 FTP 机制

匿名 FTP 是 Internet 网上发布软件和其他信息内容的常用方法。远程主机建立了名为 anonymous 的用户特殊 ID,这样 Internet 上的任何人在任何地方都可使用该用户 ID 下载文件,而无须成为其注册用户。

匿名 FTP 主机的连接使用方式同连接普通 FTP 主机的方式差不多,只是在要求提供用户标识 ID 时必须输入 anonymous,其口令可以是客户自己喜欢的任意字符串。

当远程主机提供匿名 FTP 服务时,会指定某些目录向公众开放,允许匿名存取。系统中的其余目录则处于隐匿状态。作为一种安全措施,大多数匿名 FTP 主机都允许用户从其下载文件,而不允许用户向其上传文件。

8.4.2　FTP 报文实例

下面通过 Wireshark 捕获的 FTP 服务通信的报文实例,进一步了解 FTP 的工作过程和报文结构。

FTP 客户发起对 FTP 服务器的访问时,首先需要对服务器的 TCP 端口 21 建立 TCP 连接,图 8-16 包列表窗格里能够看到 TCP 三次握手建立连接的报文。FTP 控制连接建立后,FTP 服务器首先发回一个 FTP 响应报文,报文的内容就是一个响应码(220)和服务器版本提示字符串,表示服务就绪。

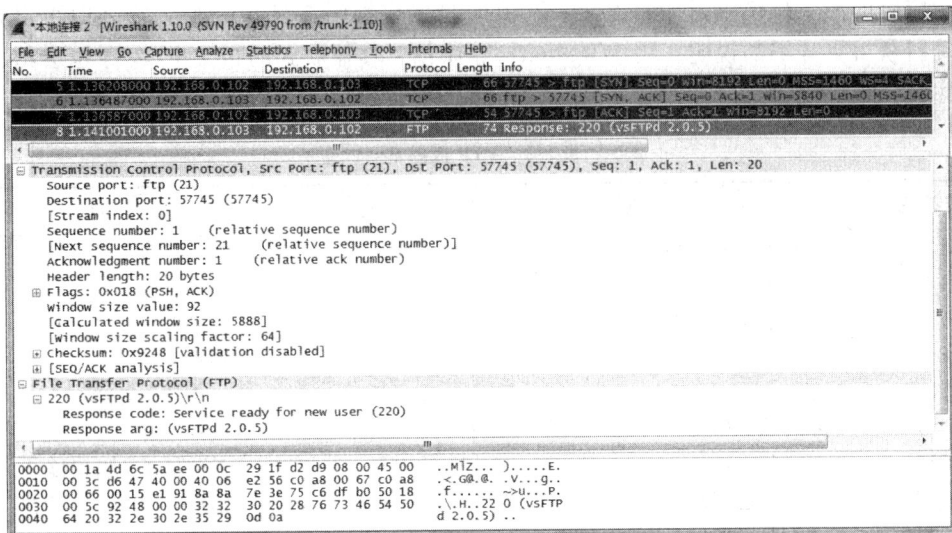

图 8-16　FTP 响应报文实例

接着，FTP 客户发出命令报文如图 8-17 所示。可以看到，通信仍然在服务器 TCP 端口 21 进行。FTP 客户端发出命令是 USER，输入登录用户名。

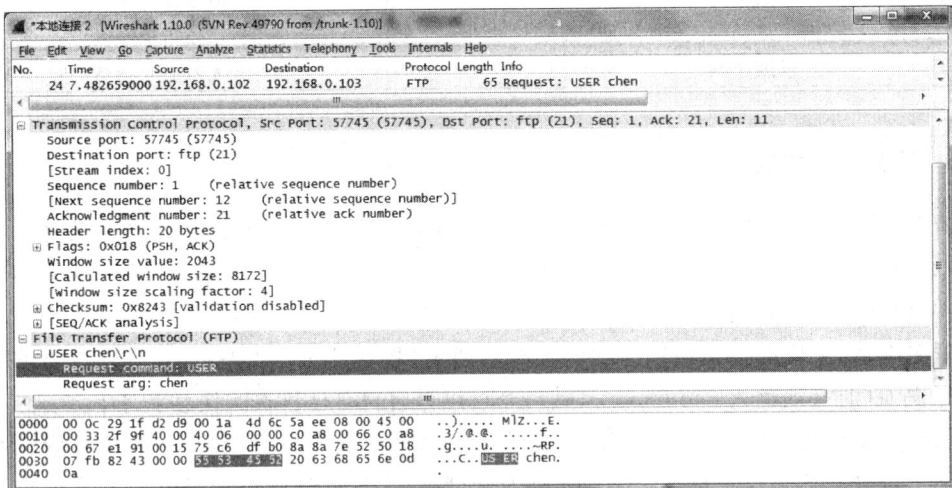

图 8-17　FTP 命令报文实例

接下来，在输入口令验证通过后，将出现 FTP 命令提示界面，这时可以输入 FTP 命令传送文件。如果有文件传输要求，就会在客户和服务器之间建立起一个新的 TCP 连接，服务器使用 TCP 端口 20 来传输数据。图 8-18 是传送文件的报文实例。

注意观察图 8-18 中 Wireshark 把报文解析为 FTP-DATA，服务器端口为 20。加亮部分为传送的列目录命令返回的数据。可以看到，这时传输的数据是直接作为 TCP 数据加载到 TCP 段数据部分，并没有应用层的其他报文结构了。

更完整的通信过程和其他 FTP 通信报文，请读者结合本章实验作进一步学习。

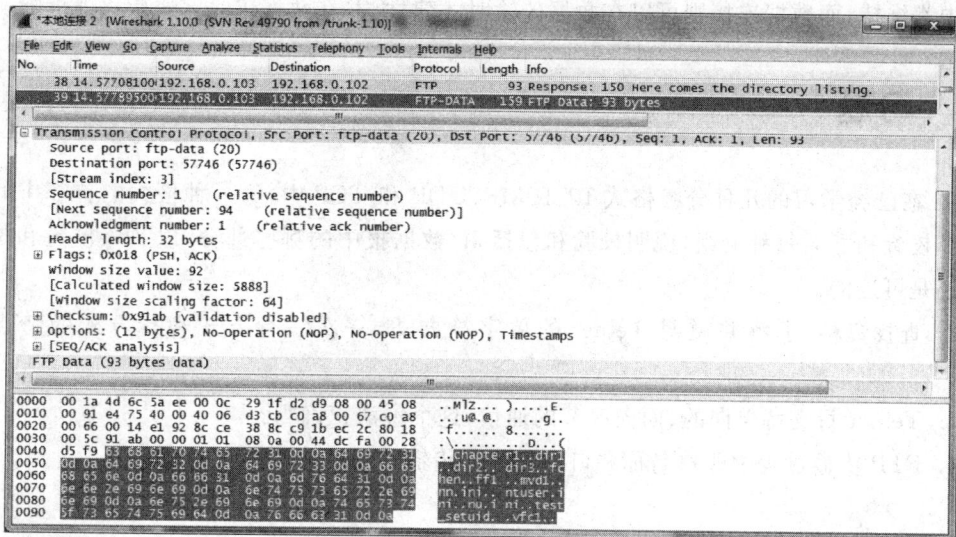

图 8-18　FTP 传输文件实例

8.5 小结

（1）TCP 提供面向连接的、可靠的字节流服务。尽管会增加连接、差错与流量控制等开销，但 TCP 确保了在网络中正确地传输数据，适合传输大量数据及要求可靠交付的应用。

（2）TCP 段数据由 TCP 段首部和 TCP 数据部分组成，段首部由 20 字节的定长部分和 0～40 字节的变长部分构成。TCP 段首部中的各个字段在 TCP 的可靠通信中有着重要的作用，TCP 选项则最常用于连接时确定 MSS 和通信中调整窗口大小。

（3）TCP 在建立连接时，采用三次握手方法解决重复连接的问题，在拆除连接时采用四次握手方法解决数据丢失问题。

（4）Telnet 程序是 Internet 上常用的远程登录工具，使用 TCP 端口 23，其协议工作过程采用了选项协商的方式，Telnet 采用的 NVT ASCII 字符集也用在其他的网络应用中。

（5）HTTP 协议是 Internet 上最广泛使用的 WWW 服务采用的协议。浏览器向服务器发送请求，服务器回送超文本形式的响应，客户和服务器之间采用请求/响应模式。

（6）HTTP 报文用请求行或状态行指示本报文是请求报文还是响应报文。请求报文中用请求方法标明报文的操作要求，GET、HEAD、POST 是最常用的方法。响应报文用状态码说明响应的特征。响应报文的信息体则是服务器返回的超文本的页面内容。

（7）FTP 提供在网络上把一个完整的文件从一个系统中复制到另一个系统中，并且屏蔽了不同主机中文件系统的差异。FTP 采用客户-服务器模式，在客户和服务器之间需要建立两个 TCP 连接，传输控制信息的控制连接使用 TCP 端口 21，传递文件数据的数据连接使用 TCP 端口 20。

（8）FTP 传输时要明确文件类型、数据结构和传输方式。FTP 通过命令和响应的交互来完成控制信息的传递，命令和响应码都采用 NVT ASCII 码。控制连接在整个 FTP 通信过程中都维持,而数据连接则可以在数据传输时才建立,并在数据传输完成后立即拆除。

8.6 习题

1. 在已经学习的几种分组格式 IP、ICMP、UDP 和 TCP 中,每一种格式的首部中均包含一个校验和。对每种分组,说明校验和包括 IP 数据报中的哪些部分,以及该校验和是强制的还是可选的。

2. 查找资料,了解并说明 Telnet 的单字符方式、一次一行方式和行方式的特点和用法。

3. Telnet 只支持单向的、面向字节的通信,这个说法正确吗?

4. FTP 传输过程中账户名称和口令是明文传输的吗? 请通过实验说明。

实验

实验 8-1 Telnet 程序和 TCP 连接分析

1. 实验说明

在真实网络环境中,捕获 TCP 连接建立和拆除的报文,掌握 TCP 报文的构成和协议工作原理;使用 Telnet 程序访问真实网站,理解 Telnet 报文的构成,掌握 Telnet 协议的工作过程。

2. 实验环境

Windows 操作系统及网络环境(主机有以太网卡并连接 Internet),安装有 Wireshark 1.10。

3. 实验步骤

步骤 1 启动 Wireshark 在本地接口抓包,显示过滤器设置为"tcp. port＝＝23",即只捕获 Telnet 相关的报文。下面以访问南京大学的 BBS 小百合网站为例(实验时可以选择其他站点,也可以自己架设 Telnet 服务器来完成实验)。

步骤 2 在 Windows 下运行如下命令。

```
C:\> telnet bbs. nju. edu. cn
```

观察命令输出和捕获的数据包。可以看到,Wireshark 立即捕获到了 TCP 连接建立的 3 个报文,另外有 Telnet 相关的多个报文。

仔细分析 TCP 连接建立的三次握手报文的信息,注意观察 TCP 标志位的置位情况、选项的项目和内容,TCP 序列号在原始报文中的值与 Wireshark 解析的相对值的差异。

注意分析客户端和 Telnet 服务器之间协议报文的交互情况,观察 Telnet 协商选项的格式和内容,理解其工作过程。

步骤 3　继续在 Telnet 返回的界面运行命令并抓包,输入试用账号:

请输入账号(试用请输入"guest" 注册请输入"new"): guest

观察命令输出和捕获的数据包,注意观察抓到的客户端输入的 guest 几个字符,是按一次一字符方式传送给服务器,并且服务器又送还客户端回显的。

步骤 4　再次在 Telnet 界面操作,浏览查看 BBS 内容,观察命令输出和捕获的数据包。

步骤 5　在 BBS 界面选择 G,退出 BBS,按 Enter 键退出 Telnet,终止 TCP 连接。观察命令输出和捕获的数据包。

观察 TCP 连接拆除的四次握手数据,注意各个报文的标志位、序列号和确认号。

4. 实验报告

记录自己的实验过程和实验结果,分析实验获取的 TCP 连接建立和拆除报文,掌握 TCP 连接建立的过程和工作特点;分析 Telnet 报文的内容特点,掌握 Telnet 协议的工作过程。

实验 8-2　HTTP 协议分析

1. 实验说明

通过在真实网络环境访问 HTTP 服务器上网的过程中,捕获 HTTP 数据报文,分析报文的内容,掌握 HTTP 报文的构成,理解 HTTP 协议的工作过程。

2. 实验环境

Windows 操作系统及网络环境(主机有以太网卡并连接 Internet),安装有 Wireshark 1.10。

3. 实验步骤

步骤 1　为便于观察抓包,先在 Windows 下运行 ping 命令,查看所要访问的 Web 站点的地址信息。下面以中国协议分析网网站为例(实验时可以选择其他站点)。运行如下命令。

C:\> ping www.cnpaf.net

观察输出的信息,记下网站的 IP 地址,此处为 123.56.44.131。

步骤 2　启动 Wireshark 在本地接口抓包,显示过滤器如下设置。

(tcp or http) and ip.addr == 123.56.44.131

即只捕获访问上述站点的 TCP 和 HTTP 报文。

步骤 3　在 Windows 下运行浏览器,地址栏输入"www.cnpaf.net"后连接网站。为便于观察,不要用浏览器预置的导航站点。

观察捕获的数据包。注意在 TCP 三次握手完成连接后的客户端的第一个 HTTP GET 报文。仔细阅读并分析报文内容。

服务器响应报文要传输的字节数一般都较大,因此需要多个 TCP 报文段才能够传输完成首页的内容,因此捕获的报文可能有 TCP segment of a reassembled PDU 的提示。同时 Wireshark 为使用者查看方便,在 GET 报文的末尾有 response in frame xxx 的提示,可以很容易地查看到对应的 HTTP 响应报文。仔细分析收到的 HTTP 响应报文的内容。

另外,Wireshark 在 GET 报文里还提示了捕获到的下一个请求报文的编号,可以很容易地查看接下来的 HTTP 传输内容。

步骤 4　在捕获的报文中,会发现在 HTTP 传输的过程中又出现了多个新的 TCP 连接握手信号和传输内容,目标是同一个地址和端口,但本地端口却不同。报文中有 stream index 的值不同。

选择第一个 GET 报文,单击 Wireshark 的工具栏 Analyze/Follow TCP Stream,观察弹出的窗口里显示的这个 TCP 流的通信内容和报文的关系。

步骤 5　单击浏览器"刷新"按钮,继续 Wireshark 抓包,观察捕获的数据包的变化。

步骤 6　关闭网页,观察捕获的数据包。

4．实验报告

记录自己的实验过程和实验结果,分析实验获取的 TCP 和 HTTP 报文,理解常见的 HTTP 报文的内容特点,掌握 HTTP 协议的工作过程。

5．思考

(1) 进一步在网页上做多种操作,比如提交表单内容,观察 POST 方法的报文,尝试对捕获的数据包进行分析。

(2) 了解学习浏览器关于 TCP 流通信的工作机制,尝试在实际网页的访问过程中捕获相应的数据包并进行分析。

实验 8-3　FTP 协议分析

1．实验说明

通过在真实网络环境访问 FTP 服务器的过程中捕获 FTP 数据报文,分析报文的内容,理解 FTP 报文的构成和 FTP 协议的工作过程。

2．实验环境

Windows 操作系统及网络环境(主机有以太网卡并连接 Internet),安装有 Wireshark 1.10。

3．实验步骤

步骤 1　为便于观察抓包,先在 Windows 下运行 ping 命令,查看所要访问的 FTP 站点的地址信息。下面以访问戴尔公司的 FTP 网站为例(实验时可以选择其他站点,也可以自己架设 FTP 站点来完成实验)。

```
C:\> ping ftp.dell.com
```

观察输出的信息,记下网站的 IP 地址,此处为 143.166.147.76。

步骤2 启动 Wireshark 在本地接口抓包,显示过滤器如下设置。

`(tcp or ftp) and ip.addr == 143.166.147.76`

即只捕获访问上述站点的 TCP 和 FTP 报文。

步骤3 在 Windows 里打开命令窗口,输入如下命令。

`C:\> ftp 143.166.147.76`

观察命令输出和捕获的数据包。注意在 TCP 三次握手完成连接后服务器发回的第一个 FTP 响应报文。仔细阅读并分析报文内容,注意协议使用的端口号。

步骤4 以匿名方式登录,继续在命令窗口输入如下命令。

`用户(143.166.147.76:(none)):anonymous`

输入口令处直接按 Enter 键,连接到 FTP 服务器上。

仔细观察客户端和服务器之间的通信报文,注意输入信息在报文中的传输,特别是 FTP 请求命令和应答代码的内容。

步骤5 在 FTP 命令提示符下执行命令,查看或下载文件。观察捕获的报文的内容随操作变化的情况。注意数据传输使用的端口号。

步骤6 退出 FTP 服务。观察捕获的报文内容。

4. 实验报告

记录自己的实验过程和实验结果,分析实验获取的 TCP 和 FTP 报文,理解常见的 FTP 报文的内容特点,掌握 FTP 协议的工作过程。

5. 思考

(1) FTP 有不同的传输模式,如何在实验中观察到传输模式对数据的不同影响?

(2) 用已有的账号登录 FTP 服务器时,口令的传输安全么?设法观察说明。

附录 A

Cisco常用命令

为方便读者使用 Cisco Packet Tracer 进行实验,这里给出了 Cisco 路由器和交换机常用的部分命令。如需要更详细地了解 Cisco 设备的配置使用,请参考有关资料。

1. 基本命令

1) 模式转换命令

Cisco 设备的配置使用首先需要选择合适的操作模式,有以下几种模式。

* 用户模式:查看初始化的信息。
* 特权模式:查看所有信息,调试、保存配置信息。
* 全局模式:配置所有信息针对整个路由器或交换机的所有接口。
* 接口模式:针对某一个接口的配置。
* 线控模式:对路由器进行控制的接口配置。

表 A-1 给出了 Cisco 设备配置使用的模式转换命令。

表 A-1 模式转换命令

命 令	功 能 描 述
enable	从用户模式切换到特权模式
config terminal	在特权模式下运行全局配置模式
interface 接口类型 接口号	从全局配置模式切换到接口模式
line 接口类型 接口号	从全局配置模式切换到线控模式

2) 配置命令

表 A-2 给出了常用的基本配置命令。

表 A-2 基本配置命令

命 令	功 能 描 述
show running-config	显示所有的配置
show version	显示版本号和寄存器值
shut down	关闭接口
no shutdown	打开接口
ip add IP 地址	配置 IP 地址
secondary IP 地址	为接口配置第二个 IP 地址
show interface 接口类型 接口号	查看接口管理性

续表

命　令	功　能　描　述
show controllers interface	查看接口是否有 DCE 电缆
show history	查看历史记录
show terminal	查看终端记录大小
hostname 主机名	配置路由器或交换机的标识
config memory	修改保存在 NVRAM 中的启动配置
exec timeout 0 0	设置控制台会话超时为 0(0 分 0 秒)
service password-encryption	手工加密所有密码
enable password 密码	配置明文密码
ena sec 密码	配置密文密码
line vty 0 4/15	进入 telnet 接口
password 密码	配置 telnet 密码
line aux 0	进入 AUX 接口
password 密码	配置密码
line con 0	进入 CON 接口
password 密码	配置密码
bandwidth 数字	配置带宽
no ip address	删除已配置的 IP 地址
show startup-config	查看 NVRAM 中的配置信息
copy running-config startup-config	保存信息到 NVRAM
write	写信息
erase startup-config	清除 NVRAM 中的配置信息
show ip interface brief	查看接口的摘要信息
banner motd ♯信息♯	配置路由器或交换机的描述信息
description 信息	配置接口的描述信息
vlan database	进入 VLAN 数据库模式
vlan vlan 号 名称	创建 VLAN
switchport access vlan vlan 号	为 VLAN 分配接口
interface vlan vlan 号	进入 VLAN 接口模式
ip add ip 地址	为 VLAN 配置管理 IP 地址
vtp service/transparent/client	配置 SW 的 VTP 工作模式
vtp domain 域名	配置 SW 的 VTP 域名
vtp password 密码	配置 SW 的密码
switchport mode trunk	启用中继
no vlan vlan 号	删除 VLAN
show spanning-tree vlan vlan 号	查看 VLAN 生成树协议

2．路由器配置命令

用于路由器配置的命令如表 A-3 所示。

表 A-3　路由器配置命令

命　　令	功 能 描 述
ip route 非直连网段 子网掩码 下一跳地址	配置静态/默认路由
show ip route	查看路由表
router rip	激活 RIP 协议
network 直连网段	发布直连网段
interface loopback 0	激活环回接口
passive-interface 接口类型 接口号	配置接口为被动模式
debug ip 协议	动态查看路由更新信息
undebug all	关闭所有 DEBUG 信息
router eigrp AS 号	激活 EIGRP 路由协议
network 网段 子网掩码	发布直连网段
show ip eigrp neighbors	查看邻居表
show ip eigrp topology	查看拓扑表
show ip eigrp traffic	查看发送包数量
router ospf process-ID	激活 OSPF 协议
network 直连网段 area 区域号	发布直连网段
show ip ospf	显示 OSPF 的进程号和 ROUTER-ID
encapsulation 封装格式	更改封装格式
no ip admain-lookup	关闭路由器的域名查找
no ip route IP 地址 掩码	删除指定路由
ip routing	在三层交换机上启用路由功能
show user	查看在线用户
clear line 线路号	清除线路

3．三层交换机配置命令

三层交换机的配置有基本的端口配置命令、VLAN 配置有关命令，如表 A-4 所示。

表 A-4　三层交换机配置命令

命　　令	功 能 描 述
configure terminal	进入配置状态
interface range	进入组配置状态
interface 〔{ fastethernet ｜ gigabitethernet 〕 interface-id〕｜〔vlan vlan-id〕｜〔port-channel port-channel-number〕	进入端口配置状态
no switchport	把物理端口变成三层口
ip address ip_address subnet_mask	配置 IP 地址和掩码
no shutdown	激活端口

续表

命　　令	功 能 描 述
vlan vlan-id	输入一个 VLAN 号以对新建 VLAN 或已有 VLAN 进行配置
name vlan-name	输入一个 VLAN 名(可选)。如果没有配置 VLAN 名,缺省的名字是 VLAN 号前面用 0 填满的 4 位数,如 VLAN0004 是 VLAN4 的缺省名字
mtu mtu-size	改变 MTU 大小
interface interface-id	进入要分配的端口
switchport mode access	定义二层端口
switchport access vlan vlan-id	把端口分配给某一 VLAN
switchport trunk encapsulation {isl	dot1q	negotiate}	配置 trunk 封装 ISL 或 802.1Q 或自动协商
switchport mode {dynamic {auto	desirable}	trunk}	配置二层 trunk 模式
dynamic auto	自动协商是否成为 trunk
dynamic desirable	主动与对端协商成为 Trunk 接口的可能性,如果邻居接口模式为 Trunk/desirable/auto 之一,则接口将变成 trunk 接口工作。如果不能形成 trunk 模式,则工作在 access 模式。是交换机的默认模式
switchport access vlan vlan-id	指定一个缺省 VLAN,如果此端口不再是 trunk
switchport trunk native vlan vlan-id	指定 802.1Q native VLAN 号
switchport trunk allowed vlan {add	all	except	remove} vlan-list	配置 trunk 允许的 VLAN
no switchport trunk allowed vlan	允许所有 VLAN 通过

参 考 文 献

［1］ W. Richard Stevens. TCP/IP 详解卷 1：协议. 范建华，胥光辉，张涛，等译. 北京：机械工业出版社，2000.

［2］ Douglas E. Comer. 用 TCP/IP 进行网际互联第一卷：原理、协议与结构. 第 4 版. 林瑶，蒋慧，杜蔚轩，等译. 北京：电子工业出版社，2001.

［3］ 徐宇杰. TCP/IP 协议深入分析. 北京：清华大学出版社，2009.

［4］ Chris Sanders. Wireshark 数据包分析实战. 第 2 版. 诸葛建伟，陈霖，许伟林，等译. 北京：人民邮电出版社，2013.

［5］ 钱德沛. 计算机网络实验. 北京：高等教育出版社，2005.

［6］ 谢希仁. 计算机网络. 第五版. 北京：电子工业出版社，2007.

［7］ 杨功元. Packet Tracer 使用指南及实验实训教程. 北京：电子工业出版社，2012.

［8］ 陈庆章，赵小敏. TCP/IP 网络原理与技术. 北京：高等教育出版社，2006.

［9］ Laura A. Chappell，Ed Tittle. TCP/IP 协议原理与应用. 第 3 版. 北京：清华大学出版社，2009.

［10］ 雷震甲. 计算机网络管理. 第 2 版. 西安：西安电子科技大学出版社，2012.

［11］ 郭军. 网络管理. 第 3 版. 北京：北京邮电大学出版社，2008.

图书资源支持

感谢您一直以来对清华版图书的支持和爱护。为了配合本书的使用,本书提供配套的资源,有需求的读者请扫描下方的"书圈"微信公众号二维码,在图书专区下载,也可以拨打电话或发送电子邮件咨询。

如果您在使用本书的过程中遇到了什么问题,或者有相关图书出版计划,也请您发邮件告诉我们,以便我们更好地为您服务。

我们的联系方式:

地　　址:北京海淀区双清路学研大厦 A 座 707

邮　　编:100084

电　　话:010－62770175－4604

资源下载:http://www.tup.com.cn

电子邮件:weijj@tup.tsinghua.edu.cn

QQ:883604(请写明您的单位和姓名)

用微信扫一扫右边的二维码,即可关注清华大学出版社公众号"书圈"。

资源下载、样书申请

书圈